多能源互补驱动精准性喷灌机组节能降耗技术

吴普特　朱德兰　葛茂生　王斌　著

科学出版社
北京

内 容 简 介

本书针对卷盘式和小型平移式喷灌机组在应用中存在的技术缺陷，以充分利用太阳能为前提，采用多能源互补驱动，实现灌溉系统节能降耗与绿色运行。全书主要包括三部分内容：灌溉系统多能源（光电油）互补驱动理论与优化决策技术、喷灌机组节能降耗协同技术和喷灌机组的精准灌溉控制技术。

本书可作为农业水土工程等专业研究生和高年级本科生的参考教材，也可供相关专业的科研、教学和工程技术人员参考。

审图号：GS（2019）2840 号

图书在版编目(CIP)数据

多能源互补驱动精准性喷灌机组节能降耗技术／吴普特等著．—北京：科学出版社，2019. 8

ISBN 978-7-03-061930-3

Ⅰ. ①多…　Ⅱ. ①吴…　Ⅲ. ①喷灌机－节能　Ⅳ. S277. 9

中国版本图书馆 CIP 数据核字（2019）第 157877 号

责任编辑：李轶冰／责任校对：樊雅琼

责任印制：吴兆东／封面设计：无极书装

科学出版社 出版

北京东黄城根北街 16 号

邮政编码：100717

http://www.sciencep.com

北京虎彩文化传播有限公司 印刷

科学出版社发行　各地新华书店经销

*

2019 年 8 月第　一　版　开本：720×1000　1/16

2019 年 8 月第一次印刷　印张：15 3/4

字数：320 000

定价：168.00 元

（如有印装质量问题，我社负责调换）

前　言

我国是一个水资源严重短缺的国家，农业灌溉作为用水大户，用水效率较低，水资源浪费严重。在中央和地方政府的高度重视下，我国节水农业得到前所未有的发展。截至2015年底，全国节水灌溉工程面积达4.66亿亩[①]，其中高效节水灌溉面积为2.69亿亩，年节水能力约270亿m^3，有效缓解了经济社会发展用水矛盾，推进了农业规模化发展。从整体来看，我国的高效节水灌溉面积仅占总灌溉面积的25%，灌溉水有效利用系数（0.53）较0.7～0.8的世界先进水平仍存在较大差距。2017年水利部、国家发展和改革委员会、财政部、农业部、国土资源部5部委联合印发《“十三五”新增1亿亩高效节水灌溉面积实施方案》，要求“十三五”期间全国继续新增高效节水灌溉面积1亿亩，到2020年全国高效节水灌溉面积达到3.69亿亩左右，占灌溉面积的比例提高到32%以上，农田灌溉水有效利用系数达到0.55以上，新增年节水能力85亿m^3。在此形势下不难研判，当前以及未来一段时期内，我国高效节水灌溉工程建设将继续维持高速发展。

卷盘式和小型平移式喷灌机组作为一种高效节水灌溉装备，具有移动灵活、灌溉水利用效率高的特点，但仍存在一些技术缺陷，在实际生产中难以大规模应用。主要技术缺陷为：一是机组能耗高，水涡轮驱动卷盘式喷灌机组入机压力高达0.8MPa；二是机组灌溉质量较差，实际喷灌均匀度普遍低于80%；三是机组配套产品严重缺乏，缺乏专业牵引、导航、施肥装置，难以实现精准灌溉。

为解决上述难题，作者通过多年研究，提出以充分利用太阳能为前提，采用多能源互补驱动，实现灌溉系统节能降耗绿色运行的科学设想，并开发出由牵引、导航、精准控制、灌溉和施肥装置5部分组成的多能源互补驱动低能耗精准喷灌机组，机组运行能耗降低20.0%～28.6%，灌水均匀度不低于85%，实现了农田灌溉节能节水双重目标。

本书较为系统地总结了作者多年来在移动喷灌方面的研究成果，以多能源互

---

① 1亩≈666.7m^2。

补驱动优化决策、机组节能降耗协同和精准灌溉技术为主线进行撰写，共安排了9章内容，分为三个部分。第一部分主要论述灌溉系统多能源（光电油）互补驱动理论与优化决策技术。基于区域时空自然特征参数与灌溉需求，结合机器学习算法，提出区域光伏发电与喷灌机组动力匹配预测方法。在此基础上，以供电系统年费用为目标函数，以负载亏电率和灌水需求为约束条件，以参考作物蒸发蒸腾量、作物系数、光伏发电量等为输入变量，以光伏、蓄电池和柴油机容量为决策变量，建立了光电/油光/光电油等多能源互补驱动的优化决策模型，可针对我国不同地区、不同季节、不同作物类型，确定出适宜的能源动力供给方式和最优的光伏板输出功率、蓄电池容量、汽/柴油机功率，实现适时适地适量的能源动力优化配置。

第二部分主要研究喷灌机组节能降耗协同技术。通过对传统卷盘式喷灌机组能耗分析，明确了机组各部分能耗占比，提出以光伏电机驱动、管道参数优化、降低喷枪工作压力和机组桁架轻量化等为核心的喷灌机组节能降耗协同技术；构建移动喷洒水量分布和均匀度计算模型，以机组初始投资小、灌水均匀度高和运行能耗低为优化目标，基于数据包络分析对抗型交叉评价，提出卷盘式喷灌机组卷管参数和喷枪工作压力优化方案；以造价低为目标函数，以满足强度、刚度和稳定性为约束条件，构建双喷枪/多喷头桁架结构优化模型，研制出适用于卷盘式喷灌机和渠喂式喷灌机双喷枪/多喷头桁架，实现桁架结构轻量化。在上述基础上开发出一款适用于卷盘式喷灌机的优化配置辅助决策软件。

第三部分主要涉及喷灌机组的精准灌溉控制技术。实时远程采集土壤水分数据以确定灌水定额，依据系统流量确定驱动电机转速，实现基于土壤含水量动态匹配的适时适量灌溉；实时监测和调整卷盘电机转速和机组行走速度，实现无级调速闭环控制，研发出卷管层间差速补偿技术，避免管道回卷过程中因分层造成的速度差异，实现均匀灌溉；建立电子罗盘、转速和GPS多源传感器组合导航模型，四轮差速转向运动学模型，优化路径模糊控制决策算法，实现喷灌机组精准、连续导航。

本书是在国家科技支撑计划项目（2015BAD22B01-2）、（2011BAD29B02），杨凌示范区产学研用协同创新重大项目（2017CXY-09）及国家外国专家局“111”计划项目（B12007）的支持下完成的，在此表示感谢。

本书由西北农林科技大学吴普特和朱德兰主持组织撰写，各章执笔人如下：前言，西北农林科技大学张林；第1章，西北农林科技大学王斌、葛茂生和甘肃农业大学刘柯楠；第2章、第5章和第9章，葛茂生和吴普特；第3章和第4

章，西北农林科技大学李丹和朱德兰；第 6 章，张林、朱德兰和葛茂生；第 7 章，王斌和朱德兰；第 8 章，刘柯楠和吴普特。研究生赵航、李丹、朱忠锐进行了本书的校稿工作；本书涉及的实验装置全部由实验员朱金福制作。全书由吴普特和朱德兰统稿。

由于作者水平有限，书中难免有疏漏和不妥之处，敬请读者批评指正。

著　者
2019 年 3 月 4 日

目　　录

第1章　绪　论

1.1　研究目的及意义

在众多的节水灌溉技术中，喷灌具有节水增产、节约劳动力和提高耕地利用率等优点，被广泛应用于农业生产中（冯卫等，2012；潘中永等，2003）。而移动式喷灌机组作为一种现代化的喷灌机械，具有灌溉效率高，自动化程度高，控制面积大，适应性强，单位面积灌溉成本低，适于机械化作业，水、肥、药一体化等特点，在国内外备受推崇且应用范围越来越广（金宏智，1998；金宏智和李光永，2004），自问世以来在全世界范围内得到了广泛应用，灌溉的耕地、沙丘、草原达到数千万公顷。在我国的推广应用主要分布在内蒙古、甘肃、宁夏、东北地区等区域，灌溉作物有马铃薯、小麦、药材、苗木等多种类型（严海军等，2009）。

传统喷灌机组在使用过程中所需的能量多来源于电网、柴油发电机或水力驱动，这在一些偏远缺电地区或是用电高峰期难以得到保障，使这些缺水、缺电地区不能进行适时灌溉，不仅使用成本高、能源消耗大，而且容易造成一系列环境污染问题。而我国太阳能资源丰富，太阳能作为清洁环保的新型能源，取之不尽、用之不竭。随着光伏技术的日臻成熟，将太阳能作为能量来源为干旱地区的农业灌溉提供可靠的电力保证（刘强等，2012；俞卫东，2014；李加念等，2013），已成为解决喷灌及其附属设备动力问题的最佳选择；通过将太阳能技术和移动式喷灌技术结合起来，组成太阳能驱动移动式喷灌机组，充分发挥移动式喷灌机组和太阳能的优势，不仅能够很好地解决水资源短缺、灌溉电力短缺、电力传输困难等问题，更符合目前国家节能减排的大政方针（罗金耀，2003），可以实现节水、节能、灌溉效益最大化，是我国社会及生态可持续发展的一条重要途径。太阳能喷灌机组在行走过程中的动力需求和太阳能光伏功率的匹配供给问题，是该机组能否正常运作以及能否在工程中被大面积推广应用的关键和首要的问题，直接决定着该机组的性能和市场前景。然而目前针对太阳能驱动喷灌机组的研究还较少，关于太阳能喷灌机组行走动力需求以及光伏功率匹配的设计理论和方法研究也不多见。因此研究太阳能喷灌机组行走动力需求以及以太阳能作为能量来源的能量供给问题，为太阳能喷灌机组行走驱动以及光伏功率匹配提供依据，对解决我国能源短缺地区的灌溉动力问题和推动太阳能喷灌机组的大范围推广应用具有重要的现实意义。

导航作为太阳能喷灌机组作业过程中行走控制的核心，其性能的好坏直接影响喷灌机组整体性能及灌溉质量（柳平增等，2010；卢韶芳和刘大维，2002；Liu et al.，2010）。具有自主导航功能的喷灌机组，不仅可以提高农田灌溉效率（李建平和林妙玲，2006；胡静涛等，2015；张漫等，2015），减少重复作业，节约作业时间，降低农业生产成本，而且也是解决农业劳动力不足最有效的手段之一（应火冬等，2000）。此外，随着我国农业现代化进程的加快和精准农业的提出，要求现代节水灌溉装备朝着精准灌溉的方向发展，喷灌机组导航控制系统无疑是农田精准灌溉的有力技术保证。喷灌机组作为一种农田灌溉装备，除了可以喷水灌溉外，还可以对作物进行喷药、喷肥等操作，而传统人工操作过程中容易造成农药、化肥的不合理使用，不仅造成环境和农产品污染，漏行、叠行的现象不可避免（Stombaugh and Shearer，2001），也对操作人员身体产生一定伤害。加之随着农业适度规模经营的发展，对现代农业机械效率、作业质量和工作幅宽提出了更高的要求，长时间的人工跟踪驾驶，不仅作业成本较高，而且对操作人员身心也造成损伤。因此，开展喷灌机组导航控制技术的研究，对于实现农业精准灌溉、减少环境和农产品污染（陈志青，2002）、促进农业生产的可持续发展都有重要意义，也可为智能化农业机械装备实现导航控制自动化提供理论依据和技术支持，将操作人员从恶劣的农业生产环境中解放出来，以有效减少驾驶员的劳动强度，提高农业作业质量（蒋天弟和欧阳爱国，2002）。

因此，非常有必要从制约喷灌机应用与推广的问题出发，对喷灌机组的行走动力需求与功率匹配设计理论和方法进行研究，建立一种多能源互补驱动喷灌机组行走动力计算和功率匹配设计方法，以期为喷灌机组的推广应用和多能源互补功率供给系统设计与优化提供参考依据。根据喷灌机组的结构特点，对管道参数、喷枪工作压力和机组桁架进行优化设计，结合精准灌溉控制技术和精准连续导航技术，实现机组优化配置从而提高机组灌水质量、降低机组能耗。

1.2 国内外研究现状

1.2.1 移动式喷灌机组国内外研究现状及进展

国外在移动式喷灌机组的研发和应用上起步较早，自 20 世纪 20 年代以来，随着经济技术的发展和劳动力价格的提高，为了节约成本，提高灌溉效率，将农业人员从繁重的农业劳动中解放出来，美国等相关专家相继研制出滚移式喷灌机组。滚移式喷灌机组的问世，在一定程度上减轻了人们的劳动强度，可以来代替人工移动支管（李小平，2005），但该机组仍属于半自动化的灌溉装备，使用不便，并且对灌溉作物类型要求严格，在工作过程中需要人为操作，前期准备复杂，投资较大，导致其推广、应用受到较大阻碍。随着喷灌技术的发展，到 20 世纪 50 年代，美国科学家发明了自动化程度较高的圆形喷灌机组，包括塔架车、桁架、中心支座等，如图 1-1 所示。圆形喷灌机组的问世极大地减轻了人们的劳动强度，带来了农业灌溉史上的一次变革（郎景波等，2011；郑耀泉等，2000），不仅对灌溉作物种类的限制少，水源要求低，而且对地形的适应性大大提高。由于圆形喷灌机组的诸多优点，其问世以来受到各国关注，在世界范围内得到大面积推广应用，产生了巨大的经济和环境效益。同美国人发明中心支轴式喷灌机组基本同步，欧洲人在此期间发明了绞盘式喷灌机组。但随着能源和劳动力价格不断上升，欧洲各国也开始采用能耗较低、自动化程度高的圆形喷灌机组，且灌溉控制面积正逐年大幅度增长，呈现出逐步取代绞盘式喷灌机组的趋势（兰才有，1994）。圆形喷灌机组自动化程度高，灌溉面积大，但由于其运行方式为绕一支点进行旋转灌溉，灌溉面积为圆形，与传统的农业耕作方式和农艺管理方式不协调，对于方形地块或者矩形地块，有将近 20% 的农田边角地带不能得到有效灌溉，土地利用率稍低。为解决圆形喷灌机组的漏喷和与传统农田耕作、管理不一致的问题，20 世纪 70 年代出现了可沿种植行平行移动的平移式喷灌机组（lateral move irrigation system），如图 1-2 所示。圆形喷灌机组和平移式喷灌机组灌水质量好、控制面积大、对地形的适应性强，非常适合地广人稀地区的农业生产，适用于规模化农业经营模式，在美国和欧洲等地得到迅速推广应用。

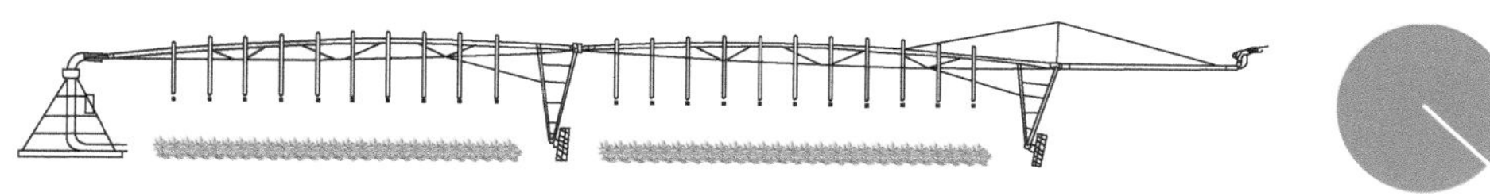

图 1-1　圆形喷灌机组

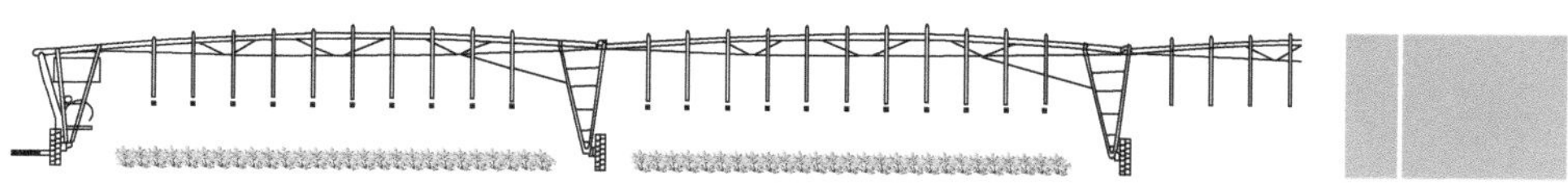

图 1-2　平移式喷灌机组

我国于 1976 年开始从国外引进大型喷灌机组，先后经历了起步、引进攻关、完善提高和技术创新与产业化四个阶段（何建强，2003；金宏智，1998）。通过上述四个发展阶段的研究为我国大型喷灌机的研制开发奠定了技术基础，目前已涌现一批具备生产能力、拥有自主知识产权的大型喷灌机企业，如北京现代农庄科技股份有限公司、宁波维蒙圣菲农业机械有限公司和河北沧州华雨灌溉装备制造有限公司等。但同国外大型喷灌机相比，国内喷灌机在产品质量和自动化程度上与国外同类机型还有一定差距。

由于移动式喷灌机组自动化和机械化程度高，可极大地提高农田灌溉效率、节约劳动力，对水源、地形、作物适应性强（金宏智和何建强，2002），节水、增产效果明显（周立华和仝炳伟，2008；孙文博，2013；Smith and North，2009），国内外专家、学者对其进行了大量研究。Kincaid 和 Heermann（1970）对喷灌机组主管道中的水头损失进行了计算和验证；姚培培（2010）针对喷灌机组喷头配置，编制了一款可以预测喷灌机水力性能的软件；Kincaid（2002）利用 WEPP 模型分析了喷灌机组喷灌强度对土壤侵蚀的影响；King 等（2012）对喷灌机组的飘移损失进行了研究，发现采用传统雨量筒测量喷洒量时误差较大。曾繁理（1980）和吴涂非（1987）研究了喷灌机组喷灌强度和土壤入渗。巩兴晖等（2014）研究了喷灌机折射式喷头水量分布和能量分布规律。

自移动式喷灌机组问世以来，国内外专家、学者对其进行的研究，主要围绕以下几个方面展开：①主输水管路水力设计（Kincaid and Heermann，1970；Anwar，1999；金宏智，1994；魏永曜，1982）；②喷头选型与流量系数的确定（Allen et al.，2001；李世英，1995）；③喷头配置（Wilmes et al.，1993；金宏智，2000）；④喷灌均匀系数的计算公式与测试标准（Bernard and Bruno，1995；Heermann et al.，1992；Ortíz et al.，2010）；⑤驱动方式与行走特性（Omay and Sumner，1998）；⑥末端喷枪；⑦风速风向；⑧地形。

由上可知，传统喷灌机组体积庞大、结构复杂，与中国的农业生产布局和土地经营方式脱节，很难在农业灌溉中大面积推广应用。以往有关喷灌机组的研究多以国外大型喷灌机组为平台进行水力特性分析、配置优化和开发一些喷灌机组的关键配件（韩文霆，2008；Sanchez et al.，2010；Wang et al.，2014），针对轻小型移动式喷灌机组的研究还处于起步阶段，对其中的关键技术和试验研究较少。

1.2.2 喷灌机组能耗分析与优化研究现状

喷灌机组的高能耗是基于有压灌溉快速应用阶段灌溉能耗整体激增的大背景之下的。灌溉能耗是农业生产能耗的重要组成部分，灌溉方式的改变必然会影响到灌溉能耗以及农业生产所需能耗（Naylor，1996）。现代化有压灌溉系统的应用与推广有效提升了灌溉质量，降低了农业用水量，但同时也造成了灌溉能耗的显著增加（Abadia et al.，2008），并随之带来温室气体排放加剧等问题（Karimi et al.，2012；Daccache et al.，2014）。据 Hodges 等（1994）、Singh 等（2002）、Lal（2004）的研究，每年农作物生产过程中耗能总量的 23%~48% 用于田间水泵的提水耗能；在中国，每年柴油消耗总量的 30%~40% 用于农业相关的生产活动（Zhang and Gao，2007）；在印度，年能耗总量的 31.4% 用于农业水泵（Kumar，2005）；在美国加州，每年州内总用电量的 19%、总天然气用量的 30% 以及 33 亿加仑的柴油用于水泵加压（Pelletier et al.，2011）；西班牙农业灌溉用水量1970~2007 年下降了 21%，但灌溉所需能耗却在这些年间增长了 657%，从 206kW·h/hm^2 剧增至 1560kW·h/hm^2（Corominas，2010）；对澳大利亚南部灌溉方式转变和能耗分析的调研表明，灌水方式由大水漫灌转变为有压灌溉可节水 10%~66%，但当以地表水为水源时灌溉能耗的增量可达 163%（Jackson et al.，2010），因而 Jackson 等（2010）呼吁，政府部门在制定节水政策的同时务必同时考虑政策的实施对能耗的影响。面对全球范围内灌溉能耗快速增长的局面，灌溉系统能耗优化研究近年来成为国内外学者关注的热点问题，研究人员试图通过降低工作压力、提高水泵效率、优化管网设计、采用灌溉区域分区和光伏灌溉等多种手段，降低农业灌溉中的能量消耗（Jiménez-Bello et al.，2010；Kelley et al.，2010；Moreno et al.，2007，2009；Abadia et al.，2008；Cobo et al.，2011；Wang et al.，2012；Siddiqi and Wescoat，2013）。

卷盘式喷灌机组所需入机压力往往超过600kPa，机组能耗在各类喷灌设备中最高（Keller and Bliesner，1990；Burt et al.，1999），高能耗所引起的高运行费用是该机组的主要缺点之一。Oakes 和 Rochester（1980）对两款卷盘式喷灌机的能耗组成进行了实测，机组型号分别为 Hudig Irromat（管长 380m，管道内径 90mm，喷头型号 Rainbird 250G）和 Nu-way（管长 259m，管道内径 115mm，喷头型号 Nelson P200），结果表明，典型工况下入机能量的 50%~70% 用于喷洒水量的田间分布，其余能量在输水过程中被消耗，其中最主要的耗能部位为输水管道和机组驱动系统。Rochester 和 Hackwell（1991）对一款更为小型的卷盘式喷灌机的功率需求和能耗组成进行了研究，该机组由美国 Amadas 公司生产，管道内径 41.1mm，管长 126.3m，采用的喷头型号为 Nelson P85，喷嘴直径 8.73~15.9mm，研究结果表明，机组灌溉单位面积所需功率随喷洒总体面积的增加呈指数型增加；提升单位水量所需能耗随喷洒总面积的增大呈指数型增加；喷洒单位面积能耗随机组流量的增加而增加。管道水头损失是造成机组能耗的主要来源之一，Rochester 等（1990）对缠绕状态下的管道水头损失进行了研究，提出由于管道弯曲所引起的水头损失附加值表达式

$$h_b = K_b(V^2/2g) \tag{1-1}$$

式中，h_b为管道弯曲水头损失附加值；K_b为管道弯曲系数；V为管道内流速；g为重力加速度。

张敏和王和平（2005）对几种不同曲率半径下的PE软管进行了水头损失试验，通过对实测资料的统计分析，得到了一定流量范围内，特定管径和曲率半径下的弯曲软管水头损失计算公式

$$h_{bzw} = f_b l Q^m \tag{1-2}$$

式中，h_{bzw}为弯管水头损失；f_b 为管道水头损失系数；l 为管长（m）；Q 为管道流量（m^3/h）；m 为流量指数。

汤玲迪（2013）通过多方案数值模拟手段，对卷盘式喷灌机缠绕软管内的二次流特性进行分析，建立了弯曲软管摩擦系数回归方程

$$f_{CT} = \frac{0.07}{Re^{0.25}} + 0.006\sqrt{\frac{r}{R}} \tag{1-3}$$

式中，f_{CT}为弯曲软管摩擦系数；Re 为管道雷诺数；r 为软管内半径（mm）；R 为卷盘半径（mm）。

卷盘式喷灌机的驱动方式有多种，包括波纹管驱动、电机驱动、水涡轮驱动和内燃机驱动等（图1-3），其中市场上最常用的驱动方式为水涡轮驱动，这种驱动方式受涡轮联杆和减速机构机械损失以及高速水流冲击涡轮叶片水力损失的影响，能量转化效率较低。Oakes 和 Rochester（1980）对 Hudig Irromat 和 Nu-way

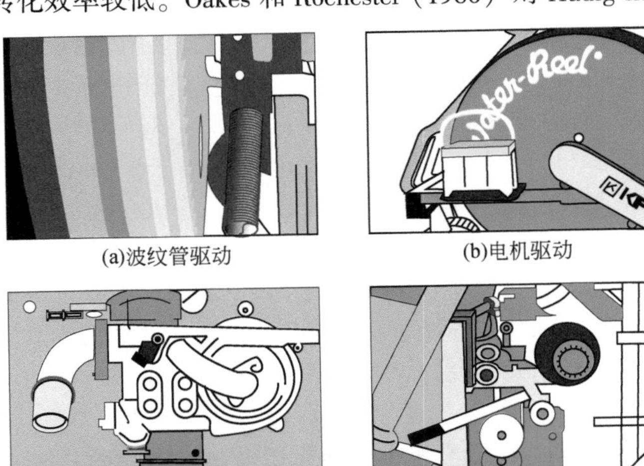

(a)波纹管驱动　(b)电机驱动

(c)水涡轮驱动　(d)内燃机驱动

图1-3　卷盘式喷灌机不同驱动方式

图片来源：Kifco 灌溉公司，http：//www. kifco. com/OurProducts/Water-Reels

两种型号的卷盘式喷灌机组能耗组成的测试，结果表明，驱动能耗占机组总能耗的 7%～12%。汤跃等（2014）对国产 JP50 卷盘式喷灌机水涡轮的水力性能开展了试验研究，得到了该型号水涡轮的高效工作区，试验各工况下水涡轮的最高能量转化效率为 16.3%，最低仅为 1.5%。袁寿其等（2014）通过试验得到 JP50 卷盘式喷灌机水涡轮的外特性曲线，并对水涡轮内部流场进行了数值模拟，同样证实了该水涡轮的能量转化效率低下，最高仅为 13%。

1.2.3　光伏技术在农业灌溉领域的应用

国内外均开展了提高水涡轮能量转换效率的研究。除了通过优化水涡轮结构参数以改善涡轮内流场特性以外，一些企业尝试采用能量转化效率更高的电机替代水涡轮，为机组提供驱动力［图 1-3（b）］，如意大利的 Kifco 灌溉公司、加拿大的 Cadman 灌溉公司等。图 1-4 为 Cadman 灌溉公司生产的 1100 型电驱式卷盘式喷灌机，该机组采用蓄电池为电机供电，喷洒作业完成后对蓄电池充电，常用于小管径和管长较短的小型机组，对草坪或园艺景观进行灌溉。而对于灌溉控制面积更大的大中型机组，由于大田内往往缺乏高效稳定的电力供应，机组供电无法保障，为此吴普特等（2014）研发出一种通过太阳能发电为机组辅助供电的太阳能驱动卷盘式喷灌机（图 1-5）。

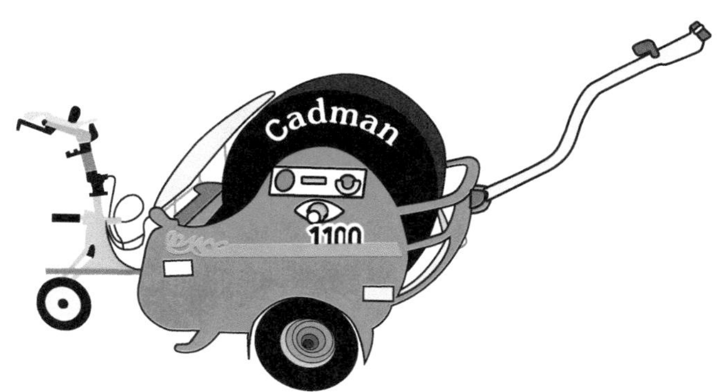

图 1-4　加拿大 Cadman 灌溉公司生产的 1100 型电驱型卷盘式喷灌机

随着光伏技术在农业领域应用的日臻成熟，以太阳能为能源的应用案例在农业灌溉领域层出不穷（Cuadros et al.，2004；Kelley et al.，2010）。Khan 等（2014）采用光伏提水进行农业灌溉，可以有效缓解偏远地区电力供应不足的问题；Burney 等（2010）在苏丹的研究表明，太阳能滴灌可以有效提高当地居民收入，太阳能是一种经济可行的供能方式；Yu 等（2011）对青海省的太阳辐射

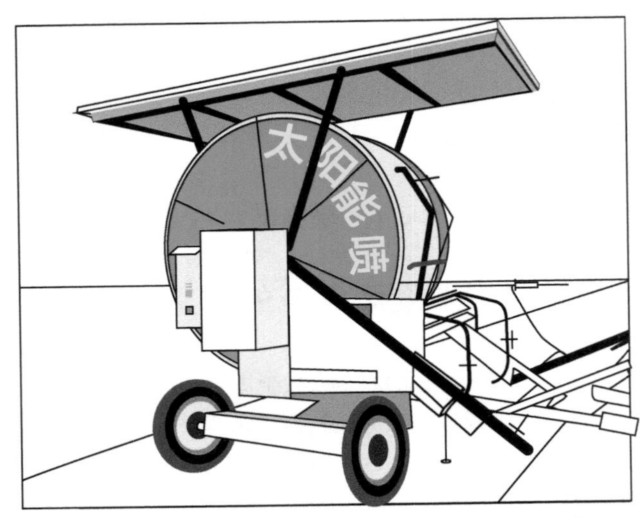

图 1-5　吴普特等（2014）研发的太阳能卷盘式喷灌机

量、降水以及水资源等进行分析，确认青海省牧草面积的 22.3% 具备发展光伏灌溉的条件。在喷灌方面，Ahmed 和 Helgason（2015）对太阳能驱动的中心支轴式喷灌机构建了供电可靠型计算模型，实测并验证了模型可靠性（图 1-6）。蔡仕彪等（2017）针对自主研发的轻小型平移式喷灌机提出了一种光伏配置方法。

图 1-6　位于加拿大 Saskatchewan 灌溉中心的太阳能驱动中心支轴式喷灌机

图片来源：Ahmed and Helgason，2015

光伏发电具有清洁无污染、运行费用低和使用寿命长等优点，但与电网供电或传统型柴油或汽油作为能源相比，光伏供电仍存在初始一次性投入大、发电量受气象因素影响显著等特点（Yang et al.，2008；Zhou et al.，2010；Khatib et al.，2013），Kelley 等（2010）的研究显示，光伏发电项目的初始投资是采用柴油机发电或电网供电初始投资的 10 倍以上。此外，光伏参数的配置往往以负荷系统的月均日负载为指标，通过能量守恒原则确定月均日辐照强度下的光伏发电量与负载耗能之间的关系（Mamaghani et al.，2016）。在进行负载计算时一般采用系统电气设备的功率与日运转时间进行估计（Al-Karaghouli and Kazmerski，2013；Shiroudi et al.，2012），缺少以小时为单元的光伏发电量与负载耗电量之间的比较。Ahmed 和 Helgason（2015）在对中心支轴式喷灌机进行光伏配置时，虽然考虑了连续三日内各小时的机组耗电量与光伏发电量，但其认为机组在实际运行时负载功率不变。卷盘式喷灌机运行过程中伴随管道回卷，驱动功率始终是变化的，不同时段内的耗电量存在显著差异。以光伏发电量满足月均日负载强度为依据进行光伏配置易出现驱动功率高峰时段内发电量不足等现象，影响机组的正常工作，甚至引发卷盘回卷停止，继而造成局部喷洒区域积水，影响喷灌质量。采用太阳能电机驱动方式取代水涡轮驱动为卷盘式喷灌机提供动力来源为本研究首次提出，该方案的技术和经济可行性仍缺乏有效论证。

1.2.4　喷灌机组灌水质量研究现状

根据美国土木工程师学会（American Society of Civil Engineers，ASCE）的建议，灌溉水利用效率和灌水均匀度是对灌溉质量开展综合评价的关键指标（Burt et al.，1997）。在各类喷灌系统中，卷盘式喷灌机灌溉水利用效率和灌水均匀度均处于较低水平（Rolim and Teixeira，2016）。表 1-1 为加拿大英属哥伦比亚省灌溉手册给出的喷灌系统典型灌溉水利用效率，从中可知卷盘式喷灌机配套喷枪固定喷洒时的灌溉水利用效率仅为 58%，移动喷洒条件下稍微高一些，可达 65%，但总体在各类喷灌系统中灌溉水利用效率为最低。而在灌水均匀性方面，卷盘式喷灌机的表现也不理想。Smith 等（2002）对昆士兰 Bundaberg 地区甘蔗田内卷盘式喷灌机的喷洒均匀性进行了调查，结果表明，只有 25% 的机组喷洒均匀度系数在 80% 以上。Wigginton 和 Raine（2001）对 Mary Valley 中运行的 8 台卷盘式喷灌机组的喷洒均匀度系数进行了测试，结果发现，水量分布均匀系数为 1%～88%，平均值仅为 62%。这些调研和测试结果均说明，卷盘式喷灌机在实际喷洒作业中的灌水质量不高，喷洒均匀度系数偏低。影响卷盘式喷灌机灌溉质量的因素有很多，包括机组运行的田间规划、机组运行参数设置、机组工作环境等方面，如相邻机组的组合间距、机组喷枪工作压力、喷枪辐射角以及风的影响等（Smith et al., 2008），但归结到卷盘式喷灌机灌溉水利用效率和灌溉均匀度的直接影响因素，应当是机组喷洒过程中的水量和能量分布。

表 1-1　喷灌系统典型灌溉水利用效率

灌溉类型		典型灌溉水利用效率（%）
喷头	手移式	72
	滚移式	72
	冠层上地插式	70
	冠层下地插式	75
	微喷头	80
喷枪	固定式	58
	移动式	65
中心支轴喷灌机	喷头	72
	淋喷头	72
	垂管	80

式（1-4）和式（1-5）分别是用来评价移动喷灌均匀度的两个评价指标——克里斯琴森均匀系数（Cu）和分布均匀系数（Du）的计算公式。Cu 最早由克里斯琴森（Christiansen，1942）提出，用于定量描述喷灌水量的分布均匀程度，在世界各国得到广泛应用，我国制定的《喷灌工程技术规范》中也采用了克里斯琴森均匀系数，该值用于描述各测点水深与平均水深偏差的绝对值之和与总水深的比值，计算公式（Baum et al., 2005）如下

$$\mathrm{Cu} = \left(1 - \frac{\sum_{i=1}^{n} |h_i - \bar{h}|}{\sum_{i=1}^{n} h_i}\right) \times 100\% \tag{1-4}$$

式中，h_i为第 i 测点水深（mm）；$\bar{h}$ 为各测点平均水深（mm）；n 为测点个数。

Hart 和 Reynolds（1965）认为，如果田间绝大多数测点水深与平均值相近，只有个别测点水深与平均值偏差较大，甚至存在漏喷时，很难由 Cu 反映出这种情况。为了克服 Cu 的这一缺点，Hart 和 Reynolds 提出了分布均匀系数（Du）的概念（Merriam and Keller, 1979），分布均匀系数强调的是灌水深度较小的部分水量，有利于保证作物获得必要的最小灌溉水分，美国农业部推荐采用 Du 来描述喷灌水量的分布均匀性（Burt et al., 1997）

$$\mathrm{Du}=\frac{\overline{D_{\mathrm{lq}}}}{\overline{D_{\mathrm{total}}}} \tag{1-5}$$

式中，$\overline{D_{\mathrm{lq}}}$为灌水深度按大小进行排列，深度最小的1/4测点的灌水深度平均值；$\overline{D_{\mathrm{total}}}$为全部测点灌水深度平均值。

由Cu和Du的计算公式可知，机组的灌水均匀度完全取决于喷洒过程中的各点灌溉水深，即卷盘式喷灌机移动喷洒状态下的水量分布。灌水均匀度不仅会影响到作物产量（Solomon，1984；Letey et al.，1984；Letey，1985；Lamm et al.，1993；Bralts et al.，1994；Mantovani et al.，1995），而且不均匀的水量分布易引发地表径流（Bernuth，1983），造成局部深层渗漏的增加和土壤养分的淋失（Vories and Bernuth，1986），带来灌溉水量和能量的浪费（Ascough et al.，2002）。国内外学者对卷盘式喷灌机的组合喷洒均匀度计算进行了探讨。Richards和Weatherhead（1993）提出了一个确定风场中喷头水量分布的半经验模型。Al-Naeem（1993）在Richards和Weatherhead的基础上将模拟喷洒区域由全圆面推广到扇形面。Smith等（2008）又在前人的研究基础上编制出一款可模拟不同运行条件下卷盘式喷灌机的喷洒效果的软件——Travgun。但上述半经验模型涉及参数较多，计算时需采用至少3组喷洒试验对参数进行率定，可操作性较差。梁文经和邓华略（1980）提出一种利用图解法叠加计算组合喷洒均匀度的方法，该方法原理简单，但应用过程较为烦琐。吴涤非（1984）对移动式喷灌机的组合喷洒均匀度计算进行了理论推导，并将喷头的水量分布形式简化为三角形、矩形和椭圆形。Prado等（2012）同样对简化成三角形、矩形和椭圆形水量分布形式的组合喷洒均匀度进行了研究。Hashim等（2016）、Jangra等（2017）对卷盘式喷灌机在不同工况下的灌水深度进行了实测，分析了机组运行参数对喷洒均匀度的影响。

造成卷盘式喷灌机灌溉水利用效率较低的原因有多个：一方面是由于机组所选用的大流量喷枪射程远，水滴在空中停留时间长，水量蒸发和漂移损失大，尤其是有风条件下工作时水量损失更加明显（Yazar，1984；Dechmi et al.，2003）；另一方面受机组灌水动能分布的影响，卷盘式喷灌机喷洒过程中常伴随着高速运动的大粒径水滴（Keller and Bliesner，1990），这些水滴携带着较大的动能撞击到地表，改变表层土壤入渗速率（Kincaid，1996）。关于喷灌条件下水滴粒径和速度分布的研究有很多（Kohl，1974；Li et al.，1994；Kincaid，1996；Kincaid et al.，1996；King and Bjorneberg，2010；Bautista-Capetillo et al.，2012；Ge et al.，2016），但大部分研究的研究对象为固定喷盘折射式喷头（King and Bjorneberg，2010；Yan et al.，2011；Ouazaa et al.，2014），旋转喷盘折射式喷头（Kohl and Deboer，1990；Deboer and Monnens，2001；Deboer，2002），以及中尺寸摇臂式喷头

(Stillmunkes and James，1982；Sanchez et al.，2011；Stambouli et al.，2014)，以卷盘式喷灌机大流量喷枪（流量大于 5L/s）为研究对象所开展的研究几乎没有(Sheikhesmaeili et al.，2016)。

1.2.5 国内外农机自主导航研究现状及进展

农业机械导航的目的是使车辆可以按照人们预先或临时规划的路线稳定、精确地行驶。要实现此功能必须明确目标车辆与规定路线之间的相对关系，即定位。在确定车辆与预定路线之间的位置关系后，需要选择适宜的控制方法决策出合适的导航控制量，最后操纵车辆严格、精确地执行该控制量，使车辆按照预期的运动状态完美地跟踪预定路线（Farrell，1998；Guo，2003）。Ramalingam 等(2000）指出，农业机械的位姿是当前车辆相对于参考路线的位置、方向和运动状态。整个导航过程可分为：一是位姿（位置和姿态）确定，即根据车辆与预定导航路线之间的相对位置关系进行确定；二是导航控制决策，即根据之前确定的车辆与预定路径间的位置关系，决策出操纵控制量并精确执行。因此可以说，整个导航过程中包含导航定位和导航控制两大关键技术。由于导航操纵控制量的精确执行和实现是自动导航控制的重要基础，故本书采用从导航定位和导航控制两个方面介绍其国内外研究状况。

(1) 导航定位技术

目前，农业机械的导航定位方式很多，其中应用研究较多的有 GPS、机器视觉系统和惯性传感器，其他还有电磁感应传感器、超声波传感器、激光传感器、红外传感器、雷达等各种定位用传感器。

在众多的定位传感器中，国外大多采用 GPS、机器视觉系统和惯性传感器作为农业机械导航的定位传感器。这三种传感器虽然都可以实现农机导航定位，但是由于各种外在或内在的因素限制，单独使用其中某一种传感器时均难以连续、高质量地提供定位信息。为解决上述问题，人们开始研究如何将各种传感器优点进行集成，使用多种传感器进行组合导航定位。Farrell 等（1998，2000）提出了一种基于载波相位差分 GPS 辅助的惯性导航系统，该系统包括三个光纤陀螺仪和一个三轴加速度计，当 GPS 信号有效时，该系统使用 GPS 信号高频率接收定位数据，且 GPS 数据可以不断校准惯性导航系统；当 GPS 信号丢失时，惯性导航系统可单独工作。Bergeijk 等（1998）采用扩展卡尔曼滤波算法将电子罗盘、GPS、测速传感器和角速度传感器采集的数据进行融合，滤除导航中的干扰信息，为农用车辆提供定位数据并进行了田间试验。结果表明，经过滤波后 GPS 的定位精度有所提高，由于采用了惯性传感器，即使 GPS 信号丢失，依靠惯导系统依然可以为系统提供定位数据。Price 和 Nistala（2005）采用低成本的 GPS 搭建了一套用于土壤采样的自主导航系统，虽然定位精度不高，但是对于土壤采样作业而言，可满足其使用要求。Ramalingam 等（2000）在肯塔基大学以一款喷水机为平台，利用 DGPS 设计了一套导航控制系统，结果表明，系统具有较好的收敛性。Guo（2003）使用 Garmin 17 DGPS 和集成惯性传感器研究农业机械的多传感器导航定位技术，设计了基于 PVA 模型的卡尔曼滤波器。该滤波器融合上述传感器信息，可为农业机械提供 50Hz 高频率定位数据，定位误差 0.1 ~0.5m。

我国农业机械导航研究起步较晚，始于 20 世纪 90 年代，大多借鉴、参考了国外的研究。于海业等（1997，1998）利用检测行走车辆内部信息的方法，开发了高精度、低成本的位置检测系统和控制方法以及智能化的行走路径计划系统，建立了“农业机器人的自动引导行走系统”。周俊等（2005）在一款农用轮式移动机器人上，以机器视觉系统作为导航定位传感器，通过对传感器采集的图像进行处理，从而建立了一套基于区域边缘的导航控制系统；通过对农用车辆和导航系统进行分析，建立了导航控制系统的动态方程，并在校园内对所建立的导航系统进行了试验验证，但所建方程为平坦路面下获得，在农田中试验效果并不理想。冯雷（2004）利用低成本的 GPS 传感器与固态惯性传感器进行了多传感器组合导航研究，并对所研究的农用车辆进行了运动学和动力学分析，构建了车辆运动学与动力学模型，具有一定的通用性，所构建的导航定位系统可达到亚米级的定位精度。罗锡文等（2005）采用直流电机作为驱动动力，以蓄电池作为能量来源，构建了一款农用智能移动平台，并将 GPS 导航技术在该平台上进行集成。赵敏华等（2003）对采用单一传感器进行定位和采用多种传感器进行组合定位进行了对比分析，结果表明，多种传感器组合定位可以改善系统的稳定性和安全性；通过对不同融合算法进行研究，发现不同的导航定位融合算法均可提高系统性能。杨为民等（2004）在农业拖拉机上进行了基于机器视觉的农机导航研究，整个系统采用机器视觉传感器作为导航定位反馈，通过对采集的路径图形进行分割处理，提取出导航基准线，并建立了整个导航系统的仿真模型，试验结果表明，所采用的图像处理算法效果较好，可以为导航系统提供准确的位置信息。

总体上看，我国开展农业用导航控制技术研究还处于起步阶段，试验研究较少。

（2）导航控制方法

农业机械导航控制是指在之前导航定位结果出来后，根据定位的结果决策导航控制量，并精确执行控制量。导航控制决策算法众多，合适的导航决策算法对车辆的导航跟踪精度和车辆操纵稳定性有直接影响。在众多的导航控制算法中，国外学者们经常选用基于线性模型的导航控制方法、基于最优控制理论的最优控制算法和基于模糊逻辑理论的模糊控制算法。东京大学（Kaizu，2004）以机器视觉系统作为导航传感器，根据导航定位的结果，选用基于线性模型的导航控制算法决策出期望的转向角，并采用虚拟现实技术在插秧机上进行了导航仿真。结果表明，插秧机行进 50m 过程中，与预定路径间的误差只有 6mm。Qiu 等（2000）以拖拉机为研究对象，采用模糊控制算法，将拖拉机车轮的转角偏差和转角偏差率作为模糊控制的输入，开发了基于模糊控制的拖拉机转向系统。Reid 等（2000）、Zhang 和 Qiu（2004）以小型收割机为研究对象，利用机器视觉定位系统，在收割机上开发了基于 PID 控制算法的车辆转向控制系统，并通过试验，对 PID 参数进行了标定，给出了控制效果较好时的 PID 参数值。O' Conner（1998）对车辆运动过程进行分析，选用 5 个参数作为系统状态变量，通过状态变量之间的约束关系建立了车辆的运动学方程，并以此为基础利用最优控制理论，构建车辆导航最优控制器，进行了沿预定路径的跟踪试验，结果表明在直线跟踪过程中误差不超过 2cm；沿任意路线行走的路径跟踪标准差为 5. 27cm，平均偏差为 0. 22cm。在上述控制方法中，线性和模糊控制方法基本上不涉及农业机械运动学和动力学问题，控制参数仅通过经验或者试验结果来离线调节。由于农田作业环境复杂，农业机械同土壤间的相互作用至今未能探索清楚，再加上农田土壤的空间变异性，使得农业机械车辆的动力学方程非定常，以往通过采用农机运动学方程来进行导航跟踪控制必然会导致跟踪精度存在误差。Bell（1999）通过采用扩展卡尔曼滤波算法，以 O' Conner 的研究作为基础，将农用拖拉机的行进速度、拖拉机前轮轴和后轮轴到中心的距离 3 个状态参数进行了系统辨识，并利用 GPS 作为导航传感器构建了拖拉机导航系统，结果表明，经过辨识的系统模型可以有效提高导航的自适应性。这项研究指出，使用卡尔曼滤波方法实现农业机械的参数辨识并用于其自适应导航控制是可行的。Noguchi 和 Terao（1997）设计了 5-5-5-3 结构的前馈神经网络控制器用于农业移动机器人的导航，该控制器具有很好的自学习能力，路径跟踪精度可达到 0. 08m。Zhu 等（2005）使用 7-6-5-3 结构的前馈神经网络建立拖拉机在有坡度地上行走的运动学模型。为了获得算法所需的训练样本，通过人工驾驶拖拉机以伯努利曲线作为预定轨迹进行跟踪采集相关的导航参数，将所获得的导航参数通过遗传算法和误差反向传播 BP 算法进行训练来获得较为精确的系统辨识。同时进行了仿真和试验的验证，结果表明经过系统模型辨识后拖拉机横向跟踪误差为 0. 026m。此研究虽然取得了较好的研究成果，但是对于如何将辨识后的模型应用于农机导航并未过多阐述。

国外农业机械导航控制方法的研究，在经历了传统的导航控制方法之后，已开始转向自适应导航控制方法的研究。这一研究趋势，是由农业机械田间作业多样性和复杂性所决定的。但是，自适应导航控制方法的研究还处于起步阶段，对其中的关键理论和技术研究不够深入。

国内在农业机械导航控制方法的研究相对较少，大多数关于导航控制方法的研究都集中在工业研究领域中。王荣本等（2001）应用最优控制理论，采用横向偏差和航向偏差最小作为目标函数，以一款新型智能车辆为对象，构建了最优转向控制器，采用机器视觉系统作为导航传感器，以智能车辆横向偏差和航向偏差为输入参数，通过最优转向控制器决策出合适的转向轮偏角。宋健（2003）采用磁传感器作为导航定位工具，预先在地下埋设一条电缆，通过电磁感应原理检测两个磁传感器与地埋电缆的距离，以此作为依据判断机器人应该左转或右转。整个系统以单片机作为主控单元，采用数字 PID 控制算法，通过控制机器人两侧车轮的转速来达到转向的目的。周俊和姬长英（2002）提出了一种对机器视觉导航的轮式移动机器人进行横向控制的有效算法，根据轮式移动机器人运动学模型预测其横向偏差和方位偏差的变化，以修正严重滞后的由机器视觉采样得到的横向偏差和方位偏差，利用修正后的横向偏差和方位偏差设计了系统横向模糊控制器；结果表明，该算法有效地克服了因非结构化农田自然环境视觉识别延迟过长所引起的控制系统性能下降问题，具有良好的控制效果和较强的纵向速度自适应能力。模糊控制在导航控制系统中的应用越来越表现出优越性。

1.3　主要研究内容

为了加速喷灌机组的技术革新与产品换代，提高机组运行效率，确保灌溉质量，推进喷灌机组的科学化、规范化运行，本书针对喷灌机组应用推广中存在的实际问题，主要开展以下研究。

1）针对喷灌机组运行能耗高的问题，结合机组运行特点，构建喷灌机组通用能耗计算模型；分析机组运行和配置参数对整机能耗的影响，针对各参数对机组能耗的影响进行敏感性分析，提出机组节能方案。定量分析太阳能电机驱动下的光伏产能分配与蓄电池储电状态，验证太阳能电机驱动方案的技术可行性；通过等效年值法核算并验证太阳能电机驱动方案的经济可行性；构建光伏配置优化模型，在保证光伏供电保证率的基础上进一步降低系统投资。

2）针对喷灌机组工作中普遍存在的喷洒不均匀和打击强度大的不足，以及机组节能方案实施可能带来灌水质量降低的问题，构建适用于喷灌机组的水量和灌水动能分布计算模型，厘清机组配置与运行参数对灌水质量的影响，并确定喷头适宜工作压力下限。

3）为了对机组配置参数与实际田块尺寸和种植作物的匹配提供指导，从技术、经济与社会环境等多层面出发筛选评价指标，构建机组综合评价指标体系；对各评价指标进行参数化，继而实现对喷灌机组综合性能评价与配置优化。

4）为了在提高灌溉效率的同时，尽可能减少以恒定频率运行时的高能耗、低精度问题，通过土壤墒情传感器采集数据与上位机设定参数对照，由 PLC 计算出参考转速，将参考转速与电机的实际转速结合得出预测控制，并将结果输出至变频器，变频器带动永磁同步电机水泵，从而实现水泵压力与流量更加精量、快速地控制。并进行相应地软硬件设计和上位机界面设计，为节水灌溉系统的设计提供借鉴。

5）在对农业机械多种导航方式进行分析的基础上，采用组合导航方式，研究基于喷灌机组的多传感器融合技术，根据喷灌机组转向方式，建立喷灌机组运动学模型，基于卡尔曼滤波技术融合 GPS、电子罗盘、转速传感器信息，为喷灌机组自主导航提供可靠的定位数据。导航控制方法作为喷灌机组路径跟踪控制的核心，将直接影响喷灌机组导航精度。通过对常用导航控制方法分析，结合喷灌机组作业环境及运动特点，研究采用基于 PID 控制理论、模糊控制理论的导航控制方法；利用得到的导航参数，以喷灌机组横向偏差和航向偏差作为输入，以调节两侧步进电机转速的脉冲频率增量作为输出，进行导航控制决策，完成喷灌机组沿着预定路径的跟踪控制。

6）针对喷灌机组辅助设计软件缺乏、机组配型定参费时费力的现状，开发一款喷灌机组优化设计软件，统筹考虑机组能耗、灌水质量、太阳能驱动设计与配置优化等功能，帮助使用者进行机组的快速选型和参数确定。

参考文献

蔡仕彪，朱德兰，葛茂生，等．2017. 太阳能平移式喷灌机光伏优化配置．排灌机械工程学报，35（5）：417-423.

陈志青．2002. 喷雾机器人控制系统研制．北京：中国农业大学硕士学位论文．

冯雷．2004. 基于 GPS 和传感技术的农用车辆自动导航系统的研究．杭州：浙江大学博士学位论文：1-2.

冯卫，范永申，黄修桥，等．2012. 多功能轻小型灌溉机组水力性能试验研究．节水灌溉，（10）：52-55.

巩兴晖，朱德兰，张林，等．2014. 旋转折射式喷头动能分布规律试验．农业机械学报，45(12)：43-49.

韩文霆. 2008. 喷灌均匀系数的三次样条两次插值计算方法. 农业机械学报，39(10)：134-139.

何建强．2003. 圆形和平移式喷灌机行走装置的力学性能研究．北京：中国农业机械化科学研究院硕士学位论文．

胡静涛，高雷，白晓平，等．2015. 农业机械自动导航技术研究进展．农业工程学报，

31（10）：1-10.

蒋天弟，欧阳爱国．2002. 农业机械智能化与 21 世纪精细农业．农机化研究，（4）：12-15.

金宏智．1994.“提高大型喷灌机喷洒均匀性的研究项目”技术总结报告．北京：中国农业机械化科学研究院．

金宏智．1998. 大型喷灌机技术在我国的应用与发展．节水灌溉，（2）：24-26.

金宏智．2000.“农业适度规模经营关键技术装备研究”项目——平移式喷灌机鉴定文件汇编. 北京：中国农业机械化科学研究院．

金宏智，何建强．2002. 大型喷灌机在我国的适应性．农业机械，（11）：32-34.

金宏智，李光永．2004. 国外节水灌溉技术与设备的发展趋势——美国第 24 届国际灌溉展览会观感．节水灌溉，（3）：46-48.

兰才有．1994. 轻小型管道输水灌溉机组系列研制．节水灌溉，（1）：44-46.

郎景波，李莹，李铁男．2011. 国内外大型喷灌机生产的发展历程和现状．节水灌溉，（9）：42-43，46.

李加念，洪添胜，倪慧娜．2013. 基于太阳能的微灌系统恒压供水自动控制装置研制．农业工程学报，29（12）：86-93.

李建平，林妙玲. 2006. 自动导航技术在农业工程中的应用研究进展. 农业工程学报，22（9）:232-236.

李世英．1995. 喷灌喷头的理论与设计．北京：兵器工业出版社：41-42.

李小平．2005. 喷灌系统水量分布均匀度研究．武汉：武汉大学博士学位论文．

梁文经，邓华略．1980. 介绍一种行喷式喷灌机组合均匀度的计算方法．节水灌溉，（1）：22-26.

刘强，黎妹红，朱明峰，等．2012. 太阳能在智能生态农业中的应用．北华大学学报（自然科学版），13（3）：344-347.

柳平增，毕树生，付冬菊，等. 2010. 室外农业机器人导航研究综述. 农业网络信息，（3）：5-10.

卢韶芳，刘大维. 2002. 自主式移动机器人导航研究现状及其相关技术. 农业机械学报，33（2）：112-116.

罗金耀. 2003. 节水灌溉理论与技术. 武汉：武汉大学出版社．

罗锡文，区颖刚，赵祚喜，等．2005. 农用智能移动作业平台模型的研制．农业工程学报，21（2）：83-85.

潘中永，刘建瑞，施卫东，等．2003. 轻小型移动式喷灌机组现状及其与国外的差距．排灌机械工程学报，21（1）：25-28.

宋健．2003. 数字 PID 算法在喷雾机器人导航系统中的应用．潍坊学院学报，3（6）：40-41.

孙文博. 2013. 东风草场时针式喷灌机中长跨度的设计与分析. 黑龙江水利科技，41（3）：44-46.

汤玲迪．2013. 卷盘喷灌机螺旋输水盘管二次流特性与流动阻力数值模拟．镇江：江苏大学硕士学位论文．

汤跃，朱相源，梅星新，等．2014. JP50 卷盘喷灌机水涡轮水力性能试验．中国农村水利水电，(2)：26-29.
王荣本，李兵，徐友春，等.2001. 基于视觉的智能车辆自主导航最优控制器设计. 汽车工程，23 (2)：97-100，91.
魏永曜.1982. 多支点喷灌系统管道的水力计算. 喷灌技术，(4)：13-21，27.
吴普特，朱德兰，葛茂生，等. 一种盘卷式自走喷灌机的太阳能驱动装置：中国，201410036088.2 2014-06-11.
吴涤非. 1984. 行喷式喷灌机组合均匀度的设计与计算. 华北水利水电学院学报，6 (1)：42-54.
吴涂非. 1987. 喷灌强度及土壤入渗. 喷灌技术，(2)：15-20.
严海军，金宏智. 2004. 圆形喷灌机非旋转喷头流量系数的研究. 灌溉排水学报，23 (2)：55-59.
严海军，朱勇，白更，等. 2009. 对内蒙古推广使用大型喷灌机的思考. 节水灌溉，(1)：18-21.
杨为民，李天石，贾鸿社. 2004. 农业机械机器视觉导航研究. 农业工程学报，20 (1)：160-165.
姚培培. 2010. 圆形喷灌机喷头配置的水力性能分析与软件研发. 北京：中国农业大学硕士学位论文.
应火冬，Hagras H，Callaghan V，等.2000. 农业机器的模糊逻辑控制导航. 农业机械学报，31 (3)：31-34.
于海业，马成林，并河清，等. 1997. 利用内部信息的农用自动引导行走车的研究（第3报）——农业环境内位置检测系统. 农业工程学报，13 (3)：43-47.
于海业，马成林，并河清，等. 1998. 利用内部信息的农用自动引导行走车的研究（第6报）——农用自动引导行走车的实验研究. 农业工程学报，14 (2)：42-45.
俞卫东. 2014. 新能源在农业上的应用研究. 农业装备技术，40 (5)：7-10.
袁寿其，牛国平，汤跃，等. 2014. JP50卷盘式喷灌机水涡轮水力性能的试验与模拟. 排灌机械工程学报，32 (7)：553-557，562.
曾繁理. 1980. 圆形喷灌机喷灌强度的计算方法. 粮油加工与食品机械，(4)：31-34.
张漫，项明，魏爽，等. 2015. 玉米中耕除草复合导航系统设计与试验. 农业机械学报，46 (S1)：8-14.
张敏，王和平. 2005. 卷盘式喷灌机软管阻力损失的试验研究. 中国农机化，(3)：58-59.
赵敏华，安毅生，黄永宣. 2003. 多传感器信息融合技术在智能驾驶系统中的应用. 电子技术应用，29 (1)：30-33.
郑耀泉，刘婴谷，金宏智，等. 2000. 喷灌微灌设备使用与维修. 北京：中国农业出版社.
周俊. 2003. 农用轮式移动机器人视觉导航系统的研究. 南京：南京农业大学博士学位论文.
周俊，姬长英. 2002. 自主车辆导航系统中的多传感器融合技术. 农业机械学报，33 (5)：113-116，133.
周俊，姬长英，刘成良. 2005. 农用轮式移动机器人视觉导航系统. 农业机械学报，36 (3)：90-94.

周立华，仝炳伟. 2008. 时针式喷灌节水试验示范区喷灌效果分析与研究. 节水灌溉，(6)：24-26.

Abadia R，Rocamora C，Ruiz A，et al. 2008. Energy efficiency in irrigation distribution networks I：theory. Biosystems Engineering，101 (1)：21-27.

Ahmed H F，Helgason W. 2015. Reliability model for designing solar-powered center-pivot irrigation systems. Transactions of the ASABE，58 (4)：947-958.

Allen R G，Keller J，Martin D. 2001. Center pivot system design. Fairfax：The Irrigation Association.

Al-Karaghouli，Kazmerski L L. 2013. Energy consumption and water production cost of conventional and renewable-energy-powered desalination processes. Renewable and Sustainable Energy Reviews，24：343-356.

Al-Naeem M A H. 1993. Optimisation of hosereel rain gun irrigation systems in wind：simulation of the effect of trajectory angle，sector angle，sector position and lane spacing on water distribution and crop yield. Bulletin of the American Society for Information Science & Technology，40 (4)：13-14.

Anwar A A. 1999. Adjusted factor Ga for pipelines with multiple outlets and outflows. Journal of Irrigation and Drainage Engineering，125 (6)：355-359.

Ascough G，Kiker G，Ascough G. 2002. The effect of irrigation uniformity on irrigation water requirements. Water SA，28 (2)：235-241.

Baum M C，Dukes M D，Miller G L. 2005. Analysis of residential irrigation distribution uniformity. Journal of Irrigation and Drainage Engineering，131 (4)：336-341.

Bautista-Capetillo C，Zavala M，Playán E. 2012. Kinetic energy in sprinkler irrigation：different sources of drop diameter and velocity. Irrigation Science，30 (1)：29-41.

Bell T. 1999. Precision robotic control of agricultural vehicles on realistic farm trajectories. San Francisco：Stanford University.

Bergeijk，Van J，Goense D. 1998. Digital filter to intergrate global positioning system and dead reckoning. Journal of Agricultural Engineering Research，70 (2)：135-143.

Bernard B，Bruno M. 1995. Characterization of rainfall under center pivot：influence of measuring procedure. Journal of Irrigation and Drainage Engineering，121 (5)：347-353.

Bralts V F，Pandey S R，Miller A. 1994. Energy savings and irrigation performance of a modified center pivot irrigation system. Applied Engineering in Agriculture，(1)：27-36.

British Columbia Ministry of Agriculture and Fisheries. 1989. B. C. Sprinkler Irrigation Manual. Viotoria：Irrigation Industry Association of British Columbia.

Burney J，Woltering L，Burke M，et al. 2010. Solar-powered drip irrigation enhances food security in the Sudano-Sahel. Proceedings of the National Academy of Sciences，107 (5)：1845-1853.

Burt C M，Clemmens A J，Strelkoff T S，et al. 1997. Irrigation performance measures：efficiency and uniformity. Journal of Irrigation and Drainage Engineering，123 (6)：423-442.

Burt C M，Clemmens A J，Bliesner R，et al. 1999. Selection of irrigation methods for agriculture.

Reston: American Society of Civil Engineers.

Christiansen J E. 1942. Irrigation by sprinkling. California agricultural experiment station bulletin 670. Berkeley: University of California.

Cobo M T C, Díaz J A R, Montesinos P, et al. 2011. Low energy consumption seasonal calendar for sectoring operation in pressurized irrigation networks. Irrigation Science, 29 (2): 157-169.

Corominas J. 2010. Agua y energía en el riego, en la época de la sostenibilidad. Ingeniería del agua, 17 (3): 216-233.

Cuadros F, López-Rodríguez F, Marcos A, et al. 2004. A procedure to size solar-powered irrigation (photoirrigation) schemes. Solar Energy, 76 (4): 465-473.

Daccache A, Ciurana J S, Diaz J A R, et al. 2014. Water and energy footprint of irrigated agriculture in the Mediterranean region. Environmental Research Letters, 9 (12): 124014.

Deboer D W. 2002. Drop and energy characteristics of a rotating spray- plate sprinkler. Journal of Irrigation and Drainage Engineering, 128 (3): 137-146.

Deboer D W, Monnens M J. 2001. Estimation of drop size and kinetic energy from rotating spray plate sprinkler. Transactions of the ASAE, 44 (6): 1571-1580.

Dechmi F, Playan E, Faci J M, et al. 2003. Analysis of an irrigation district in northeastern Spain: II. Irrigation evaluation, simulation and scheduling. Agricultural Water Management, 61 (2): 93-109.

Farrell J A, Givargis T D, Barth M J. 1998. Differential carrier phase GPS-aided INS for automotive applications. San Diego: The 1999 American Control Conference.

Farrell J A, Givargis T D, Barith M J. 2000. Real- time differential carrier Phase GPS- aided INS. IEEE Transactions on Control Systems Technology, 8 (4): 709-721.

Ge M S, Wu P T, Zhu D L, et al. 2016. Comparison between sprinkler irrigation and natural rainfall based on droplet diameter. Spanish Journal of Agricultural Research, 14 (1): 1-10.

Guo L. 2003. Develop of a low- cost navigation system for autonomous off- road vehicles. Urbana-Champaign: University of Illinois at Urbana-Champaign.

Hart W E, Reynolds W N. 1965. Analytical design of sprinkler systems. Transactions of the ASAE, 8 (1): 83-85.

Hashim S, Mahmood S, Afzal M, et al. 2016. Performance evaluation of hose-reel sprinkler irrigation system. Arabian Journal for Science and Engineering, 41 (10): 3923-3930.

Heermann D F, Duke H R, Serafim A M, et al. 1992. Distribution function to represent center-pivot water distribution. Transactions of the ASAE, 35 (5): 1465-1472.

Hodges A W, Lynne G D, Rahmani M, et al. 1994. Adoption of energy and water- conserving irrigation technologies in Florida. Gainesville: University of Florida.

Jackson T M, Khan S, Hafeez M. 2010. A comparative analysis of water application and energy consumption at the irrigated field level. Agricultural Water Management, 97 (10): 1477-1485.

Jangra P, Jhorar R K, Kumar S, et al. 2017. Performance evaluation of a traveller irrigation system. Irrigation and Drainage, 66 (2): 173-181.

Jiménez-Bello M A, Alzamora F M, Soler V B, et al. 2010. Methodology for grouping intakes of pressurised irrigation networks into sectors to minimise energy consumption. Biosystems Engineering, 105 (4): 426-438.

Kaizu Y. 2004. Vision-based navigation of a rice transplanter. Beijing: CIGR International Conference.

Karimi P, Qureshi A S, Bahramloo R, et al. 2012. Reducing carbon emissions through improved irrigation and groundwater management: a case study from Iran. Agricultural Water Management, 108: 52-60.

Keller J, Bliesner R D. 1990. Sprinkle and Trickle Irrigation. West Caldwell: The Blackbum Press.

Kelley L C, Gilbertson E, Sheikh A, et al. 2010. On the feasibility of solar-powered irrigation. Renewable and Sustainable Energy Reviews, 14 (9): 2669-2682.

Khan S I, Sarkar M M R, Islam M Q. 2014. Design and analysis of a low cost solar water pump for irrigation in Bangladesh. Journal of Mechanical Engineering, 43 (2): 98-102.

Khatib T, Mohamed A, Sopian K. 2013. A review of photovoltaic systems size optimization techniques. Renewable and Sustainable Energy Reviews, 22 (10): 454-465.

Kincaid D C. 1996. Spraydrop kinetic energy from irrigation sprinklers. Transactions of the ASAE, 39 (3): 847-853.

Kincaid D C. 2002. The WEPP model for runoff and erosion prediction under sprinkler irrigation. Transactions of the ASAE, 45 (1): 67-72.

Kincaid D C, Heermann D F. 1970. Pressure distribution on a center-pivot sprinkler irrigation system. Transactions of the ASAE, 13 (5): 556-558.

Kincaid D C, Solomon K H, Oliphant J C. 1996. Drop size distributions for irrigation sprinklers. Transactions of the ASAE, 39 (3): 839-845.

King B A, Bjorneberg D L. 2010. Characterizing droplet kinetic energy applied by moving spray-plate center-pivot irrigation sprinklers. Transactions of the ASABE, 53 (1): 137-145.

King B, Dungan R, Bjorneberg D. 2012. Evaluation of center pivot sprinkler wind drift and evaporation loss. Dallas: 2012 ASABE (American Society of Agricultural and Biological Engineers) Annual International Meeting.

Kohl R A. 1974. Drop size distribution from medium-sized agricultural sprinklers. Transactions of the ASAE, 17 (4): 690-693.

Kohl R A, Deboer D W. 1990. Droplet characteristics of a rotating spray plate sprinkler. American Society of Agricultural Engineers, 90 (2612): 1-9.

Kumar M. 2005. Impact of electricity prices and volumetric water allocation on energy and groundwater demand management: analysis from western India. Energy Policy, 33 (1): 39-51.

Lal R. 2004. Carbon emission from farm operations. Environment International, 30 (7): 981-990.

Lamm F R, Nelson M E, Rogers D H. 1993. Resource allocation in corn production with water resource constraints. Applied Engineering in Agriculture, (4): 379-385.

Letey J. 1985. Irrigation uniformity as related to optimum crop production — additional research is needed. Irrigation Science, 6 (4): 253-263.

Letey J, Vaux H J, Feinerman E. 1984. Optimum crop water application as affected by uniformity of water infiltration. Agronomy Journal, 76 (3): 435-441.

Li J, Kawano H, Yu K. 1994. Droplet size distributions from different shaped sprinkler nozzles. Transactions of the ASAE, 37 (6): 1871-1878.

Liu H, Nassar S, El-Sheimy N. 2010. Two-filter smoothing for accurate INS/GPS land-vehicle navigation in urban centers. IEEE Transactions on Vehicular Technology, 59 (9): 4256-4267.

Mamaghani A H, Escandon S A A, Najafi B, et al. 2016. Techno-economic feasibility of photovoltaic, wind, diesel and hybrid electrification systems for off-grid rural electrification in Colombia. Renewable Energy, 97: 293-305.

Mantovani E C, Villalobos F J, Organ F, et al. 1995. Modelling the effects of sprinkler irrigation uniformity on crop yield. Agricultural Water Management, 27 (3): 243-257.

Merriam J L, Keller J. 1979. Farm irrigation system evaluation: a guide for management. Logan: Utah State University.

Moreno M A, Carrion P A, Planells P, et al. 2007. Measurement and improvement of the energy efficiency at pumping stations. Biosystems Engineering, 98 (4): 479-486.

Moreno M A, Planells P, Córcoles J I, et al. 2009. Development of a new methodology to obtain the characteristic pump curves that minimize the total cost at pumping stations. Biosystems Engineering, 102 (1): 95-105.

Naylor R L. 1996. Energy and resource constraints on intensive agricultural production. Annual Review of Energy and the Environment, 21 (1): 99-123.

Noguchi N, Terao H. 1997. Path planning of an agricultural mobile robot by neural network and genetic algorithm. Computers and Electronics in Agriculture, 18 (2-3): 187-204.

Oakes P L, Rochester E W. 1980. Energy utilization of hose towed traveler irrigators. Transactions of the ASAE, 23 (5): 1131-1134.

Omay M, Sumner H. 1998. Modeling distribution uniformity for center pivot with small spraying nozzles. Orlando: ASAE Annual International Meeting.

Ortíz J N, de Juan J A, Tarjuelo J M. 2010. Analysis of water application uniformity from a centre pivot irrigator and its effect on sugar beet (*Beta vulgaris* L.) yield. Biosystems Engineering, 105 (3): 367-379.

Ouazaa S, Burguete J, Paniagua M P, et al. 2014. Simulating water distribution patterns for fixed spray plate sprinkler using the ballistic theory. Spanish Journal of Agricultural Research, 12 (3): 850-863.

O'Conner M L. 1998. Carrier- phase differential GPS for automatic control of land vehicles. San Francisco: Stanford University.

Pelletier N, Audsley E, Brodt S, et al. 2011. Energy intensity of agriculture and food systems. Annual Review of Environment and Resources, 36 (1): 223-246.

Prado G D, Colombo A, Oliveira H F E D, et al. 2012. Water application uniformity of self-propelled irrigation equipment with sprinklers presenting triangular, elliptical and rectangular radial water distribution profiles. Engenharia Agricola, 32 (3): 522-529.

Price R R, Nistala G. 2005. Development of an inexpensive autonomous guidance system. Tampa: 2005 ASAE Annual International Meeting.

Ramalingam N, Stombauth T S, Mirgeaux J. 2000. DGPS-based automatic vehicle guidance. Milwaukee: 2000 ASAE Annual International Meeting.

Reid J F, Zhang Q, Noguchi N, et al. 2000. Agricultural automatic guidance research in North America. Computers and Electronics in Agriculture, 25 (1): 155-167.

Richards P J, Weatherhead E K. 1993. Prediction of raingun application patterns in windy conditions. Journal of Agricultural Engineering Research, 54 (4): 281-291.

Rochester E W, Hackwell S G. 1991. Power and energy requirements of small hard-hose travelers. Applied Engineering in Agriculture, 7 (5): 551-556.

Rochester E W, Flood C A, Hackwell S G. 1990. Pressure losses from hose coiling on hard-hose travelers. Transactions of the ASAE, 33 (3): 834-838.

Rolim J, Teixeira J L. 2016. The design and evaluation of travelling gun irrigation systems: enrolador software. Engenharia Agrícola, 36 (5): 917-927.

Sadeghi S, Peters T. 2011. Modified G and G (AVG) correction factors for laterals with multiple outlets and outflow. Journal of Irrigation and Drainage Engineering, 137 (11): 697-704.

Sanchez I, Zapata N, Faci J M. 2010. Combined effect of technical, meteorological and agronomical factors on solid-set sprinkler irrigation: Ⅱ. Modifications of the wind velocity and of the water interception plane by the crop canopy. Agricultural Water Management, 97 (10): 1591-1601.

Sheikhesmaeili O, Montero J, Laserna S., 2016. Analysis of water application with semi-portable big size sprinkler irrigation systems in semi-arid areas. Agricultural Water Management, 163: 275-284.

Shiroudi A, Rashidi R, Gharehpetian G B, et al. 2012. Case study: simulation and optimization of photovoltaic-wind-battery hybrid energy system in Taleghan-Iran using homer software. Journal of Renewable and Sustainable Energy, 4 (5): doi: 10.1063/1.4754440.

Siddiqi A, Wescoat Jr J L. 2013. Energy use in large-scale irrigated agriculture in the Punjab province of Pakistan. Water International, 38 (5): 571-586.

Singh H, Mishra D, Nahar N M. 2002. Energy use pattern in production agriculture of a typical village in arid zone, India-Part I. Energy Conversion and Management, 43 (16): 2275-2286.

Singh S N, David A K. 2001. A new approach for placement of FACTS devices in open power markets. IEEE Power Engineering Review, 21 (9): 58-60.

Smith A, North S. 2009. Planning and managing center pivot and linear move irrigation in the southern Riverina. Queensland: Cooperative Research Center for Irrigation Futures.

Smith R J, Gillies M H, Newell G, et al. 2008. A decision support model for travelling gun irrigation machines. Biosystems Engineering, 100 (1): 126-136.

Smith R, Baillie C, Gordon G. 2002. Performance of travelling gun irrigation machines. Cairns: The Conference of the Australian Society of Sugar Cane Technologists.

Solomon K H. 1984. Yield related interpretations of irrigation uniformity and efficiency measures. Irrigation Science, 5 (3): 161-172.

Stambouli T, Zapata N, Faci J M. 2014. Performance of new agricultural impact sprinkler fitted with plastic nozzles. Biosystems Engineering, 118 (3): 39-51.

Stillmunkes R T, James L G. 1982. Impact energy of water droplets from irrigation sprinklers. Transactions of the ASAE, 25 (1): 130-133.

Stombaugh T S, Shearer S A. 2001. DGPS-based guidance of high-speed application equipment. Sacramento: 2001 ASAE Annual International Meeting.

Vories E D, Bernuth R D V. 1986. Single nozzle sprinkler performance in wind. Transactions of the ASAE, 29 (5): 1325-1330.

Wang J, Rothausen S, Conway D, et al. 2012. China's water-energy nexus: greenhouse-gas emissions from groundwater use for agriculture. Environmental Research Letters, 7 (1): doi: 10.1088/1748-9326/7/1/014035.

Wang J, Zhang X, Kang D. 2014. Parameters design and speed control of a solar race car with in-wheel motor. Dearborn: Transportation Electrification Conference and Expo (ITEC), IEEE.

Wigginton D W, Raine S R. 2001. Irrigation water use efficiency in the Mary River Catchment: on-farm performance evaluations in the dairy sector. Toowoomba: National Centre for Engineering in Agriculture Publication: 17-26.

Wilmes G J, Martin D L, Supalla R J. 1993. Decesion support system for design of center pivots. Transactions of the ASAE, 37 (1): 165-175.

Yan H J, Bai G, He J Q, et al. 2011. Influence of droplet kinetic energy flux density from fixed spray-plate sprinklers on soil infiltration, runoff and sediment yield. Biosystems Engineering, 110 (2), 213-221.

Yang H, Zhou W, Lu L, et al. 2008. Optimal sizing method for stand-alone hybrid solar-wind system with LPSP technology by using genetic algorithm. Solar Energy, 82 (4): 354-367.

Yazar A. 1984. Evaporation and drift losses from sprinkler irrigation systems under various operating conditions. Agricultural Water Management, 8 (4): 436-449.

Yu Y, Liu J, Wang H, et al. 2011. Assess the potential of solar irrigation systems for sustaining pasture lands in arid regions- a case study in Northwestern China. Applied Energy, 88 (9): 3176-3182.

Zhang Q, Qiu H. 2004. A dynamic path search algorithm for tractor automatic navigation. Transactions of the ASAE, 47 (2): 639-646.

Zhang R, Gao H W. 2007. Analysis of trend of diesel oil consumption of africultural mechanization and energy-saving strategic measures in China. Transaction of the CSAE, 23 (12): 280-284.

Zhou W, Lou C, Li Z, et al. 2010. Current status of research on optimum sizing of stand- alone hybrid solar-wind power generation systems. Applied Energy, 87 (2): 380-389.

Zhu Z X, Torisu R, Takeda J I, et al. 2005. Neural network for estimating vehicle behavior on sloping terrain. Biosystems Engineering, 91 (4): 403-411.

第 2 章　机组能耗分析

卷盘式喷灌机组高能耗导致的运行费用居高不下显著降低了用户收益，是限制卷盘式喷灌机应用的主要原因之一。据估计，国内卷盘式喷灌机的亩耗电量可达 23kW·h，运行费用甚至超过了人工费用。卷盘式喷灌机组配置与运行工况多样，机组能耗随机组配置和运行工况的变化而改变。本章结合卷盘式喷灌机的工作特点，对机组的能耗组成进行理论分析并构建通用能耗计算模型，得到不同因素对机组能耗组成的影响与占比；通过敏感性分析挖掘机组的节能潜力并提出节能方案，为优化机组配置、降低系统能耗、合理运行与管理卷盘式喷灌机组提供理论依据。

2.1　机组工作背景

2.1.1　工作特点

图 2-1 为典型的卷盘式喷灌机工作示意图。卷盘式喷灌机由移动喷枪与小车、中密度 PE 软管、盘卷车及驱动水涡轮等部件组成，有压水经给水栓输送至盘卷车进水口，紧密有序缠绕在盘卷车上的 PE 软管一端接盘卷车进水口，另一端接田间喷头小车。工作时盘卷车在水涡轮的驱动下旋转，带动 PE 软管回旋缠

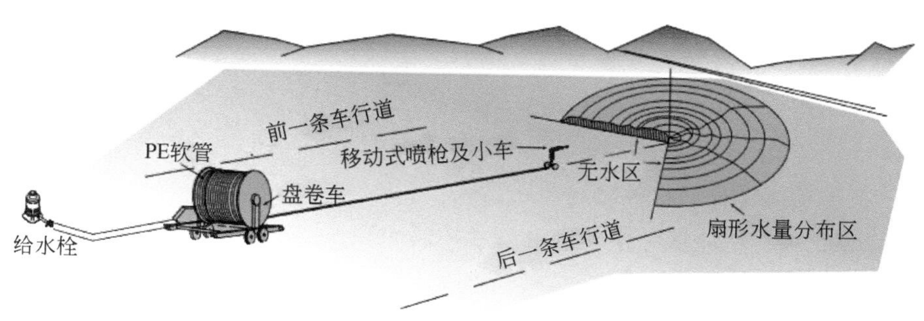

图 2-1　卷盘式喷灌机工作示意图

绕在盘卷车上，同时将喷头小车向盘卷车处拖动。当喷头小车回牵至盘卷车处，完成此次喷洒，机组被拖拉机牵引至相邻车行道进行下一次喷洒。

2.1.2 喷洒控制面积

卷盘式喷灌机在作业时，一方面喷头车在 PE 软管牵引下匀速向盘卷车移动；另一方面喷枪以一定的扇形角做旋转喷洒（许一飞和许炳华，1989）。卷盘式喷灌机完成一次喷洒过程的控制面积可分成喷洒起始端、中部矩形喷洒区与喷洒末端 3 部分，如图 2-2 所示。

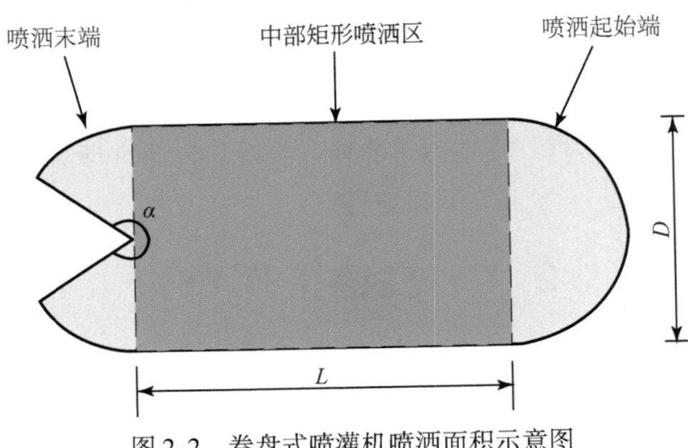

图 2-2　卷盘式喷灌机喷洒面积示意图

假设喷洒过程中喷枪的旋转辐射角为 α（°），喷枪的喷洒直径为 D（m），PE 软管的收管长度为 L（m）。其中

$$D=2R \tag{2-1}$$

式中，R 为喷枪有效射程（m）。

起始端面积
$$S_{start}=\frac{1}{2}\pi R^2 \tag{2-2}$$

中部矩形喷洒区面积
$$S_{middle}=2LR \tag{2-3}$$

末端面积
$$S_{end}=lR=\frac{\pi R^2}{360}(\alpha-180°) \tag{2-4}$$

式中，l 为喷洒末端扇形面的弧长（m）。

卷盘式喷灌机完成一次喷洒过程的控制面积 S_{total}（m^2）为

$$S_{total}=S_{start}+S_{middle}+S_{end}=2LR+\frac{\alpha}{360}\pi R^2 \tag{2-5}$$

设机组完成一次回收需要的时间为 T（h），则喷头车的行走速度 v（m/h）为

$$v=\frac{L}{T} \tag{2-6}$$

若灌溉制度制定的一次灌水深度为 M（mm），那么一次喷洒过程的需水量 $V_{需}$（m^3）为

$$V_{需}=\frac{MS_{total}}{1000}=\eta QT \tag{2-7}$$

式中，Q 为机组流量（m^3/h）；η 为喷灌水有效利用系数。

水泵实际抽送水量 $V_{实}$（m^3）为

$$V_{实}=\frac{V_{需}}{\eta}=\frac{MS_{total}}{1000\eta}=QT \tag{2-8}$$

2.2 机组能耗计算

根据卷盘式喷灌机组的结构组成与工作特点，将机组能耗分为 5 部分，依次对各能耗组成进行理论推导。

2.2.1 拖动喷头车的能耗

拖动喷头车的能耗与喷头车重量、行走速度、行走时间等有关。喷头车主要由车架、行走胶轮及喷头组成，假定喷头车的重量为 G_{cart}，行走胶轮的滚动阻力系数为 f，则喷头车的牵引功率 P_{cart}（J/h）为

$$P_{cart}=fG_{cart}v=fG_{cart}\frac{L}{T} \tag{2-9}$$

完成一次回收牵引喷头车消耗的能量 E'_c（J）为

$$E'_c=P_{cart}T=fG_{cart}L \tag{2-10}$$

当全生育期内该田块的灌水次数为 N 时，则灌溉单位面积（m^2）土地拖动喷头车的能耗 E_c（$kW\cdot h/m^2$）为

$$E_c=\frac{KNE'_c}{S_{total}}=\frac{KNfG_{cart}L}{S_{total}} \tag{2-11}$$

式中，K 为单位换算系数。

2.2.2 拖动 PE 软管的能耗

拖动 PE 软管的能耗与软管重量、回卷时间及回卷速度有关。假设 PE 软管的外径为 d_0（m），内径为 d（m），容重为 γ_0（N/m^3），则单位长度充满水的 PE

软管重量 W_d（N/m）为

$$W_d=\frac{1}{4}\pi(d_0^2-d^2)\gamma_0+\frac{1}{4}\pi d^2\gamma \tag{2-12}$$

式中，γ 为水的容重（N/m^3）。

假设 PE 软管充满水时与地面的摩阻系数为 μ。已知缠绕在卷盘上的软管长度为 x，伸展开的软管长度为 $L-x$，且随喷洒过程的持续，伸展的软管长度由 L 变为0，则拖动软管所需的能耗可表述为伸展软管长度的函数，令 $t=L-x$，有

$$f(t)=\mu W_d t \tag{2-13}$$

这是一个动态变化的过程，完成一次收管拖动卷盘软管的能耗 E_s'(J) 为

$$E_s'=\int_0^L f(t)\,dt=\frac{\pi\mu L^2}{8}[(d_0^2-d^2)\gamma_0+d^2\gamma] \tag{2-14}$$

假设一个生育期内该田块的灌水次数为 N，那么灌溉单位面积（m^2）土地拖动卷盘 PE 软管的能耗 E_s（$kW\cdot h/m^2$）为

$$E_s=\frac{KNE_s'}{S_{total}}=\frac{KN\pi\mu L^2}{8S_{total}}[(d_0^2-d^2)\gamma_0+d^2\gamma] \tag{2-15}$$

2.2.3 转动卷盘的能耗

喷洒过程中卷盘自身绕转轴做刚性旋转，转动动能由下式计算

$$E_r'=\frac{1}{2}Iw^2 \tag{2-16}$$

式中，I 为转动惯量；w 为旋转角速度。卷盘绕定轴转动，转轴与质心位置重合，其转动惯量为

$$I=\frac{1}{2}M_{reel}R_{reel}^2 \tag{2-17}$$

式中，M_{reel}为卷盘与卷盘上缠绕软管质量之和（kg）；R_{reel}为卷盘半径（m）。

$$M_{reel}=m_{reel}+M_d L \tag{2-18}$$

式中，m_{reel}为卷盘自身重量（kg）；M_d为单位长度软管与管内水的重量之和（kg/m）；L 为软管长度（m）。

将式（2-17）、式（2-18）代入式（2-16），可得卷盘转动动能 E_r'(J) 为

$$E_r'=\frac{1}{4}(m_{reel}+M_d L)R_{reel}^2 w^2 \tag{2-19}$$

假设一个生育期内该田块的灌水次数为 N，则灌溉单位面积（m^2）土地盘卷自身转动的能耗 E_r（$kW\cdot h/m^2$）为

$$E_r=\frac{KNv^2(m_{reel}+M_d L)}{4S_{total}} \tag{2-20}$$

2.2.4 将灌溉水喷洒到田间的能耗

为保证灌溉水在土壤表面的均匀分布，需要喷头车进水口处的水头为 H_d，定义为

$$H_d = H_e + \Delta H + H_p \tag{2-21}$$

式中，H_e 为喷头喷嘴处水头（m）；ΔH 为喷头喷嘴与地面高差（m）；H_p 为喷头车进水口到喷嘴出口的沿程和局部水头损失之和（m）。那么，提升 H_d 需要的功率 P_d（kW）为

$$P_d = \gamma Q H_d \tag{2-22}$$

若完成一次卷盘软管回收的时间为 T，则相应的能耗 E'_d(kW · h) 为

$$E'_d = P_d T = \gamma Q(H_e + \Delta H + H_p)T \tag{2-23}$$

当全生育期内该田块的灌水次数为 N 时，灌溉单位面积（m^2）土地将灌溉水均匀喷洒到土壤表面的能耗 E_d（kW · h/m^2）为

$$E_d = \frac{NE'_d}{S_{total}} = \frac{N\gamma Q(H_e + \Delta H + H_p)T}{S_{total}} \tag{2-24}$$

将式(2-8) 代入式(2-24) 可得

$$E_d = \frac{\gamma NM}{1000\eta}(H_e + \Delta H + H_p) \tag{2-25}$$

2.2.5 克服 PE 软管内阻力损失的能耗计算

PE 软管内的阻力损失由直管水头损失和弯管水头损失组成，可表示为

$$H_b = H_l + H_{reel} \tag{2-26}$$

式中，H_l为长度为 L 的 PE 软管完全伸展开时的水头损失（m）；H_{reel}为 PE 软管由于弯曲引起的水头损失附加值（m）。

其中 H_l可由 Hazen- Williams 公式计算

$$H_l = 1.13\times10^9\left(\frac{Q}{C_h}\right)^{1.852}\frac{L}{d^{4.871}} \tag{2-27}$$

式中，C_h为粗糙系数，与管道的材质及粗糙程度有关；d 为 PE 软管的内径(mm)；其余符号含义同前。

PE 软管在卷盘上缠绕一圈所引起的水头损失附加值 H_{reel} 可由下式计算(Rochester et al., 1990)

$$H_{reel} = K_b\frac{v_0^2}{2g} \tag{2-28}$$

式中，K_b为管道弯曲系数；v_0为管道水流流速（m/s）。

管道内水流流速 v_0的计算式为

$$v_0 = \frac{Q}{A} = \frac{4Q}{\pi d^2} \tag{2-29}$$

已知 PE 软管总长度为 L，设缠绕状态软管的长度为 x，则伸直状态 PE 软管长度为 $L-x$。

若所选卷盘的直径为 D_{reel}，则单圈 PE 软管的长度为

$$l_{reel} = \pi D_{reel} \tag{2-30}$$

暂不考虑不同层引起的卷盘直径变化，则缠绕状态 PE 软管在卷盘上环绕的圈数为

$$n = \frac{x}{l_{reel}} = \frac{x}{\pi D_{reel}} \tag{2-31}$$

因此缠绕状态 PE 软管引起的水头损失附加值为

$$H'_{reel} = nH_{reel} = \frac{K_b v_0^2 x}{2g\pi D_{reel}} \tag{2-32}$$

由式（2-32）可知，管道弯曲引起的水头损失附加值随 PE 软管的回收过程动态变化，可以表述为已回收管道长度 x 的函数形式，令

$$H'_{reel} = f(x) = \frac{K_b v_0^2}{2g\pi D_{reel}} x = C_{reel} x \tag{2-33}$$

式中，

$$C_{reel} = \frac{K_b v_0^2}{2g\pi D_{reel}}，则\ dH'_{reel} = f(x)\,dx = C_{reel} x\,dx \tag{2-34}$$

整个 PE 软管回收过程中 x 的变化范围是 0 到 L，对 H'_{reel}进行 0 到 L 上的积分可得

$$H_{reel} = \int_0^L f(x)\,dx = \int_0^L C_{reel} x\,dx = \frac{1}{2} C_{reel} L^2 = \frac{K_b v_0^2 L^2}{4g\pi D_{reel}} \tag{2-35}$$

PE 软管内的水头损失表达式为

$$H_b = 1.13 \times 10^9 \left(\frac{Q}{C_h}\right)^{1.852} \frac{L}{d^{4.871}} + \frac{K_b v_0^2 L^2}{4g\pi D_{reel}} \tag{2-36}$$

完成一次收管过程卷盘软管水力损失的能耗 E'_b(J) 为

$$E'_b = \gamma Q H_b T = \gamma Q T \left[1.13 \times 10^9 \left(\frac{Q}{C_h}\right)^{1.852} \frac{L}{d^{4.871}} + \frac{K_b v_0^2 L^2}{4g\pi D_{reel}}\right] \tag{2-37}$$

当全生育期内该田块的灌水次数为 N 时，灌溉单位面积（m^2）土地克服卷盘 PE 软管内水力损失的能耗 E_b（$kW \cdot h/m^2$）为

$$E_b = \frac{KNE'_d}{S_{total}} = \frac{\gamma KNQT}{S_{total}} \left[1.13 \times 10^9 \left(\frac{Q}{C_h}\right)^{1.852} \frac{L}{d^{4.871}} + \frac{K_b v_0^2 L^2}{4g\pi D_{reel}}\right]$$

$$=\frac{\gamma HNM}{\eta}\left[1.13\times10^{9}\left(\frac{Q}{C_{\rm h}}\right)^{1.852}\frac{L}{d^{4.871}}+\frac{4K_{\rm b}L^{2}Q^{2}}{{\rm g}\pi^{3}D_{\rm reel}d^{4}}\right] \tag{2-38}$$

2.2.6 卷盘式喷灌机组总能耗计算

式(2-11)、式(2-15)、式(2-20) 中的能耗均为满足机组正常运转所需驱动能耗，可统一记作 $E_{\rm drag,de}$，有

$$E_{\rm drag,de}=E_{\rm c}+E_{\rm s}+E_{\rm r} \tag{2-39}$$

市场常见的卷盘式喷灌机一般为水涡轮驱动，高压水流通过水涡轮驱动装置带动水涡轮旋转，通过皮带、齿轮减速装置带动绞盘转动，从而将水势能转化为机组机械能。袁寿其等（2014）、汤跃等（2014）曾针对卷盘式喷灌机水涡轮工作时的能量转化效率进行测试，结果表明，各类工况下水涡轮驱动下的能量转化效率均较低，能量转化效率最高值为 13%~15%，最低值仅为 1.5%，这说明采用水涡轮为驱动装置时的实际驱动能耗远大于计算驱动能耗，实际驱动能耗记作 $E_{\rm drag,ac}$，则有

$$E_{\rm drag,ac}=E_{\rm drag,de}/\eta_{\rm m}\eta_{\rm h} \tag{2-40}$$

式中，$\eta_{\rm m}$为水涡轮机械传动效率（%）；$\eta_{\rm h}$为水涡轮水力传动效率（%）。

将式（2-25）、式（2-38）和式（2-40）相加并进行单位换算，即可得到卷盘式喷灌机组一个生育期内灌溉每公顷土地所需总能耗（kW · h/hm^2）

$$E_{\rm total}=E_{\rm drag,ac}+E_{\rm d}+E_{\rm b} \tag{2-41}$$

2.3 田间复杂路况对机组能耗影响

移动式喷灌机组在田间作业时，拖动喷头车和 PE 软管的驱动力大小受到田间复杂路面情况的影响，如缺少专用机行道时，喷头车驶过松软的田间路面，将产生推土阻力和压实阻力（朱卫东等，2010），喷头车的滚动摩擦系数受此影响而显著增大；当机组行驶路面呈现一定坡度，或出现沟坎等障碍时，驱动喷头车和 PE 软管的动力也将产生变化，进而影响到机组的总能耗。本节初步探讨复杂的田间路面工况对机组能耗的影响。

2.3.1 土壤推土阻力对机组能耗的影响

滚动车轮的前缘推动土壤形成隆起的前缘波，其产生阻碍车轮滚动的力，称为推土阻力（潘君拯，1963；李晓甫等，2011；韩宗奇和李亮，2002）。为得到

适用于移动式喷头车推土阻力与土壤性质的关系式，需要分析车轮所受到推土阻力与土壤黏聚力和土壤内摩擦角的关系，并推导出不同土壤类型的土壤黏聚力、内摩擦角与土壤容重及土壤含水率的关系式，从而为喷头车驱动功率的合理计算提供参考。本小节以黄绵土和黏土为例，分析土壤参数与抗剪强度指标间的关系，回归两种土壤类型的土壤黏聚力和内摩擦角与土壤容重和土壤含水率的关系式。

2.3.1.1 黄绵土土壤参数与土壤抗剪强度指标关系

(1) 黄绵土不同土壤含水率和容重下抗剪强度与压应力关系

通过直剪试验得到黄绵土不同土壤含水率和土壤容重状态下试样的抗剪强度与压应力的关系曲线，见图 2-3。

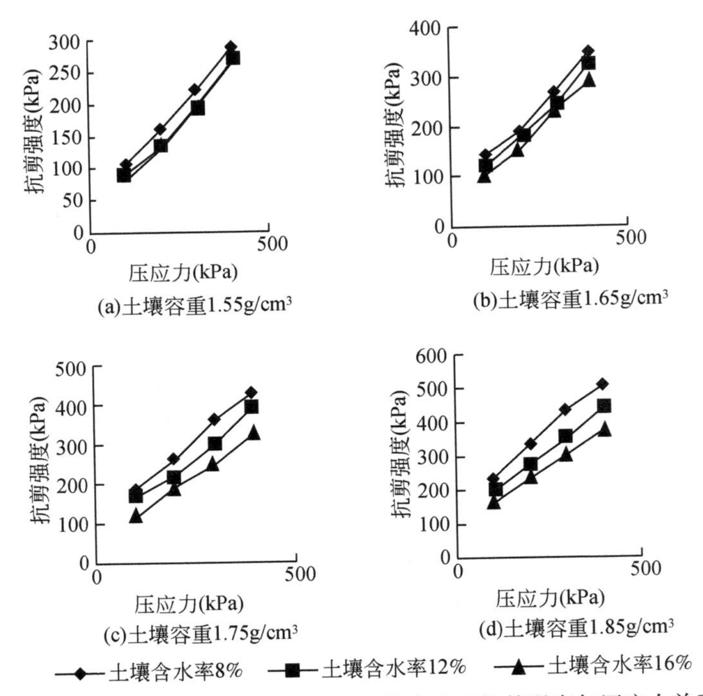

图 2-3 黄绵土不同土壤含水率和土壤容重下抗剪强度与压应力关系

由图 2-3 可见，黄绵土在土壤含水率和土壤容重相同的情况下，抗剪强度随压应力的增加线性增加；土壤含水率越大，抗剪强度越小；土壤含水率相同时，随着土壤容重的增大，土壤的抗剪强度明显上升。在 400kPa 的压应力作用下，土壤含水率为 8%，土壤容重为 1.85g/cm^3 时，抗剪强度取得最大值，为

495.10kPa；土壤含水率为 16%，土壤容重为 1.55g/cm^{3}时，抗剪强度取得最小值，为 232.14kPa。

(2) 黄绵土土壤黏聚力和内摩擦角与土壤容重的关系

对图 2-3 中的数据进行线性拟合，可以得到截距 C（土壤黏聚力）和斜率（土壤内摩擦角的正切值，$\tan\varphi$），结果见表 2-1。

表 2-1　黄绵土不同土壤含水率下土壤容重的 C、φ 值

土壤含水率（%）	抗剪指标	土壤容重 1.55g/cm^3	土壤容重 1.65g/cm^3	土壤容重 1.75g/cm^3	土壤容重 1.85g/cm^3
8	C（kPa）	45.47	66.64	102.56	145.73
	φ（°）	30.39	35.22	39.16	42.44
12	C（kPa）	25.57	52.02	79.69	115.63
	φ（°）	29.54	33.46	37.11	38.85
16	C（kPa）	20.94	36.97	56.68	94.84
	φ（°）	28.36	31.95	33.22	35.46

根据表 2-1 绘制黄绵土不同土壤含水率状态下，土壤容重与土壤黏聚力及内摩擦角的关系曲线，见图 2-4。

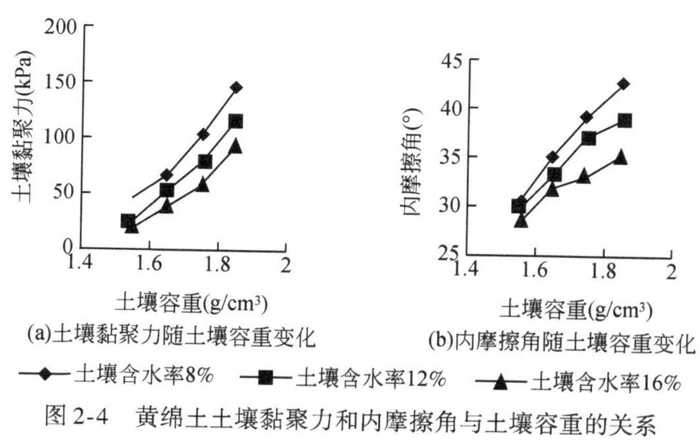

(a)土壤黏聚力随土壤容重变化　(b)内摩擦角随土壤容重变化

—◆—土壤含水率8%　—■—土壤含水率12%　—▲—土壤含水率16%

图 2-4　黄绵土土壤黏聚力和内摩擦角与土壤容重的关系

从图 2-4（a）中可以看出，随土壤容重的增大，黄绵土的土壤黏聚力总体呈增大的趋势，具有明显的线性特征；从图 2-4（b）中可以看出，随土壤容重的增大，黄绵土的内摩擦角也呈现增大的趋势，但与土壤黏聚力相比，其增长的趋势较缓，也具有线性特征。当土壤容重从 1.55g/cm^{3}增大至 1.85g/cm^{3}时，土壤黏聚力增大 3.2～4.5 倍，内摩擦角增大 25%～40%。土壤黏聚力是土壤颗粒间引力和斥力相互作用的结果，其主要的来源是颗粒间的相互吸引、水膜联结和颗粒间的胶结，其中起到最重要作用的是水膜联结和胶结作用。当土壤含水率一定且较小时，土壤容重越大，土壤颗粒间的相互作用就会越显著，其水膜联结力越大，颗粒的胶结状态越好，故黏聚力越大。在同样状态下，土壤颗粒间的摩擦作用也会加强，摩擦系数增大，故内摩擦角也会上升。

(3) 黄绵土土壤黏聚力和内摩擦角与土壤含水率的关系

根据表2-1绘制黄绵土不同土壤容重状态下，土壤含水率与土壤黏聚力及内摩擦角的关系曲线，见图2-5。

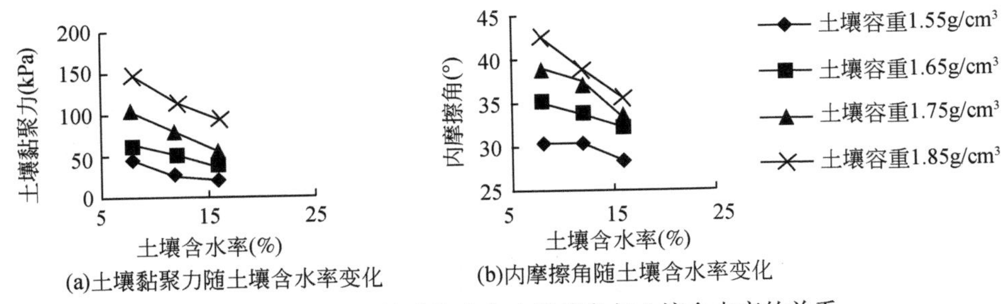

(a)土壤黏聚力随土壤含水率变化 (b)内摩擦角随土壤含水率变化

图2-5 黄绵土土壤黏聚力和内摩擦角与土壤含水率的关系

从图2-5（a）中可以看出，随土壤含水率的增大，黄绵土的土壤黏聚力总体呈减小的趋势，具有明显的线性特征；从图2-5（b）中可以看出，随土壤含水率的增大，黄绵土的内摩擦角也呈现减小的趋势，同样具有线性特征。

由于颗粒间水膜联结和胶结作用对土壤黏聚力起到重要作用，所以随土壤含水率变化，土壤黏聚力也具有较大的变化。相比于含水率对土壤黏聚力的影响，含水率对内摩擦角的影响相对较小，这与黄琨等（2012）、王丽和梁鸿（2009）的结论基本一致。对于黄绵土，当土壤含水率从8%增大至16%时，土壤黏聚力减小26%~53%，内摩擦角减小约10%。这主要是由于水的作用减弱了土壤颗粒间的摩擦效应，使得摩擦系数降低，所以土壤含水率对土壤抗剪强度的影响主要是降低土壤黏聚力，但对内摩擦角的影响较小。

当土壤含水率为8%、土壤容重为1.85g/cm³时，黄绵土的土壤黏聚力和内摩擦角同时取得最大值，其中最大土壤黏聚力为145.73kPa，最大内摩擦角为42.44°；当土壤含水率为16%、土壤容重为1.55g/cm³时，黄绵土的土壤黏聚力和内摩擦角同时取得最小值，其中最小土壤黏聚力为20.94kPa，最小内摩擦角为28.36°。

(4) 黄绵土土壤参数与土壤抗剪强度指标关系公式

根据分析得到的黄绵土土壤黏聚力和内摩擦角与土壤容重和含水率的关系，本书选择使用SPSS软件中的多元线性回归进行公式拟合。设与因变量相关的自

变量有 m 个，记为 T_1，T_2，…，T_m，则多元线性回归方程的模型为

$$B=C_0+C_1T_1+C_2T_2+\cdots+C_mT_m \tag{2-42}$$

式中，C_0，C_1，…，C_m为待定系数。

根据 SPSS 的分析结果可得，黄绵土的土壤黏聚力与土壤容重和含水率的公式为

$$C=292\gamma_s-4.717\theta-369.562 \quad R^2=0.960 \tag{2-43}$$

式中，C 为土壤黏聚力（kPa）；γ_s为土壤容重（g/cm^3）；θ 为土壤含水率（%）。

黄绵土的内摩擦角关于土壤容重和含水率的公式回归结果见表 2-2 ~ 表 2-4。

表 2-2　黄绵土内摩擦角公式模型摘要

模型	r	R^2	调整后 R^2	标准值估算的误差
1	0.973[a]	0.946	0.935	1.091 90

注：a. 预测变量：（常量）、土壤含水率、土壤容重。

表 2-3　黄绵土内摩擦角公式 ANOVA

模型	平方和	自由度	均方	F	显著性
回归	189.608	2	94.804	79.517	0.00
残差	10.730	9	1.192		
总计	200.339	11			

表 2-4　黄绵土内摩擦角公式系数

模型	未标准化系数		标准化系数	t	显著性
	B	标准误差	Beta		
（常量）	-11.988	4.941		-2.426	0.038
土壤容重	31.423	2.819	0.860	11.146	0.000
土壤含水率	-0.569	0.097	-0.455	-5.900	0.000

根据 SPSS 的分析结果可得，黄绵土的土壤黏聚力关于土壤容重和含水率的公式为

$$\varphi=31.423\gamma_s-0.569\theta-11.988 \quad R^2=0.935 \tag{2-44}$$

式中，φ 为内摩擦角（°）；γ_s为土壤容重（g/cm^3）；θ 为土壤含水率（%）。

2.3.1.2　黏土土壤参数与土壤抗剪强度指标关系

（1）黏土不同土壤含水率和容重下抗剪强度与压应力关系

通过直剪试验得到黏土不同土壤含水率和土壤容重状态下试样的抗剪强度与压应力的关系曲线，见图 2-6。

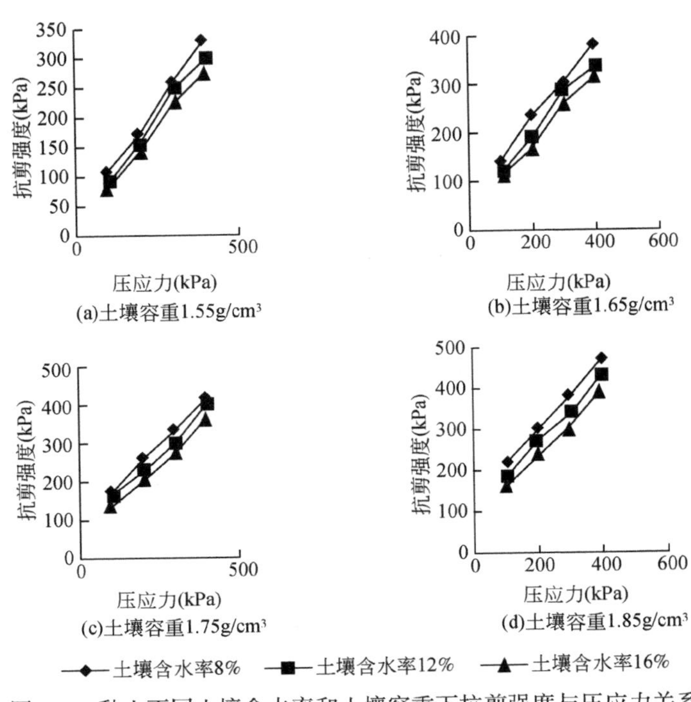

图 2-6　黏土不同土壤含水率和土壤容重下抗剪强度与压应力关系

由图 2-6 可见，黏土在土壤含水率和土壤容重相同的情况下，抗剪强度随压应力的增加线性增加，并且土壤含水率越大，抗剪强度越小；当土壤含水率相同时，随着土壤容重的增大，土壤的抗剪强度明显上升，与黄绵土具有相同的规律。在 400kPa 的压应力作用下，土壤含水率为 8%、土壤容重为 1.85g/cm^3 时，抗剪强度取得最大值，为 469.71kPa；土壤含水率为 16%、土壤容重为 1.55g/cm^{3}时，抗剪强度取得最小值，为 277.47kPa。

（2）黏土土壤黏聚力和内摩擦角与土壤容重的关系

对图 2-6 中的数据进行线性拟合，可以得到截距 C（土壤黏聚力）和斜率（土壤内摩擦角的正切值，$\tan\varphi$），结果见表 2-5。

表 2-5　黏土不同土壤含水率下不同土壤容重的 C、φ 值

土壤含水率（%）	抗剪指标	土壤容重 1.55g/cm^3	土壤容重 1.65g/cm^3	土壤容重 1.75g/cm^3	土壤容重 1.85g/cm^3
8	C（kPa）	30.73	64.30	91.20	132.93
	φ（°）	36.55	38.41	39.11	40.00

续表

土壤含水率（%）	抗剪指标	土壤容重 1.55g/cm³	土壤容重 1.65g/cm³	土壤容重 1.75g/cm³	土壤容重 1.85g/cm³
12	C（kPa）	20.56	46.41	72.99	102.51
	φ（°）	35.03	36.89	38.33	39.19
16	C（kPa）	12.83	34.42	62.02	84.07
	φ（°）	34.03	35.52	36.51	37.40

根据表 2-5 绘制黏土在不同土壤含水率状态下，土壤容重与土壤黏聚力及内摩擦角的关系曲线，见图 2-7。

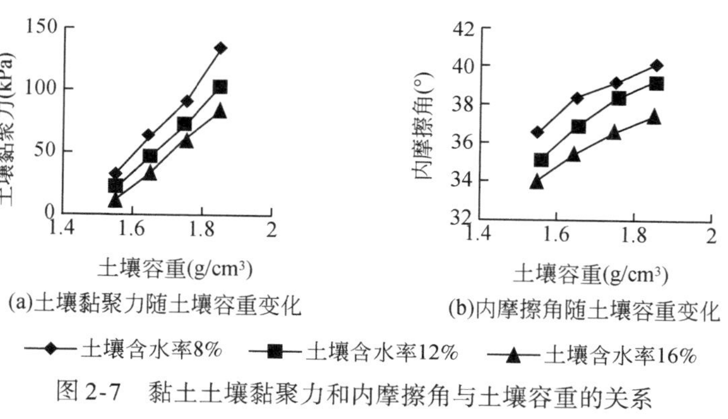

图 2-7 黏土土壤黏聚力和内摩擦角与土壤容重的关系

从图 2-7（a）中可以看出，随土壤容重的增大，黏土的土壤黏聚力总体呈增大的趋势，具有明显的线性特征；从图 2-7（b）中可以看出，随土壤容重的增大，黏土的内摩擦角也呈现增大的趋势，但与土壤黏聚力相比，其增长的趋势较缓，也具有线性特征。当土壤容重从 1.55g/cm³ 增大至 1.85g/cm³ 时，土壤黏聚力增大 3.3 ~ 5.6 倍，内摩擦角增大 9.4% ~ 11.9%，与黄绵土的规律基本相同。

（3）黏土土壤黏聚力和内摩擦角与土壤含水率的关系

根据表 2-5 绘制黏土在不同土壤容重状态下，土壤含水率与土壤黏聚力及内摩擦角的关系曲线（图 2-8）。

从图 2-8（a）中可以看出，随土壤含水率的增大，黏土的土壤黏聚力总体呈减小的趋势，具有明显的线性特征；从图 2-8（b）中可以看出，随土壤含水率的增大，黏土的内摩擦角也呈现减小的趋势，同样具有线性特征。对于黏土，当土壤含水率从 8% 增大至 16% 时，土壤黏聚力减小约 29% ~58%，内摩擦角减小约 7%，所以随土壤含水率变化，土壤黏聚力具有较大的变化，但相比于含水率对土壤黏聚力的影响，含水率对内摩擦角的影响相对较小，与黄绵土的规律基本相同。

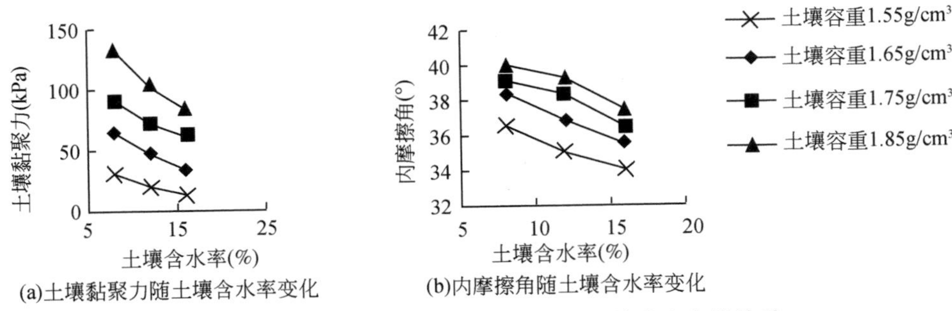

(a)土壤黏聚力随土壤含水率变化　　(b)内摩擦角随土壤含水率变化

图 2-8　黏土土壤黏聚力和内摩擦角与土壤含水率的关系

当土壤含水率为 8%、土壤容重为 1.85g/cm^3 时，黏土的土壤黏聚力和内摩擦角同时取得最大值，其中最大土壤黏聚力为 132.93kPa，最大内摩擦角为 40.00°；当土壤含水率为 16%、土壤容重为 1.55g/cm^3 时，黏土的土壤黏聚力和内摩擦角同时取得最小值，最小土壤黏聚力为 12.83kPa，最小内摩擦角为 34.03°。

(4) 黏土土壤参数与土壤抗剪强度指标关系公式

黏土的数据分析过程与黄绵土完全相同，在此不再赘述。

黏土的土壤黏聚力与土壤容重和含水率的公式为

$$C=282.408\gamma_s-3.932\theta-369.997 \quad R^2=0.974 \tag{2-45}$$

黏土的土壤黏聚力与土壤容重和含水率的公式为

$$\varphi=12.016\gamma_s-0.331\theta+20.796 \quad R^2=0.966 \tag{2-46}$$

2.3.2 土壤压实阻力对机组能耗的影响

当车辆在松软路面上行驶时，轮胎对土壤的压实将产生压实阻力（王来贵等，2015；黄琨等，2012）。本小节旨在对卷盘式喷灌机喷头车在压实条件下的行走动力进行定量研究，得到喷头车在土壤压实条件下的行走动力计算式，为卷盘式喷灌机喷头车的牵引动力提供参考。本小节以黄绵土和黏土为例，通过实测和理论推导，得到土壤压实参数和土壤参数指标关系式。

2.3.2.1 黄绵土压实参数与土壤参数的关系

(1) 不同土壤含水率和容重下荷载与沉陷量关系

读取荷载（P）与沉陷量（Z）的数值，选取 1kN、2kN、3kN、…、10kN

10 个荷载对应下的沉陷量，分别取对数，在 Excel 中生成关于荷载对数和沉陷量对数的关系曲线，曲线方程式为

$$\lg P=\lg\left(\frac{K_c}{b_1}+K_\varphi\right)+n\lg Z \tag{2-47}$$

$$\lg P=\lg\left(\frac{K_c}{b_2}+K_\varphi\right)+n\lg Z \tag{2-48}$$

式中，b_1为长板的宽度（mm）；b_2为方板的宽度（mm）。

此二式在对数坐标上是两条斜率相似的平行线，$\tan\alpha=n$，即沉陷指数等于直线的斜率，当 $Z=1$ 时，直线在横坐标轴上的截距分别为 K_1，K_2，则

$$K_1=\lg\left(\frac{K_c}{b_1}+K_\varphi\right) \tag{2-49}$$

$$K_2=\lg\left(\frac{K_c}{b_2}+K_\varphi\right) \tag{2-50}$$

因此，变形模量 K_c和 K_φ可由解上面的联立方程式求得

$$K_c=\frac{(\lg^{-1}K_1-\lg^{-1}K_2)\cdot b_1\cdot b_2}{b_2-b_1} \tag{2-51}$$

$$K_\varphi=\frac{\lg^{-1}K_2\cdot b_2-\lg^{-1}K_1\cdot b_1}{b_2-b_1} \tag{2-52}$$

$$n=\tan\alpha \tag{2-53}$$

通过压实试验得到三种土样在不同荷载下的沉陷量，并利用计算机准确读取和记录荷载（P）与沉陷量（Z）的值。从所有数据中提取荷载分别为 1kN、2kN、3kN、4kN、5kN、6kN、7kN、8kN 时对应的沉陷量。此外每种土样按 3 种初始含水率水平和 3 种土壤容重水平配制，即共有 9 份样品。通过压实试验得出各土样在不同荷载下的沉陷量值，对荷载值和沉陷量值分别取对数，在坐标轴上标出对应的点，得出趋势线及方程。同一份土样，正方形平板与长方形平板所得的数据得到的趋势线是两条近似平行线，这两条趋势线的斜率平均值即为沉陷指数（n）的值。再由式（2-51）、式（2-52）得到黏聚力模量（K_c）、内摩擦力模量（K_φ）的值。

根据黄绵土的压实试验数据，可得到黄绵土在土壤容重为 1. 15g/cm^3、不同初始含水率条件下的压力–沉陷量拟合图（图 2-9）。

由压实试验得出黄绵土在荷载作用下的沉陷量，取土样所受荷载值的对数为横坐标，在相应荷载下沉陷量值的对数为纵坐标，计算黄绵土在不同含水率和不同土壤容重条件下的压实参数值，如表 2-6 所示。

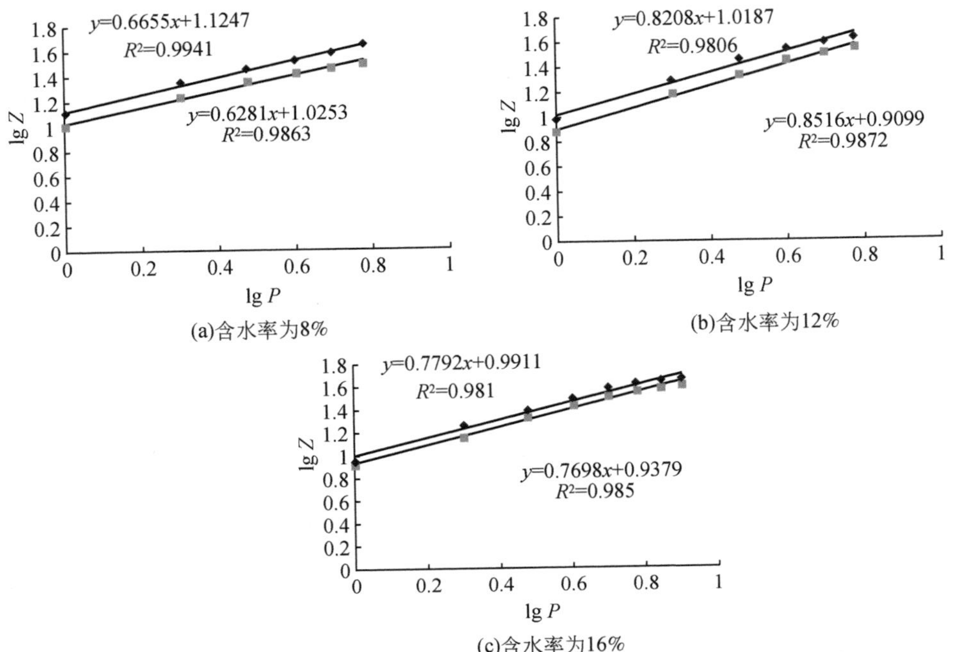

(a)含水率为8%

(b)含水率为12%

(c)含水率为16%

图 2-9　黄绵土在土壤容重为 1. 15g/cm³、不同初始含水率条件下的压力-沉陷量拟合图

表 2-6　黄绵土的压实参数计算值

土壤含水率（%）	土壤容重 1. 15g/cm³			土壤容重 1. 25g/cm³			土壤容重 1. 35g/cm³		
	K_c	K_φ	n	K_c	K_φ	n	K_c	K_φ	n
8	29. 82	151. 55	0. 6468	49. 02	73. 50	1. 0794	21. 93	30. 99	1. 1749
12	32. 64	134. 45	0. 8272	55. 59	78. 79	1. 0826	46. 41	45. 91	1. 2328
16	15. 96	138. 70	0. 7745	32. 46	108. 12	0. 9219	21. 09	65. 82	1. 1766

（2）黄绵土土壤黏聚力、内摩擦角和沉陷指数与土壤含水率的关系

在通过压实试验得出三种土壤的压实参数后，利用 Matlab 软件，构建压实参数与土壤参数的函数关系图，为在 SPSS 软件中搭建压实参数与土壤参数函数关系式模型提供参考，更直白地显示压实参数与土壤参数的函数关系趋势。

黄绵土黏聚力模量 K_c 与土壤参数关系图见图 2-10。

由图 2-10 可知，黄绵土黏聚力模量 K_c 的值在初始含水率增大时，呈现出先增大后减小的变化趋势；在土壤容重大时，也呈现出先增大后减小的趋势。

黄绵土内摩擦力模量 K_φ 与土壤参数关系图见图 2-11。

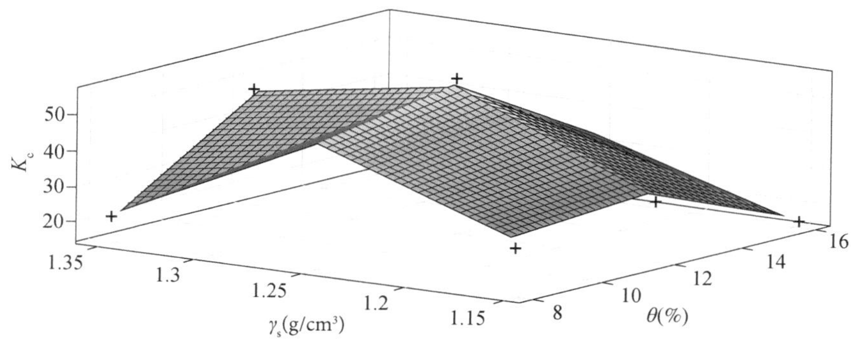

图 2-10　黄绵土黏聚力模量 K_c 与土壤参数关系图

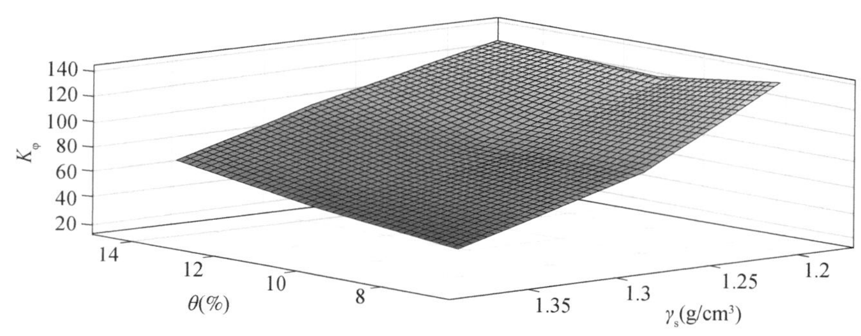

图 2-11　黄绵土内摩擦力模量 K_φ 与土壤参数关系图

由图 2-11 可知，黄绵土内摩擦力模量 K_φ 的值在初始含水率增大时，呈现出一直增大的变化趋势；在土壤容重增大时，呈现出一直减小的趋势。

黄绵土沉陷指数 n 与土壤参数关系图见图 2-12。

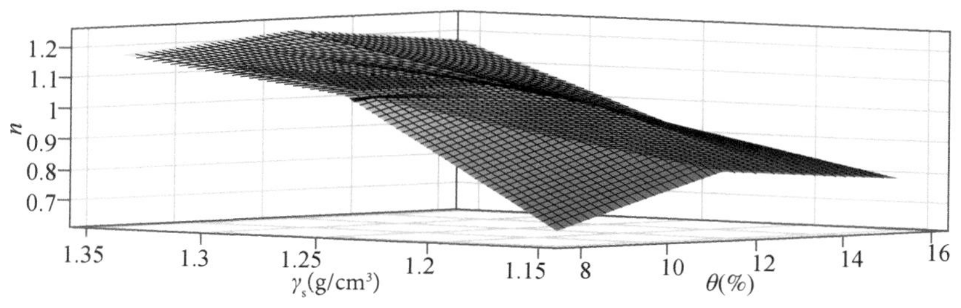

图 2-12　黄绵土沉陷指数 n 与土壤参数关系图

由图 2-12 可知，黄绵土沉陷指数 n 的值在初始含水率增大时，呈现出先增大后减小的变化趋势；在土壤容重增大时，呈现出一直增大的趋势。

（3）黄绵土压实参数与土壤参数指标关系公式

利用 MATLAB 分析得出的压实参数与土壤参数的变化趋势三维图，通过 SPSS 非线性拟合，建立黄绵土的压实参数与土壤参数的模型表达式

$$K_c = a\cdot\theta^2 + b\cdot\theta + c\cdot\gamma_s^2 + d\cdot\gamma_s + e \tag{2-54}$$

$$K_\varphi = a\cdot\theta^2 + b\cdot\theta + c\cdot\gamma_s^2 + d\cdot\gamma_s + e \tag{2-55}$$

$$n = a\cdot\theta^2 + b\cdot\theta + c\cdot\gamma_s^2 + d\cdot\gamma_s + e \tag{2-56}$$

式中，a、b、c、d、e 分别为含水率的二次项系数、含水率的一次项系数、容重的二次项系数、容重的一次项系数和常数项。

通过 SPSS 进行公式拟合，最终得到的拟合结果见表 2-7。

表 2-7　黄绵土拟合结果

项目	a	b	c	d	e	R^2
K_c	-1.031	23.448	-1771.5	4447.1	-2867.086	0.900
K_φ	0.525	-10.237	776.667	-2411.633	1929.476	0.947
n	-0.005	0.127	-5.583	16.186	-11.173	0.936

可得相应的函数关系式

$$K_c = -1.031\cdot\theta^2 + 23.448\cdot\theta - 1771.5\cdot\gamma_s^2 + 4447.1\cdot\gamma_s - 2867.086 \tag{2-57}$$

$$K_\varphi = 0.525\cdot\theta^2 - 10.237\cdot\theta + 776.667\cdot\gamma_s^2 - 2411.633\cdot\gamma_s + 1929.476 \tag{2-58}$$

$$n = -0.005\cdot\theta^2 + 0.127\cdot\theta - 5.583\cdot\gamma_s^2 + 16.183\cdot\gamma_s - 11.173 \tag{2-59}$$

2.3.2.2　黏土压实参数与土壤参数的关系

（1）不同土壤含水率和容重下荷载与沉陷量关系

黏土的压实参数计算原理同黄绵土，即式（2-47）~式（2-53）。根据压实试验得到的黏土土样在荷载作用下沉陷量的值，以荷载对数为横坐标、沉陷量对数为纵坐标，构建黏土在土壤容重为 1.15g/cm^3、不同初始含水率条件下的压力-沉陷量拟合图（图 2-13）。

由压实试验得出黏土在荷载作用下的沉陷量，并构建在不同含水率和不同土壤容重条件下黏土的压力-沉陷量拟合图，取土样所受荷载值的对数为横坐标，在相应荷载下沉陷量值的对数为纵坐标，计算黏土在不同含水率和不同土壤容重条件下的压实参数值，如表 2-8 所示。

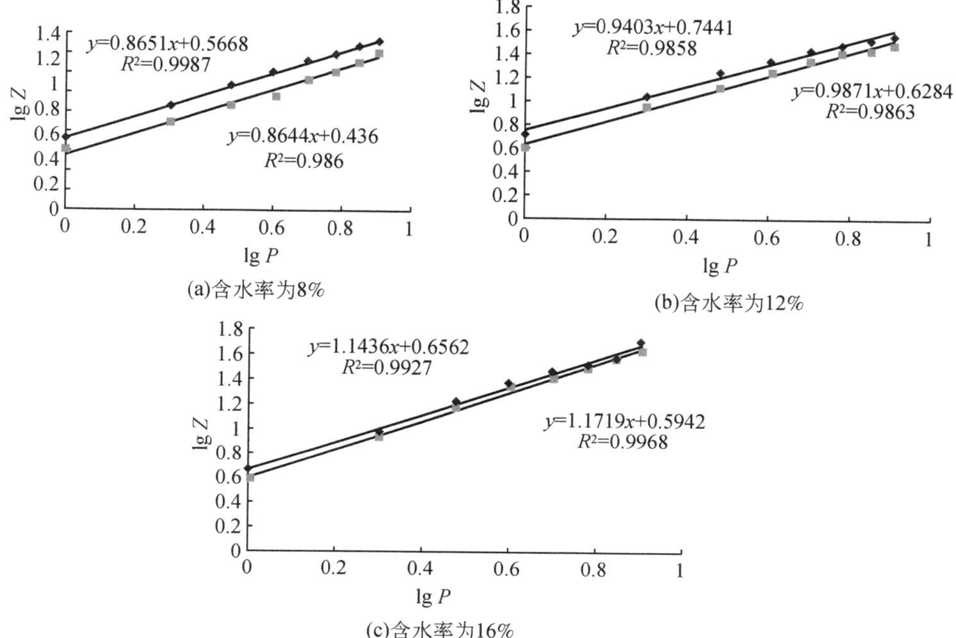

(a)含水率为8%

(b)含水率为12%

(c)含水率为16%

图 2-13　黏土在土壤容重为 1.15g/cm³，不同初始含水率条件下的压力-沉陷量拟合图

表 2-8　黏土的压实参数计算值

土壤含水率（%）	土壤容量 1.15g/cm³			土壤容量 1.25g/cm³			土壤容量 1.35g/cm³		
	K_c	K_φ	n	K_c	K_φ	n	K_c	K_φ	n
8	39.24	64.27	0.8648	32.88	76.20	0.8610	59.07	55.19	1.0190
12	34.71	80.87	0.9637	24	83.75	1.0676	68.04	48.56	1.1311
16	18.6	87.82	1.1578	20.49	100.34	1.0225	32.82	59.57	1.2146

（2）黏土土壤黏聚力、内摩擦角和沉陷指数与土壤含水率的关系

同黄绵土的数据处理方法，得到黏土黏聚力模量 K_c 与土壤参数关系图见图 2-14。

由图 2-14 可知，黏土黏聚力模量 K_c 的值在初始含水率增大时，呈现出一直减小的变化趋势；在土壤容重增大时，呈现出先减小后增大的趋势。

黏土内摩擦力模量 K_φ 与土壤参数关系图见图 2-15。

由图 2-15 可知，黏土内摩擦力模量 K_φ 的值在初始含水率增大时，呈现出一直增大的变化趋势；在土壤容重增大时，呈现出先增大后减小的趋势。

黏土沉陷指数 n 与土壤参数关系图见图 2-16。

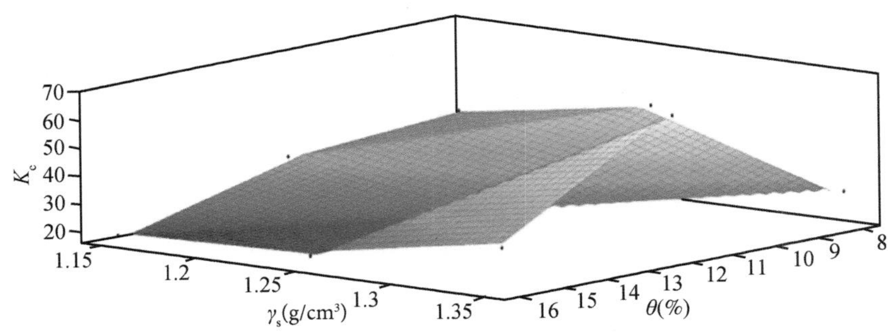

图 2-14　黏土黏聚力模量 K_c 与土壤参数关系图

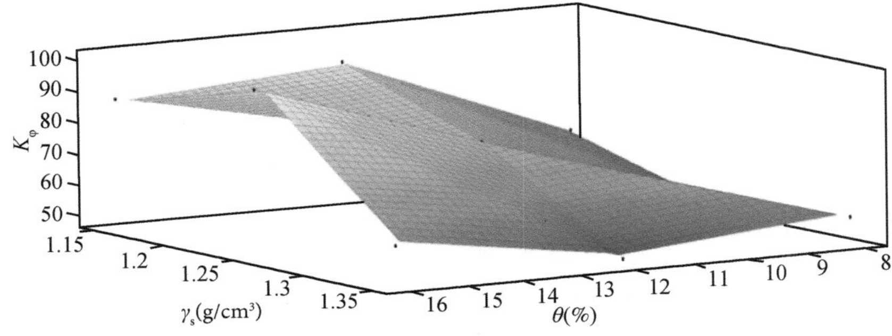

图 2-15　黏土内摩擦力模量 K_φ 与土壤参数关系图

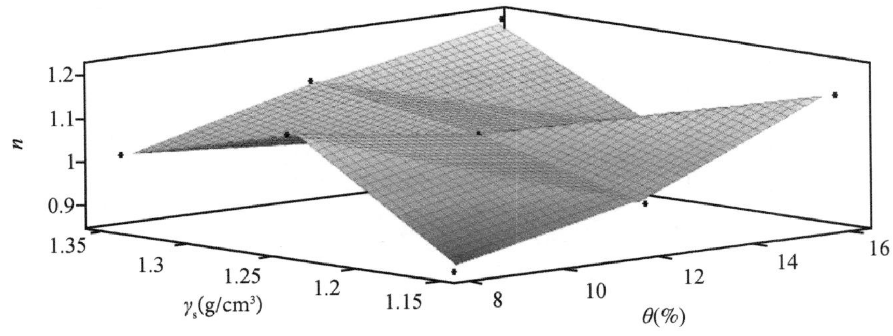

图 2-16　黏土沉陷指数 n 与土壤参数关系图

由图 2-16 可知，黏土沉陷指数 n 的值在初始含水率增大时，呈现出一直增大的趋势；在土壤容重增大时，呈现出先减小后增大的变化趋势。

（3）黏土压实参数与土壤参数指标关系公式

采用同样的方法，通过 SPSS 进行公式拟合，最终得到的拟合结果见表 2-9。

表 2-9　黏土拟合结果

	a	b	c	d	e	R^2
K_c	-0.525	10.137	1629.75	-3962.075	2391.489	0.886
K_φ	0.177	-2.088	-2071.667	5063.1	-3007.515	0.918
n	-0.002	0.071	7.176	-17.31	10.846	0.878

可得相应的函数关系式

$$K_c=-0.525\cdot\theta^2+10.137\cdot\theta+1629.75\cdot\gamma_s^2-3962.075\cdot\gamma_s+2391.489 \tag{2-60}$$

$$K_\varphi=0.177\cdot\theta^2-2.088\cdot\theta-2071.667\cdot\gamma_s^2+5063.1\cdot\gamma_s-3007.515 \tag{2-61}$$

$$n=-0.002\cdot\theta^2+0.071\cdot\theta+7.176\cdot\gamma_s^2-17.31\cdot\gamma_s+10.846 \tag{2-62}$$

根据试验结果回归不同土壤类型的土壤黏聚力和内摩擦角与土壤容重和含水率的关系公式，结合汽车理论中的推土阻力公式得到喷头车车轮阻力-土壤性质经验公式。

推土阻力

$$F_{rb}=b\left(C z_0K_{pc}+0.5 z_0^2r_sK_{pr}\right) \tag{2-63}$$

压实阻力

$$F_{rc}=\frac{1}{(3-n)^{\frac{2n+2}{2n+1}}(n+1)(K_c+b K_\varphi)^{\frac{1}{2n+1}}}\left(\frac{3\omega}{\sqrt{D}}\right)^{\frac{2n+2}{2n+1}} \tag{2-64}$$

其中

$$z_0=\left[\frac{3\omega}{(K_c+b K_\varphi)\sqrt{D}(3-n)}\right]^{\frac{2}{2n+1}} \tag{2-65}$$

$$K_{pc}=(N_c-\tan\varphi)\cos^2\varphi \tag{2-66}$$

$$K_{pr}=\left(\frac{2 N_r}{\tan\varphi}+1\right)\cos^2\varphi \tag{2-67}$$

式中，b 为承载面的短边长（轮宽）；C 为土壤黏聚力；K_c 为土壤黏聚变形模数；K_φ 为土壤摩擦变形模数；D 为车轮直径；n 为沉陷指数；N_c、N_r 为土壤承载能力系数；φ 为土壤内摩擦角。

喷头车受到的总阻力为压实阻力、推土阻力与 PE 软管受到的阻力之和。

2.3.3　机组爬坡状态动力需求

实际喷洒过程中所遇坡度多数较平缓，爬坡面积较大，所以单轮爬坡情况极少见。当所遇坡度较陡，爬坡面积较小时，车轮与坡面接触面积很小（绍慧强等，1998；兰凤崇和陈吉清，1997；周开平，2013；李阳等，2011），可按越障情况分析，当探究卷盘式喷灌机不同角度爬坡动力需求时，主要考虑双轮爬坡。喷头车双轮爬坡时，双轮受力分析一致，故建立模型时，将双轮视为单轮分析。此时在坡面上，车轮受到喷头车及自身重力 G，坡面对喷头车车身及车轮的支持力 F_N，水平的牵引力 T_1，以及车轮所受滚动摩擦力 F_f。假设此时的摩擦系数为 f，坡面与水平地面的夹角为 θ（图 2-17）。

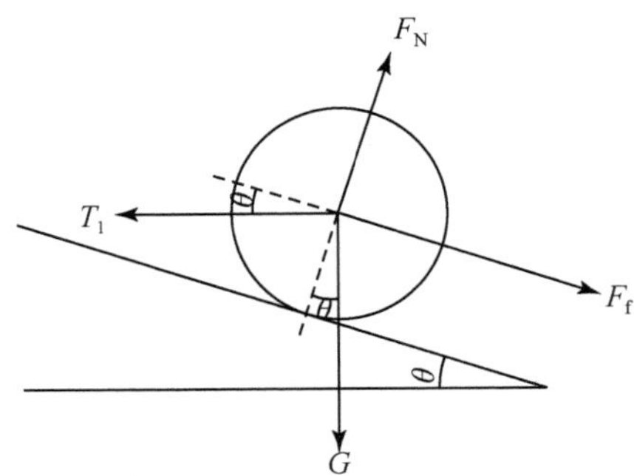

图 2-17　爬坡行驶的喷灌机受力分析

$$G=Mg \tag{2-68}$$

$$F_N=T_1\sin\theta+G\cos\theta \tag{2-69}$$

$$F_f=fF_N \tag{2-70}$$

式中，M 为喷头车的质量（119.24kg）；g=9.8N/kg；G 为喷头车重力；F_N 为坡面对喷头车车身及车轮的支持力；T_1 为水平牵引力；F_f 为车轮所受滚动摩擦力。假设此时 f 为喷头车与地面之间的滑动摩擦系数；θ 为坡面与水平地面的夹角。

联立可得喷头车爬坡时所需动力 T_1 为

$$T_1=\frac{G(\sin\theta+f\cos\theta)}{\cos\theta-f\sin\theta} \tag{2-71}$$

设 PE 软管接地点为点 A，A 点至卷盘机处这段 PE 软管长度随喷头车运行长度而改变，设其长度为 x。则 x 米长的 PE 软管质量为

$$m_{管}=\rho_{管}V_{管}=\rho_{管}\frac{\pi x}{4}(d_{外}^2-d_{内}^2) \tag{2-72}$$

$$N=m_{管}g \tag{2-73}$$

式中，$\rho_{管}$ 为 PE 软管密度（kg/m^3）；$d_{外}$ 为 PE 软管外径（mm）；$d_{内}$ 为 PE 软管内径（mm）；N 为 x 米长 PE 软管的重力。

此时 PE 软管克服对地摩擦所需动力

$$T_2=fN \tag{2-74}$$

$$T_2=f\frac{\pi x}{4}(d_{外}^2-d_{内}^2)g \tag{2-75}$$

喷头车所需牵引力由喷头车车轮爬坡所需动力 T_1 和 PE 软管克服对地摩擦所需动力 T_2 组成。

$$T_{牵}=T_1+T_2 \tag{2-76}$$

$$T_{牵}=\frac{G(\sin\theta+f\cos\theta)}{\cos\theta-f\sin\theta}+f\frac{\pi x}{4}(d_{外}^2-d_{内}^2)g \tag{2-77}$$

2.3.4 机组越障动力需求

一般障碍物模型可分为对称模型和非对称模型两大类别。依据卷盘式喷灌机自身具备复合胶接结构的特点，分为单个车轮越障和双轮同时越障两种工况。喷灌机喷头车车轮在垂直越障时，由于喷灌机结构特点，主要是凭借折腰转向复合铰接结构的作用实现越障。喷头车左右车轮产生一个偏转角，从而得到单轮越障效果（图 2-18）。喷灌机在田间喷灌行走过程中，复合铰接结构偏转角的大小体现了卷盘式喷灌机的越障能力。

参考郭世怀等（2013）等文献，由几何关系可得卷盘式喷灌机单个车轮垂直平均越障能力。

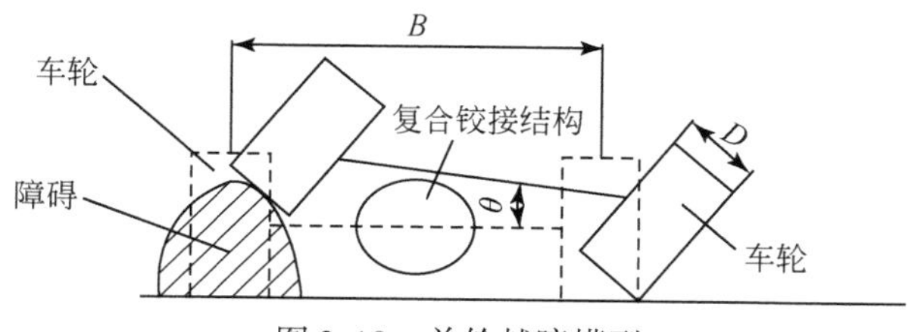

图 2-18　单轮越障模型

$$h\approx\left(B+\frac{D}{2}\right)\sin\theta \tag{2-78}$$

式中，h 为越障高度；θ 为偏转角；B 为轮距；D 为轮胎宽度。卷盘式喷灌机轮距 B 为 2000～3000mm；轮胎宽度 D 为 140mm。

卷盘机喷头车越障时速度较慢，所以可以用静力学平衡方程来建立喷头车参数与障碍物间的关系。车轮进行不同垂直高度越障时，受到障碍物的支反力、摩擦力、自身重力及牵引力（图 2-19）。

根据受力平衡、力矩平衡和几何关系可得

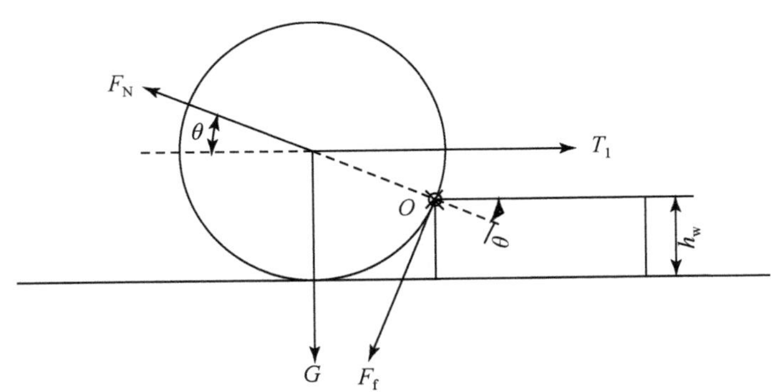

图 2-19　双轮越障牵引过程模型

$$\begin{cases} h_w = R - R\sin\theta \\ F_f = fF_N \\ T = F_N\cos\theta + F_f\sin\theta \\ F_N\sin\theta = G + F_f\cos\theta \\ TR\sin\theta = GR\cos\theta \end{cases} \tag{2-79}$$

式中，h_w为垂直越障高度；f为车轮与障碍接触摩擦系数；T为卷盘机所需牵引力；F_N为障碍物对车轮支持力；G为喷头车重力；R为车轮直径（280mm）。

联立可求得喷灌机喷头车车轮垂直越障所需驱动力

$$T_1 = \frac{G}{f\cos\theta\ (\sin\theta - f\cos\theta)} - G\tan\theta \tag{2-80}$$

此时 PE 软管克服对地摩擦所需动力与卷盘式喷灌机爬坡时分析方法相同。

$$T_2 = fN = f\frac{\pi x}{4}\ (d_{外}^2 - d_{内}^2)\ \rho_{管}\ g \tag{2-81}$$

喷头车牵引过程中双轮不同高度垂直越障所需动力由两部分组成，即喷头车车轮垂直越障所需牵引力和 PE 软管克服对地摩擦所需动力。故

$$T_{牵} = T_1 + T_2 \tag{2-82}$$

$$T_{牵} = \frac{G}{f\cos\theta\ (\sin\theta - f\cos\theta)} - G\tan\theta + f\frac{\pi x}{4}\ (d_{外}^2 - d_{内}^2)\ \rho_{管}\ g \tag{2-83}$$

喷头车回收过程中，喷头车车身重力增大，喷头车车轮、PE 软管与坡面摩擦系数增大，PE 软管重力增大。

$$m_{水} = \rho_{水}\frac{\pi}{4}d_{内}^2\ x \tag{2-84}$$

式中，$m_{水}$为 x 米长 PE 软管中水的质量。

此时喷头车重力增大至 G'。

$$G' = G + m_{水}\ g \tag{2-85}$$

喷头车牵引过程双轮不同高度垂直越障所需动力由两部分组成，即喷头车车轮垂直越障所需牵引力和 PE 软管克服对地摩擦所需牵引力。故

$$T_{回} = T_1 + T_2 \tag{2-86}$$

$$T_{回} = \frac{G'}{f'\cos\theta\ (\sin\theta - f'\cos\theta)} - G'\tan\theta + f'x\ \frac{\pi}{4}g\ (\rho_{水}\ d^2_{内} + \rho_{PE} d^2_{外} - \rho_{PE} d^2_{内}) \tag{2-87}$$

式中，$\rho_{水}$ 为水的密度；ρ_{PE} 为 PE 软管的密度。

2.4 机组配置与运行参数对机组能耗影响

2.4.1 喷枪工作压力对机组能耗的影响

卷盘式喷灌机组在不同地块运行时，受水源条件、泵的性能参数、不同作物类型对灌溉水量的需求变化等因素影响，喷枪往往有不同的工作压力，喷枪工作压力对机组能耗、水量分布和降水动能分布等均产生显著影响。对 JP75-300 型卷盘式喷灌机常用 50PYC 垂直摇臂式喷枪进行水力性能测试，结果如表 2-10 所示。将不同工作压力下的喷枪流量与射程引入上述能耗计算模型，得到喷枪工作压力对机组能耗的影响，结果如图 2-20 所示。

表 2-10 50PYC 垂直摇臂式喷枪水力性能参数

喷枪型号	喷嘴直径（mm）	出射角（°）	工作压力（MPa）	流量（m^3/h）	射程（m）
50PYC	20	24	0. 1	15. 68	16. 21
	20	24	0. 15	19. 15	21. 49
	20	24	0. 2	22. 64	27. 27
	20	24	0. 25	25. 15	28. 34
	20	24	0. 3	27. 07	30. 03
	20	24	0. 35	29. 52	32. 6
	20	24	0. 4	31. 66	32. 74
	20	24	0. 45	33. 5	34. 28
	20	24	0. 5	35. 36	34. 78

由图 2-20（a）可知，随喷枪工作压力的增加，将灌溉水均匀喷洒至田间的能耗（E_d）和克服管道水头损失的能耗（E_b）呈线性增加，线性拟合方程分别为 $E_d = 466.67P + 14$（$R^2 = 1$）和 $E_b = 446.25P + 7.917$（$R^2 = 0.99$），其中 P 为喷枪

工作压力（MPa）。当喷枪工作压力从0.1MPa增加至0.5MPa时，E_d和E_b分别由60.67kW·h/hm^{2}和50.59kW·h/hm^{2}增加至247.33kW·h/hm^{2}和230.15kW·h/hm^2，增幅分别为307.7%和354.9%。水涡轮驱动能耗随喷枪工作压力的增加而降低，该值先由0.1MPa时的70.8kW·h/hm^{2}快速降低至0.2MPa时的40.43kW·h/hm^2，后缓慢降低并稳定于30kW·h/hm^{2}左右，该值主要受机组回收速度的影响，回收速度越慢，机组运行时间越长，水涡轮驱动能耗相对越高。图2-20（b）为喷枪工作压力对单位面积总能耗和单机控制面积的影响，卷盘式喷灌机单位面积总能耗同样随喷枪工作压力的升高而线性增加，拟合方程为$E_{total}=831.97P+87.025$（$R^2=0.997$）。机组一次灌溉控制面积随喷枪工作压力的降低而降低，喷枪工作压力为0.5MPa时，机组一次灌溉控制面积为2.37hm^2；而喷枪工作压力为0.1MPa时，一次灌溉控制面积仅为1.03hm^2，其中喷枪工作压力在0.1~0.2MPa时发生控制面积的陡降，由1.81hm^{2}降低到1.03hm^2，机组生产效率显著降低。

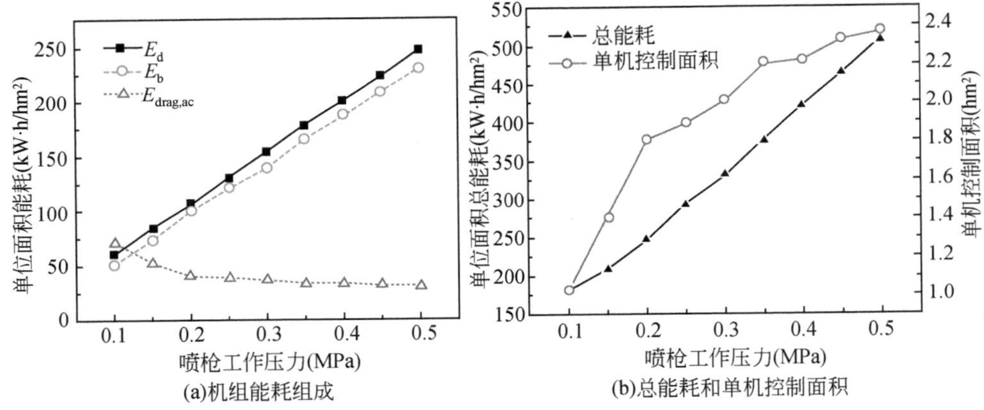

图2-20 喷枪工作压力对机组能耗组成以及总能耗和单机控制面积的影响

50PYC垂直摇臂式喷枪，喷枪辐射角270°，PE软管公称外径75mm，PE软管长度300m

2.4.2 PE软管长度对机组能耗的影响

为便于用户选择，厂家往往为机组配备不同长度的PE软管，以增强卷盘式喷灌机组对灌溉田块的适应性，有的厂家还会根据用户要求为机组匹配特定长度的PE软管。本书以75TX型主机为研究对象，为其匹配不同长度的PE软管，并代入能耗模型计算其每公顷耗能情况，结果如图2-21所示。机组总能耗随PE软管长度的增加而线性增加，拟合方程为$E_{total}=0.5844L+54.93$（$R^2=1$）；其中将灌溉水喷洒至田间的能耗不变，始终保持为154kW·h/hm^2。克服管道水头损失

能耗 E_b 由管长为 100m 时的 46.63kW·h/hm² 线性增加至 400m 管长时的 186.53kW·h/hm²，增长幅度为 300%；用于驱动喷头车和 PE 软管回收的水涡轮能耗则由 12.69kW·h/hm² 增长至 48.13kW·h/hm²，增幅约为 279.22%。显然克服 PE 软管水头损失能耗的增加量是造成机组单位面积总能耗增长的主要因素。此外，机组一次灌溉控制面积也随 PE 软管长度的增加而线性增加，拟合方程可表述为 $S_{total}=0.1181L+0.9282$（$R^2=1$）。因此，在机组选型前有必要对灌溉田块进行合理的管路规划布局，在机组能耗与机组生产效率之间进行权衡，确定出一次灌溉机组行走距离并以此为依据选择适宜的 PE 软管长度，避免盲目追求高机组控制面积而选择较大的 PE 软管长度。

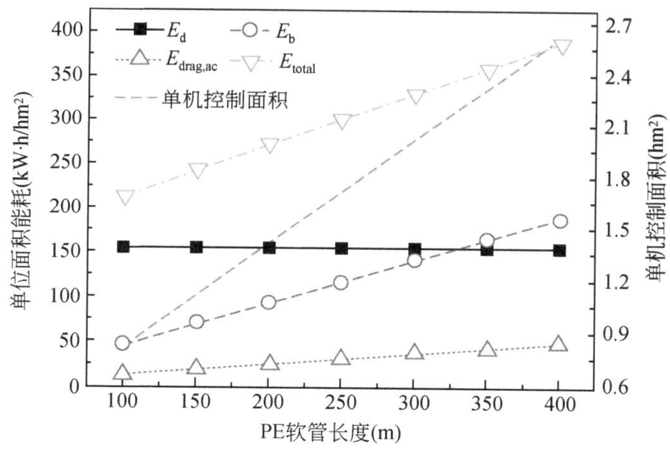

图 2-21　PE 软管长度对机组能耗组成单机控制面积的影响

50PYC 垂直摇臂式喷枪，工作压力 0.3MPa，喷枪辐射角 270°，PE 软管公称外径 75mm，灌水定额 20mm，全生育期灌 6 水

2.4.3　PE 软管管径对机组能耗的影响

国内外卷盘式喷灌机最常用的卷盘软管为中密度聚乙烯（MDPE）供水管，目前市场上常见的 PE 软管公称外径为 $\Phi50$、$\Phi63$、$\Phi75$、$\Phi90$ 和 $\Phi110$，将上述管径及减去壁厚（抗压等级 1.6MPa）的内径引入能耗模型，计算不同软管管径下的能耗及其组成，如图 2-22 所示。

由图 2-22 可知，不同管道直径引起机组总能耗的剧烈变化，这主要是由软管的能耗损失所引起。当管道流量为 27.07m³/h、软管长度为 300m 时，$\Phi50$ 软管对应的单位面积管道损失能耗达到 666kW·h/hm²，而当管径为 $\Phi110$ 时，其

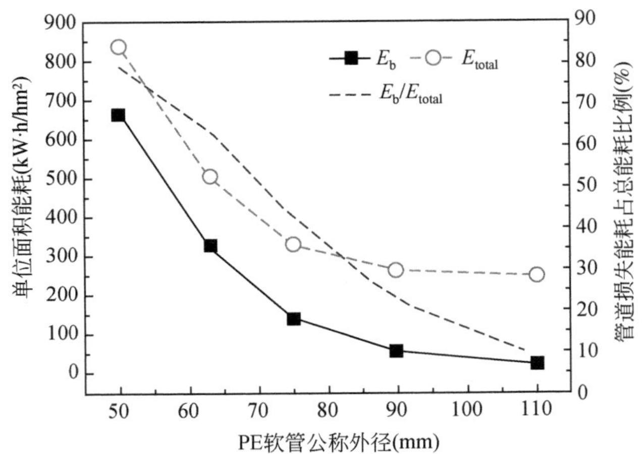

图 2-22　PE 软管管径对机组能耗组成与单机控制面积的影响

50PYC 垂直摇臂式喷枪，工作压力 0.3MPa，喷枪辐射角 270°，

PE 软管长度 300m，灌水定额 20mm，全生育期灌 6 水

对应的单位面积软管损失能耗仅为 22.36kW · h/hm²，两者相差近 29 倍；管道损失能耗占机组总能耗的比重也由 Φ50 时的 79.38% 降低至 Φ110 时 8.98%；因此合理的选择管径对于机组的节能降耗具有重要意义。但是在实际生产中 PE 软管可供选择的管径比较有限，选择较大直径的软管往往会显著增加系统的初始投资，因此在机组初始投资和运行费用上同样需要进行权衡。

2.4.4　不同因素对机组能耗影响的对比

降低喷枪工作压力、减小 PE 软管管长或增大 PE 软管管径均是降低机组整体能耗的有效途径，但上述措施在降低能耗的同时均会带来负面影响。如喷枪工作压力降低会影响喷洒水量分布的均匀性系数和能量分布，增大地表积水和产生径流的风险；减小 PE 软管管长会降低机组有效喷洒面积，并相应带来劳动力成本的增加；而增大 PE 软管管径会造成系统成本投资的显著提升。这就要求灌溉工程的设计者和应用者要谨慎权衡机组配置，在挖掘机组降耗潜力的同时考虑灌溉质量、机组有效利用率和系统成本等各项指标，针对喷枪工作压力、PE 软管管长和管径三因素对卷盘式喷灌机组能耗的影响进行敏感性评价，以此分析机组的降耗空间。选取喷枪工作压力为 0.3MPa，PE 软管长度为 300m，管道公称外径为 75mm 为基本方案，各因素变化率分别为±10%、±20%、±30% 和±50% 条件下，分别计算机组单位灌溉面积总能耗，敏感性分析结果如图 2-23 所示。

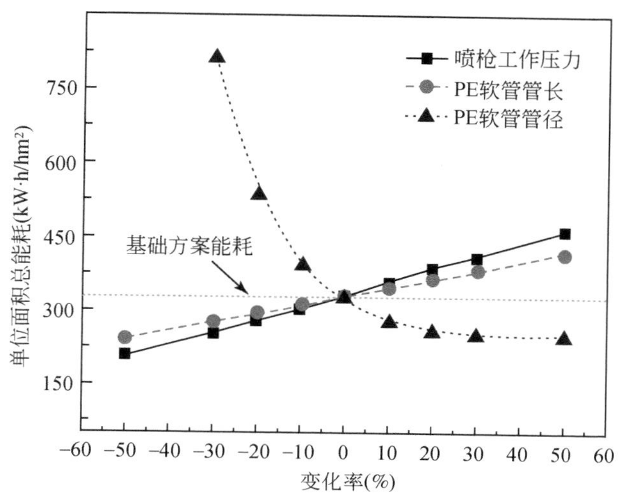

图 2-23 喷枪工作压力、PE 软管管长和管径变化对机组总能耗的影响

由图 2-23 可知，机组单位面积总能耗与 PE 软管管长和喷枪工作压力同方向变化，与 PE 软管管径反方向变化，三因素对机组能耗的敏感性强弱顺序为 PE 软管管径>喷枪工作压力>PE 软管管长。当 PE 软管管径在变化率负向区间内变化，即管径逐渐减小时，单位面积总能耗迅速升高；当 PE 软管管径在正向区间变化即管径增大时，单位面积总能耗先降低后逐渐稳定于 250kW · h/hm^2 附近。PE 软管管径的减小会引起管道内水头损失的急剧增加，这在工程实践中是不可取的；当 PE 软管管径增加率为 20% 时，机组能耗较基本方案降低约 20.4%；但若进一步增大 PE 软管管径，单位面积总能耗则不再发生明显变化，这是由管道水头损失降低而节省的能耗和水涡轮增加的能耗相抵消所造成；此外，增加 PE 软管管径还会引起系统投资的增加。敏感性分析结果表明，喷枪工作压力对机组能耗的敏感性强于 PE 软管管长对能耗的敏感性，这是因为喷枪工作压力的变化不仅影响了将灌溉水喷洒到田间的能耗，还因管道水流流速的变化影响了克服管道内水流阻力的能耗；而 PE 软管管长的变化仅对管道内水头损失能耗产生影响。PE 软管管长这一因素一旦随机组的定型而确定后将不易改动，降耗灵活性较差；而喷枪工作压力则可通过调节水泵工况轻松调控，因此在不牺牲机组灌溉质量的前提下适当降低喷枪工作压力应当是降低卷盘式喷灌机组整体能耗的一条有效途径。

卷盘式喷灌机水涡轮驱动所消耗的能量同样受到喷枪工作压力、PE 软管管径和管长的显著影响。图 2-24 所示为不同工况下水涡轮消耗能量与总能耗占比。随喷枪工作压力从 0.1MPa 升高至 0.5MPa，水涡轮耗能从 70.80kW · h/hm^2 降低到 30.88kW · h/hm^2；随 PE 软管管长从 100m 增加到 400m，水涡轮耗能从 12.69kW · h/hm^2 增长为 48.13kW · h/hm^2；当 PE 软管管径从 50mm 增加到 110mm 时，水涡轮耗能从 18.98kW · h/hm^2 提升至 72.61kW · h/hm^2。喷枪工作压力为 0.5MPa 时，水涡轮驱动能耗占总能耗的比例为 6.07%，当工作压力降低为 0.2MPa 时，这一比例增至 16.3%，若喷枪工作压力继续降低到 0.15MPa，水涡轮能耗占比将升至 24.97%，这一比例远高于基本方案时 6.95% 的水涡轮能耗占比。卷盘式喷灌机驱动能耗高主要是由水涡轮能量转化效率低下所引起，因此也为卷盘式喷灌机组节能降耗指出了另一个发展方向：优化水涡轮结构，提高能量转化效率；或者采用能量转换效率更高的驱动模式，如电机驱动。

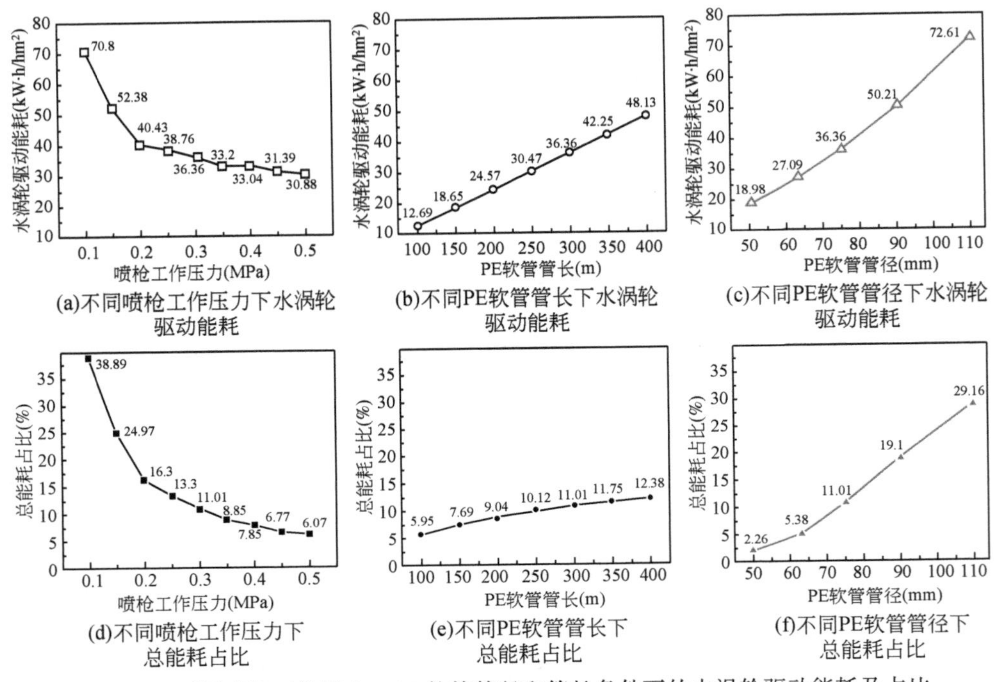

图 2-24　不同喷枪工作压力、PE 软管管径和管长条件下的水涡轮驱动能耗及占比

通过上述分析方法，可明确机组各部分能耗对系统总能耗占比，其中水涡轮驱动能耗占比为 10%~15%（有效能耗占比为 1%~1.5%，无效能耗占比为 9%~13.5%），卷管水头损失占比为 30%~35%，喷枪运行能耗占比为 50%~60%，因此建议采用光伏电机驱动、优化管道参数、降低喷枪工作压力等途径来降低机组能耗。

参考文献

郭世怀，刘晋浩，孙治博，等．2013．轮式林木联合采育机林地越障能力分析与仿真．江苏农业科学，41（8）：387-389.

韩宗奇，李亮．2002．测定汽车滑行阻力系数的方法．汽车工程，24（4）：364-366.

黄琨，万军伟，陈刚，等．2012．非饱和土的抗剪强度与含水率关系的试验研究．岩土力学，33（9）：2600-2604.

兰凤崇，陈吉清．1997．汽车垂直越障能力的计算及试验．汽车工程，19（2）：116-120.

李晓甫，赵克刚，黄向东，等．2011．汽车行驶阻力模型参数的确定．汽车工程，33（8）：645-648.

李阳，成凯，任鹏．2011．基于 RecurDynde 的铰接式履带车辆爬坡性能分析．煤矿机械，32（7）：93-95.

潘君拯．1963．国外研究土壤阻力方法述评．农业机械学报，6（z1）：75-85.

绍慧强，王望予，林红月，等．1998．FF 汽车爬坡能力的研究．兵工学报，19（3）：263-266.

汤跃，朱相源，梅星新，等．2014．JP50 卷盘喷灌机水涡轮水力性能试验．中国农村水利水电，（2）：26-29.

王来贵，张鹏，李喜林．2015．含水率及压实度对排土场岩土抗剪强度的影响．辽宁工程技术大学学报，（6）：699-703.

王丽，梁鸿．2009．含水率对粉质粘土抗剪强度的影响研究．内蒙古农业大学学报（自然科学版），30（1）：170-174.

许一飞，许炳华．1989．喷灌机械：原理・设计・应用．北京：中国农业机械出版社．

袁寿其，牛国平，汤跃，等．2014．JP50 卷盘式喷灌机水涡轮水力性能的试验与模拟．排灌机械工程学报，32（7）：553-557.

周开平．2013．防爆胶轮车爬坡能力的计算方法．煤矿机电，（1）：79-80.

朱卫东，刘学琼，郭友利，等．2010．汽车滑行阻力系数的测定方法．汽车科技，（3）：79-81.

Rochester E W, Flood C A, Hackwell S G. 1990. Pressure losses from hose coiling on hard- hose travelers. Transactions of the ASAE, 33（3）：834-838.

第3章 区域光伏发电量预测

由于太阳能资源具有时空不稳定性，且受太阳辐射强度等不确定因素影响，导致光伏发电的功率具有随机性和间歇性（成珂等，2017；杨德全等，2013；程泽等，2017），这给光伏发电系统运行的可靠性及安全性带来了巨大挑战。因此对光伏发电功率进行准确预测，一方面有助于充分利用光伏发电，从而提高可再生能源的利用率；另一方面有利于为光伏供电系统的管理和决策提供依据（冬雷等，2018）。

近年来，随着计算能力的大幅度提高和大数据时代的崛起，机器学习算法在解决非线性问题方面受到了很多学者青睐，并将多种算法应用于光伏发电功率的预测中，如人工神经网络算法（Zhu et al.，2016；王飞等，2012；丁明等，2012；Yadav and Chandel，2014）。代倩等（2011）以气温和湿度为输入变量，建立了反传播神经网络的无辐照度发电量短期预测模型。程泽等（2017）提出了一种综合使用前向选择和 K-means 聚类及径向基函数神经网络的光伏发电功率预测方法。冬雷等（2018）以样本双重筛选为基础，利用 BP 神经网络和遗传算法，建立了发电功率与辐照度、湿度、云量等气象因素的相关关系。人工神经网络算法虽具有较强的鲁棒性、记忆能力、非线性映射能力和强大的自学能力，但收敛速度慢，容易陷入局部最优，且知识表达困难（栗然等，2005）。此外，黄磊等（2014）、Malvoni 等（2016）、Eseye 等（2018）、Kazem 和 Yousif（2017）通过支持向量机算法预测光伏发电功率，结果表明支持向量机算法的预测精度较高，但支持向量机求解大规模训练样本需耗费大量的机器内存和运行时间（Fan et al.，2018）。随机森林（randomforest，RF）算法和梯度提升决策树（gradient boost decision tree，GBDT）算法是两种组合式机器学习算法，它们均以决策树为基础，具有调节参数少、运行时间短、不易过拟合、具有较优的预测性能等特点，已在各个领域得到了广泛的应用（石礼娟和卢军，2017；姚雄等，2017；Wang et al.，2018a；Touzani et al.，2018；Riffonneau et al.，2011）。目前随机森林算法和梯度提升决策树算法较少应用于光伏发电功率预测，本书以时间、辐照度和环境温度为输入变量，运用随机森林和梯度提升决策树 2 种机器学习算法对不同季节光伏发电功率分别进行预测，并对 2 种预测模型的预测性能进行对比分析，最后以典型的阴、晴、雨、雪天气情形为例，对预测模型进行验证。

3.1 数据来源

中国幅员辽阔，大气环流格局与地形复杂，气候多变，降水量、气温时空分布不均。据统计，1961～2013 年各地区年均降水量为 15～2700mm，由东南向西北递减；年均气温由-12℃变化到 25℃，由南向北逐渐降低。中国受东亚夏季风影响，以湿润和半湿润气候为主，降水季节分布不均匀。为便于后续分析，采用标准化降水蒸散指数（基于月尺度的气象数据来计算降水与潜在蒸散量的差值，并用相应的概率分布函数进行拟合以及进行正态标准化处理得到的标准化指数）对中国进行干旱区划，将研究区域划分为 8 个区域，分别为西北地区、华北地区、东北地区、青藏高原地区、华中地区、长江中下游地区、西南地区和华南地区（图 3-1）。其中，西南地区、华南地区、东北地区和长江中下游地区是湿润地区，华中地区是半湿润地区，华北地区是半干旱地区，青藏高原地区是干旱半干旱地区，西北地区则是干旱地区。

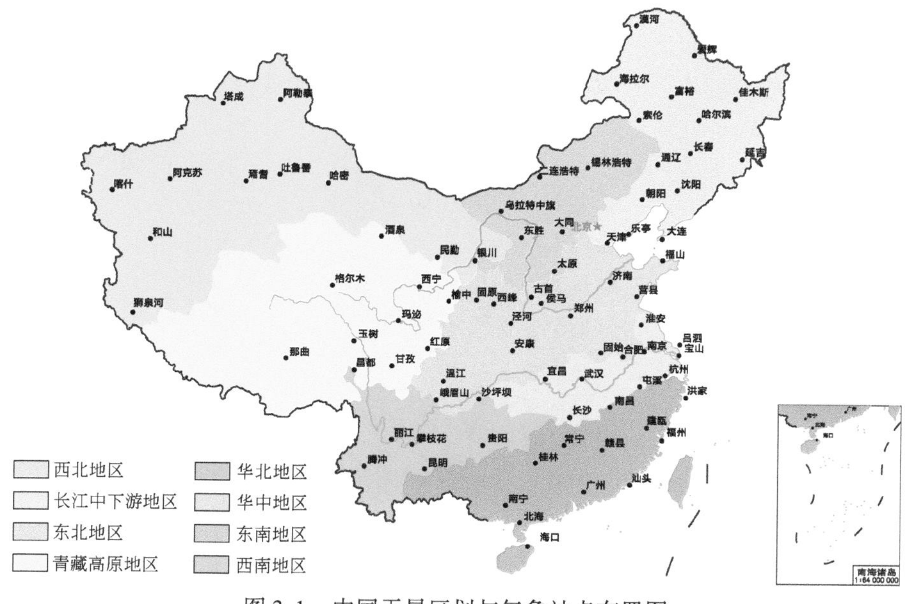

图 3-1　中国干旱区划与气象站点布置图

气象资料来自国家气象信息中心，选取 2007～2016 年逐日的气象资料，对部分站点缺测数据采用线性内插法补全，得到逐日最高气温（T_{max}）、最低气温（T_{min}）、平均气温（T_{mean}）、日照时数（h）、距地面 2m 高处的风速（计算时采用 FAO 推荐方法，由 10m 风速换算得出 2m 风速 u_2）和相对湿度（R_H）；以

2007～2013 年数据为训练数据集，用于构建模型；以 2014～2016 年数据为测试数据集，用于验证模型。

3.2 光伏发电功率预测模型简介

3.2.1 光伏发电功率随机森林预测模型

随机森林算法是由 Breiman（2001）提出的一种由 bagging 集成学习理论（Breiman，1996）与随机子空间方法（Tibshirani，1996）结合形成的机器学习算法，具有调节参数少、不易过拟合、能有效处理大数据集并给出变量的重要性估计等特点。随机森林 bagging 法产生的训练集中每个样本未被抽取的概率为

$$p=(1-1/n)^{n}\approx 1/e \tag{3-1}$$

式中，n 为样本个数，当 n 趋于无穷大时，每个样本未被抽取的概率约为 36.79%，即原始数据样本中，有 36.79% 的数据未被抽中。Breiman 将未包含在模型开发中的数据集称为袋外数据（out of bag，OOB），其可以代替为测试集；Tibshirani（1996）也认为，OOB 可以用于估计算法在数据集上的泛化误差。

随机森林算法通过多次 bootstrap 抽样从原始训练样本集 S_k 中随机选取 w 个训练样本子集 S_{k1}，S_{k2}，…，S_{kw}，获得多个随机样本，用于构建 w 棵决策树 P_{k1}，P_{k2}，…，P_{kw}，从而构成随机森林，然后利用测试集数据进行仿真，将测试集中与光伏发电功率 P_k 相关的关联因素数据 X_k（时间、辐照度和环境温度）作为输入变量，得到各决策树的预测结果为 $P_{k1}(X_k)$，$P_{k2}(X_k)$，…，$P_{kw}(X_k)$（方匡南等，2011），最终通过投票得到最终的预测结果如式（3-2）所示，具体的光伏发电功率预测建模过程如图 3-2 所示。

$$P_k(X_k)=\arg\max_{Y_k}\sum_{i=1}^{w}I(P_{ki}(X_k)=P_k),\ k=1,\ 2,\ \cdots,\ n \tag{3-2}$$

式中，P_k 为光伏发电功率预测模型；P_{ki} 为单棵决策树光伏发电功率预测模型；I 为示性函数；k 为决策树的数目。

随机森林算法进行回归模拟时需要确定 2 个参数，即构建的决策树个数和决策树的每个树节点随机变量的数目。建立随机森林模型应提取使 OOB 误差最小的参数。具体方法为：首先，固定 ntree 为 2000，对 mtry 取遍 1～M（样本的全部特征数）的所有整数分别建立随机森林模型，计算 OOB 误差，以及最佳 mtry 取值为使 OOB 误差最小的 mtry0；其次，令 mtry = mtry0，使 ntree 取遍 1～2000 的所有整数，比较相应的 OOB 误差，确定使 OOB 误差最小的最佳 ntree 取值。本书在 Python 软件中实现随机森林算法程序。

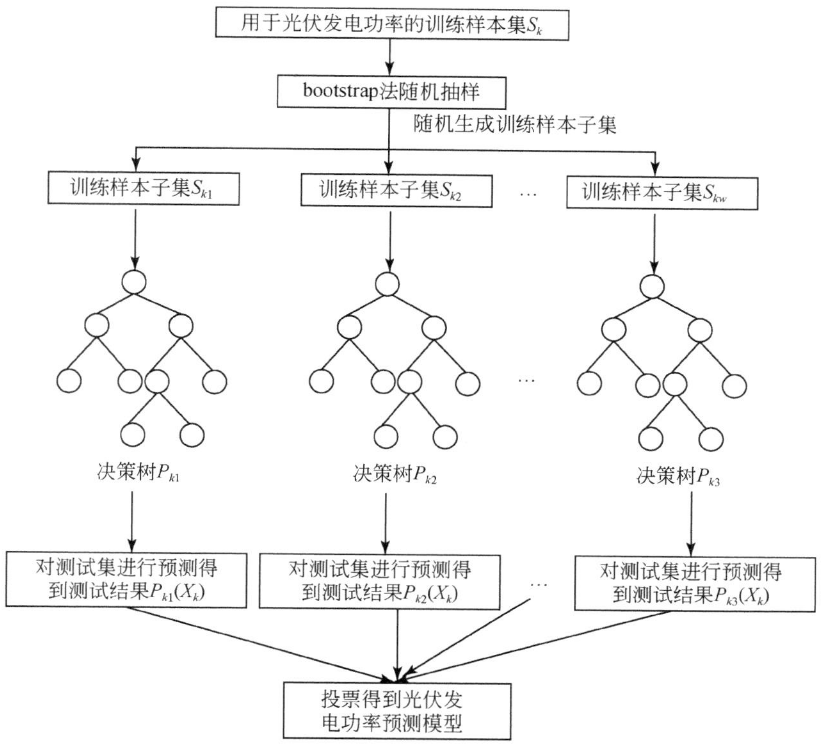

图 3-2　基于随机森林算法的光伏发电功率预测建模过程

3.2.2　光伏发电功率梯度提升决策树预测模型

梯度提升决策树算法是 Friedman(2002)提出的一种解决分类和回归问题的集成学习算法，梯度提升决策树是利用决策树算法和前向分布算法实现学习的优化过程。其基本思想是在损失函数负梯度的方向上生成若干棵弱回归树，将这些树组合到一起生成一棵强回归树，即最终的光伏发电功率预测模型。该模型共有 m 棵弱回归树，每棵树根据输入变量时间、辐照度和环境温度构成的属性向量分别输出一个光伏发电功率预测值 P_i（$i=1$，…，N），预测结果表示 m 个预测值的累加和 $P(x)^*$(x 为输入变量时间、辐照度和环境温度)。

梯度提升决策树的学习优化过程、优化目标是使损失函数最小，目标函数为

$$P^*(x) = \arg\min_{c} \sum_{i=1}^{N} L(P_i,\ c) \tag{3-3}$$

式中，$L(P_i,\ c)$为损失函数。

对于回归树，本书采用平方误差损失函数

$$L(P_i,\ P(x))=\frac{1}{2}[P_i-P(x)]^2 \tag{3-4}$$

式中，$P(x)$为梯度提升决策树模型的预测值。

以模型的负梯度为搜索方向，利用梯度下降法，逐步接近目标值，得到损失函数 L 的负梯度

$$c_{mi}=-\left[\frac{\partial L(P_i,\ P(x_i))}{\partial P(x_i)}\right]_{P(x_i)=P_{m-1}(x_i)} \tag{3-5}$$

平方误差损失函数梯度为

$$\frac{\partial L(P_i,\ P(x))}{\partial P(x)}=-[P-P(x)] \tag{3-6}$$

因此，由式（3-6）可以得到光伏发电功率实测值与预测值的残差

$$c_{mj}=\arg\min_{c}\sum_{x_i}L(P_i,\ P_{m-1}(x_i)+c) \tag{3-7}$$

最终得到更新的强回归树模型为

$$P_m(x)=P_{m-1}(x)+v\sum_{j=1}^{J}c_{mj}I(x_i) \tag{3-8}$$

式中，v 为学习速率，取值为 $0<v\leqslant 1$；c_{mj}为采用线性搜索方法找到的使损失函数 L 最小的最优常数值。

经过 M 次迭代后，得到最终光伏发电功率预测模型为

$$P(x)^*=\sum_{m=1}^{M}P_m(x) \tag{3-9}$$

3.3 累计发电量计算

根据预测得到的日最大辐照度，利用逐时辐照度计算公式得到日逐时辐照度，然后计算得到逐时光伏发电功率，最后对逐时光伏发电功率进行积分计算得到日累计发电量，并利用实测数据进行试验验证。

3.3.1 光伏数据采集

试验装置图如图 3-3 所示，监测陕西省咸阳市杨凌区（34°17′N，108°04′E，海拔 506m）逐时日照强度，监测时间为 2016 年 4 月～2018 年 11 月，每天 24 小时持续监测，测试间隔为 10 分钟，监测设备为 AV6592 便携式太阳能电池测试仪，其测试指标主要有：峰值功率、峰值电压、短路电流、开路电压、环境温

度、太阳能背板温度、辐照度、发电量。利用 PVsyst 软件，以光伏发电全年最优设计，确定杨凌地区光伏组件最佳放置倾角为 45°正南方向，光伏板选用金源电子电器公司生产的 CS5M32-260 单晶硅光伏组件（尺寸 1.5m×1m，峰值功率 260W，峰值电压 49.71V，峰值电流 5.25A，开路电压 60.49V，短路电流 5.57A）；蓄电池选用河北风帆蓄电池股份有限公司生产的 190H52 阀控式全密封铅酸蓄电池（额定电压 12V，额定容量 200Ah），蓄电池数目为 4；控制器选用 MPPT 太阳能控制器（电压 48～160V，电流 0～20A）。此外，整套装置连接计算机，进行数据自动采集和检测。表 3-1 为测试仪器的主要技术参数。

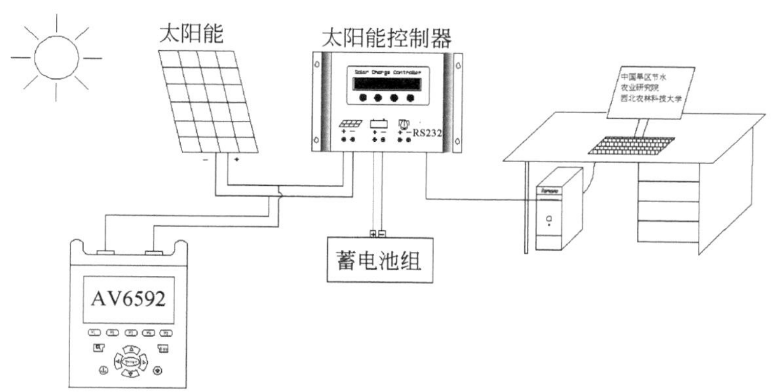

图 3-3　太阳能累计发电量监测试验装置图

表 3-1　测试仪器主要技术参数

仪器	测量参数	主要指标
AV6592 便携式太阳能电池测试仪	光伏电池输出功率、电压、电流	范围：0～50V、0～500W、0.01～10A； 精度：±0.1V、±1W、±0.01A
AV87110 数据采集探头盒	环境温度、光伏电池背板温度、辐照度	范围：-20～100℃、0～1800W/m²； 精度：±1℃、±1W
MPPT 太阳能控制器	蓄电池电压、充电电流	范围：48～160V、0～20A； 精度：±0.1V、±0.01A

3.3.2　不同算法日最大辐照度预测结果比较

利用目前应用较为广泛的随机森林算法、极端随机树算法（ExtraTrees）、梯度提升决策树算法、多层感知器反向传播（MLP）等机器学习算法对日最大辐照度进行预测。为了评价机器学习算法的计算精度，常用的评价指标有决定系数（R^2）、均方根误差（root mean square error，RMSE）、平均绝对误差（mean absolute error，MAE）。R^2越接近于 1，RMSE 越小，表明模型的预测精度越高，反之精度越低。

由图 3-4 所示为四种机器学习算法对于日最大辐照度预测模型的测试结果，可以看出，对于日最大辐照度的预测，四种机器学习算法均具有较高的预测精度，R^2最低为 0.737。其中 GBDT 算法的预测精度较高，MLP 算法的预测精度相对较低，预测准确性从大到小依次为：GBDT> ExtraTrees>RF>MLP，因此采用基于 GBDT 算法的日最大辐照度进行后续日累计发电量预测。

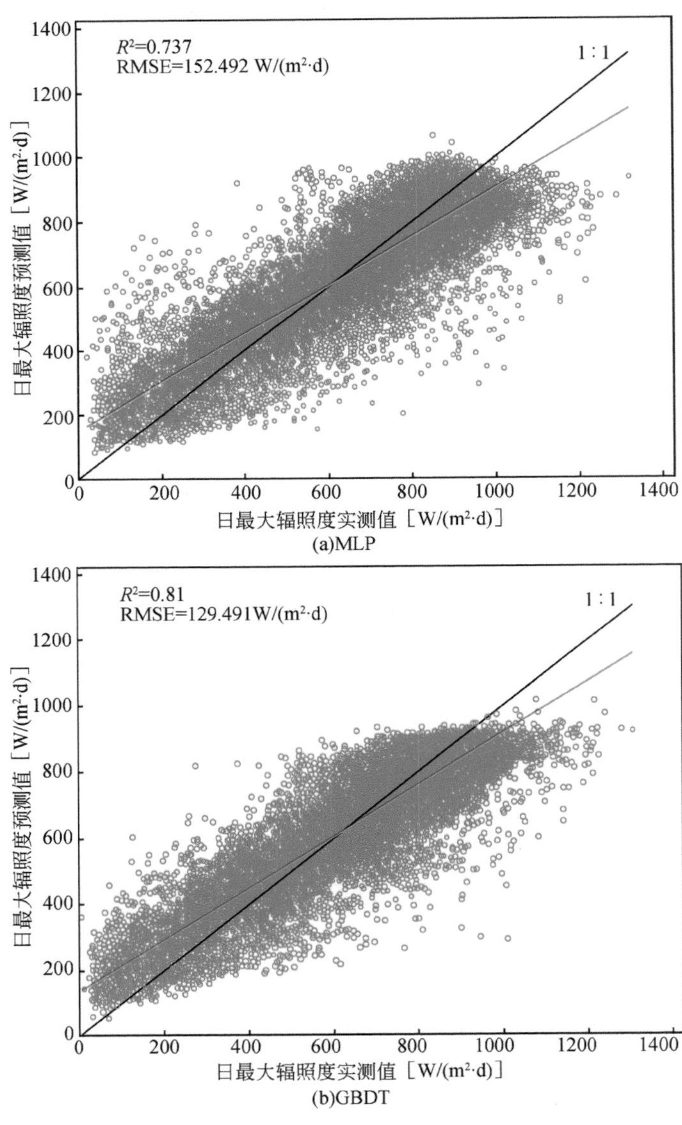

(a)MLP

(b)GBDT

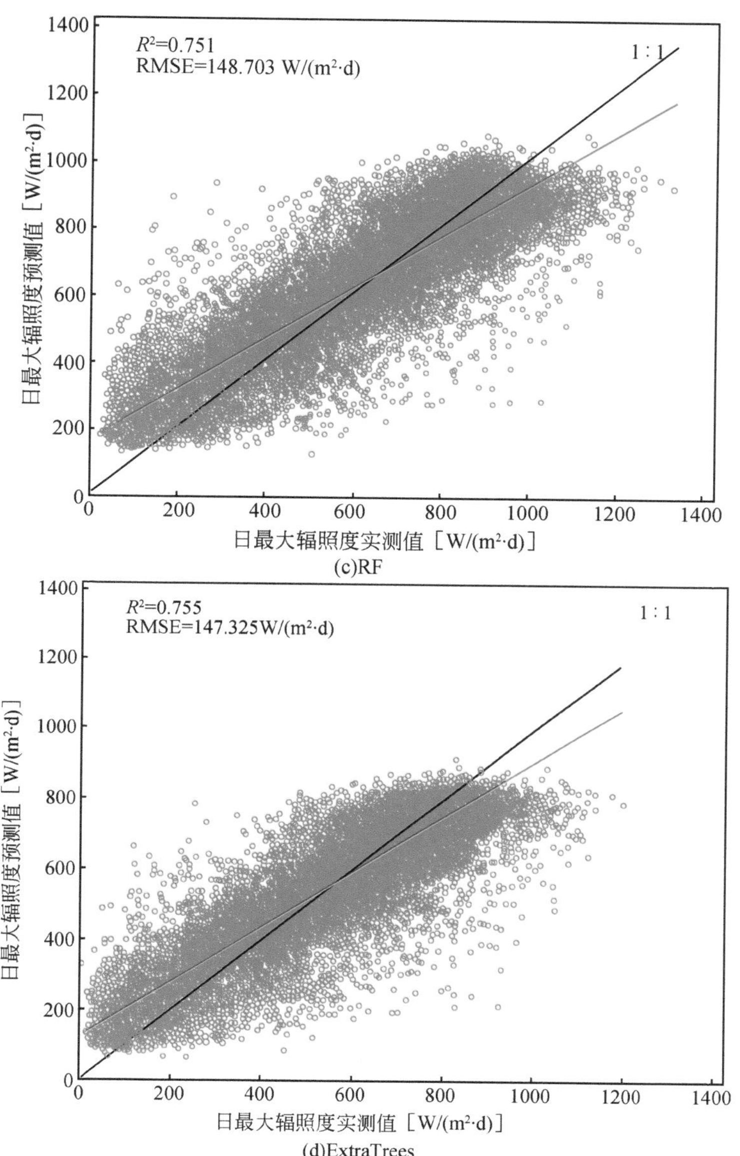

图 3-4　日最大辐照度的各模型预测结果与实测结果对比散点图

3.3.3 累计发电量预测结果验证

为了便于对系统进行分析和研究，建立晴天日照分布函数模型。

$$G_t = G_{\max}\sin\left(\frac{\pi t}{H}\right) \quad 0 \leqslant t \leqslant H \tag{3-10}$$

式中，G_t为 t 时刻的辐照度（W/m²）；$G_{\max}$为一天中日照峰值（W/m²）；t 为日照时段内某时刻点；H 为各个季度的日照时长（h）。

$$H = \frac{500\pi T_m}{G_{\max}} \tag{3-11}$$

式中，T_m为峰值日照时数（h）。

通过预测模型得到杨凌地区的日最大辐照度，峰值日照时数由全国气象数据网查询得到，通过式（3-2）计算得出杨凌春夏秋冬四季的日照时长分别为10.75h、11.03h、9.62h、9.15h，实测春夏秋冬四季日照时长 H 分别为 11h、10.5h、9.5h、9h。

通过分析陕西杨凌地区晴天数据，$G_{\max}$一般出现在 13:10～13:30，且在此段时间内辐照度相差不大，故统一将 13:20 所对应的辐照度值定为模型的 $G_{\max}$。以春季和冬季为例，进一步利用式（3-11）进行计算，结果如图 3-5 所示，逐时辐照度模型误差分析如表 3-2。

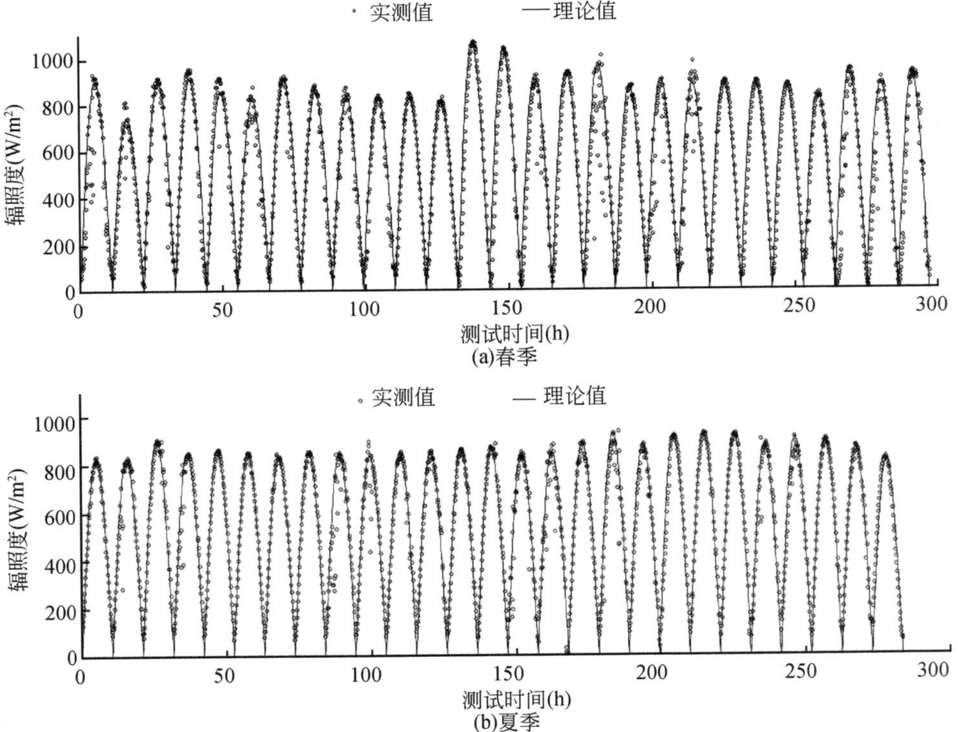

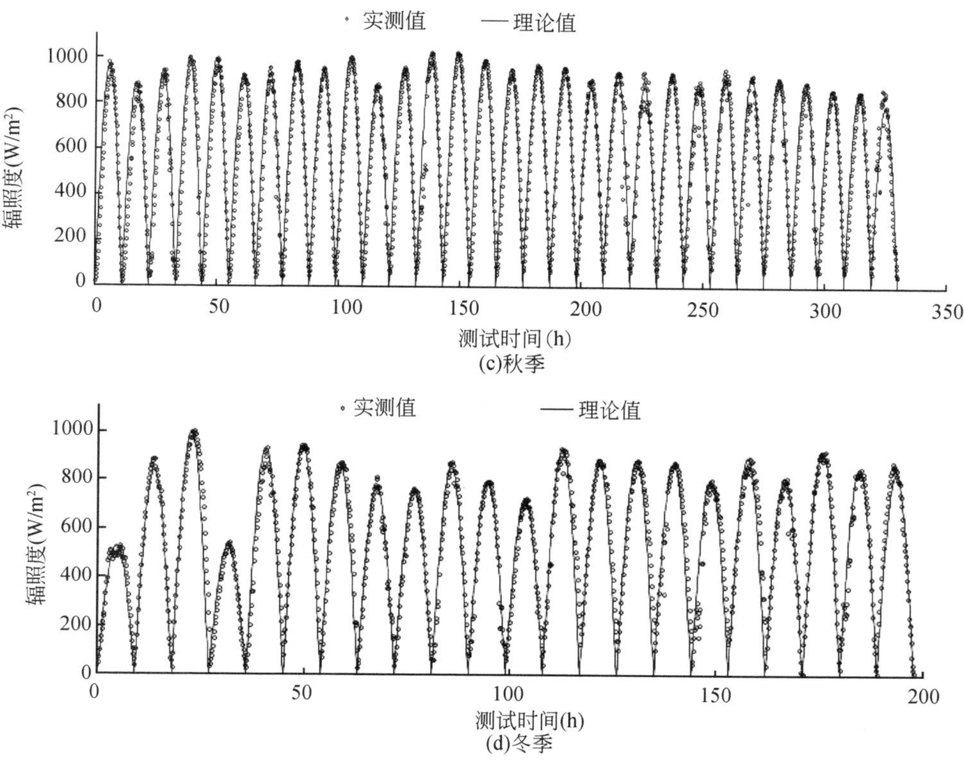

图 3-5　冬季逐时辐照度理论值和实测值对比

表 3-2　逐时辐照度模型误差分析

季节	日照时间	$H_{理}$	$H_{实}$	R^2	RMSE	MAE
春	7:30-18:30	10.75	11	0.938	80.249	53.615
夏	8:00-18:30	11.03	10.5	0.936	66.791	41.857
秋	8:30-18:00	9.62	9.5	0.941	61.215	41.051
冬	8:30-17:30	9.15	9	0.956	57.643	40.237

因数据量庞大，本研究利用每月 2、6、12、16、22、26 日的试验数据建立模型，若这 6 日的实测数据缺测，则向后顺延至本旬结束，建模时选用辐照度>5W/m²的测试组，共约 6000 组，拟合结果如图 3-6 所示。可以看出，单位面积光伏板峰值功率随辐照度的增大而增大，两者基本呈线性关系，最后拟合的关系式为

$$P=0.133G+4.324 \qquad (R^2=0.973) \tag{3-12}$$

式中，G 为逐时刻辐照度（W/m^2）；P 为光伏组件单位面积发电功率（W/m^2）。

日累计发电量为光伏发电功率在时间上的积分，则日累计发电量计算公式为

$$E = 0.133 \int_0^t \left[G_{max} \sin\left(\frac{\pi t}{H}\right) + 4.324 \right] dt \qquad (0 \leqslant t \leqslant H) \qquad (3\text{-}13)$$

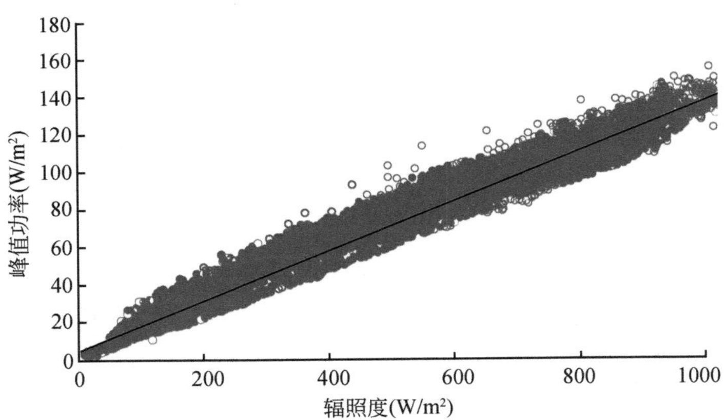

图 3-6　单位面积光伏板峰值功率随辐照度变化拟合图

3.4　全国日累计发电量时空分布

根据式（3-13）计算得到全国 84 个站点四季的多年平均日累计发电量，并利用 ArcGIS 软件绘出全国四季的日累计发电量的时空分布图，如图 3-7 所示。

由图 3-7 可以看出，全国多年平均日累计发电量约为 700W · h/(m^2 · d)，但其时空分布差异明显；空间分布总体呈现西部多、东部少的特点，从全国范围来看，夏季日累计发电量明显高于其他季节，同时，在中国东部地区春季和秋季日累计发电量相近，与西部地区差异明显。

西北是我国干旱地区，日累计发电量的时间变异最大，多年平均日累计发电量为 400 ~ 1000W · h/(m^2 · d)，而半湿润和半干旱的华中和华北地区，春季和秋季多年平均日累计发电量接近，冬季随着日照时数减少，日累计发电量有所减小，且均低于夏季。青藏高原地区是我国光照资源非常丰富的地区，该地区多年平均日照时数比东部同纬度地区约多 1000h，辐射强烈，该地区夏季日累计发电量高达 1300W · h/(m^2 · d)，但由于该地区海拔高，冬季严寒，冬季日累计发电量仅有 430 ~ 586W · h/(m^2 · d)。

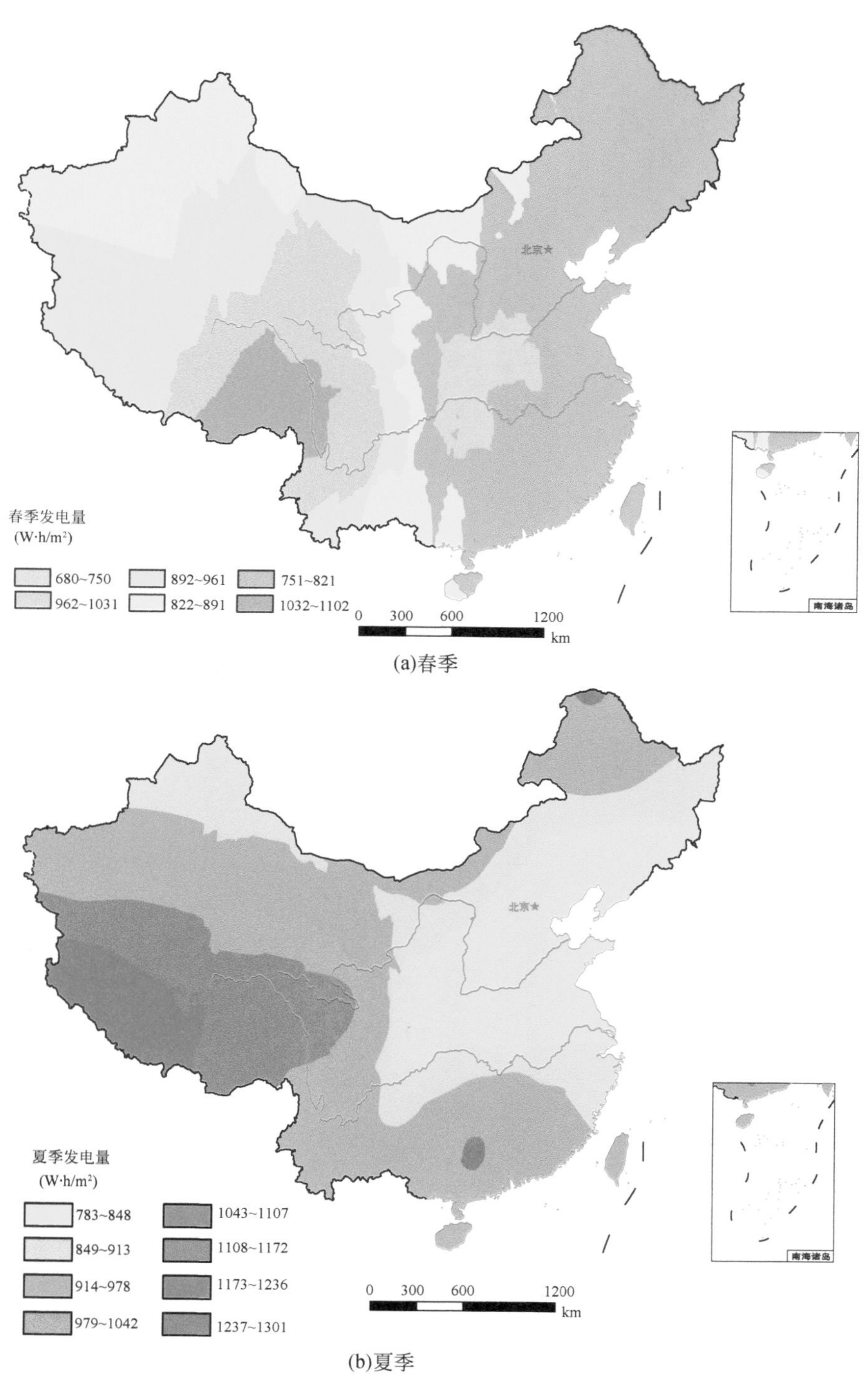
北京★
春季发电量
(W·h/m²)
680~750
892~961
751~821
962~1031
822~891
1032~1102
0 300 600 1200
km
南海诸岛
北京★
夏季发电量
(W·h/m²)
783~848
1043~1107
849~913
1108~1172
914~978
1173~1236
979~1042
1237~1301
0 300 600 1200
km
南海诸岛

(a)春季

(b)夏季

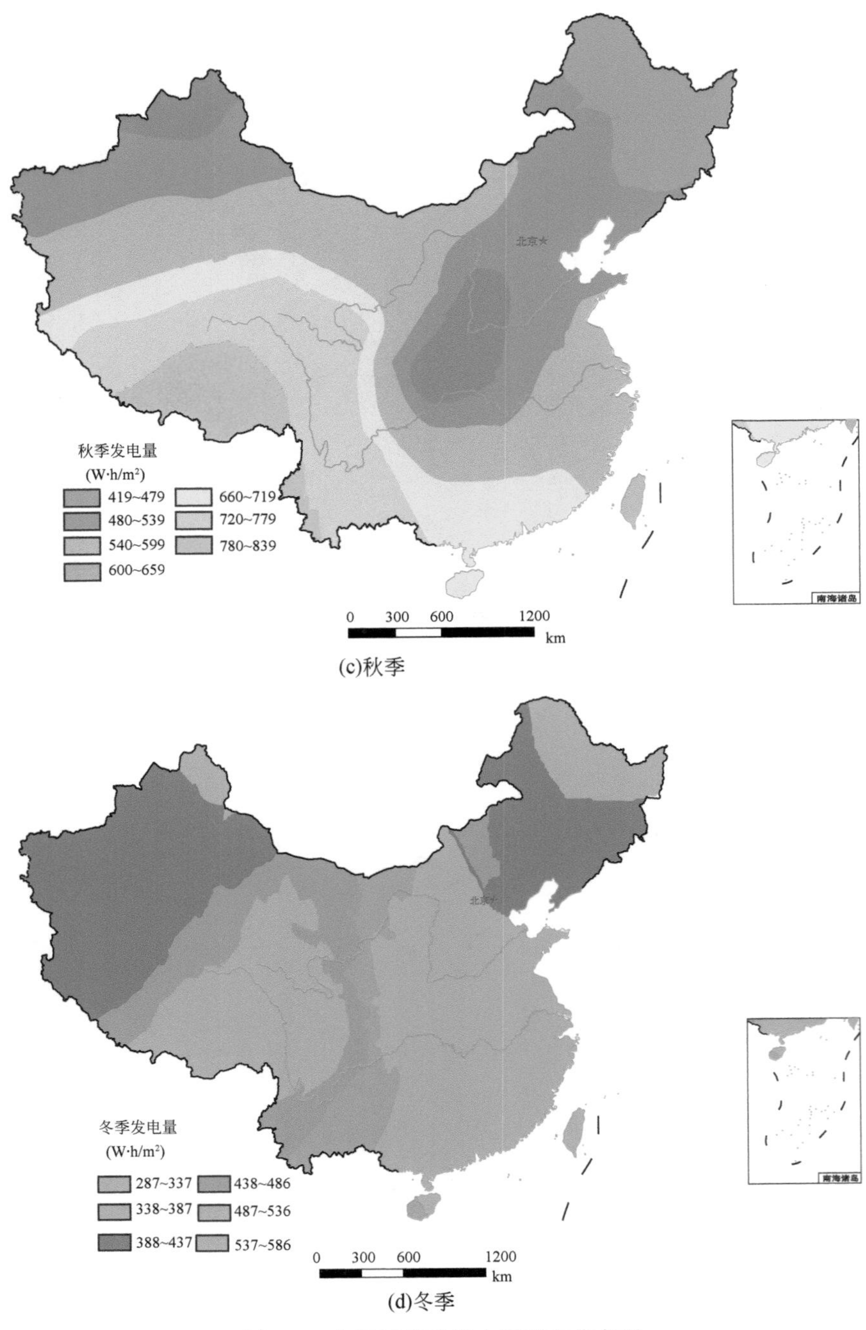

(c)秋季

(d)冬季

图 3-7 全国日累计发电量时空分布图

3.5 积灰对光伏输出功率的影响

太阳能作为清洁的可持续能源，已广泛应用于工农业生产，如日光温室（王立舒等，2018；杨学坤等，2017）、光伏水泵（刘厚林等，2014；Chen et al.，2017）、太阳能割草机、光伏灌溉（蔡仕彪等，2017；葛茂生等，2016；汤玲迪等；2018）、太阳能施肥机等。由于农田存在土壤裸露、周围无建筑遮挡等特点，所以当光伏设备进行大田作业时，表面积灰问题比普通光伏发电系统更为严重（Tagawa，2017；Bi et al.，2013），尤其是干旱半干旱地区积灰更为严重（Jaszczur et al.，2018）。积灰会遮挡光伏组件，降低透光率，从而降低光伏系统发电量（陈东兵等，2011；Wang，2018b；Sulaiman et al.，2015）。为此，开展了灰尘沉积对光伏发电影响的研究。

3.5.1 积灰试验设计

采用图 3-8 所示的太阳能全自动模拟跟踪系统装置模拟早晨（10 500lux）、中午（18 300lux）、傍晚（6500lux）3 个光源，光照强度固定并通过光源开关控

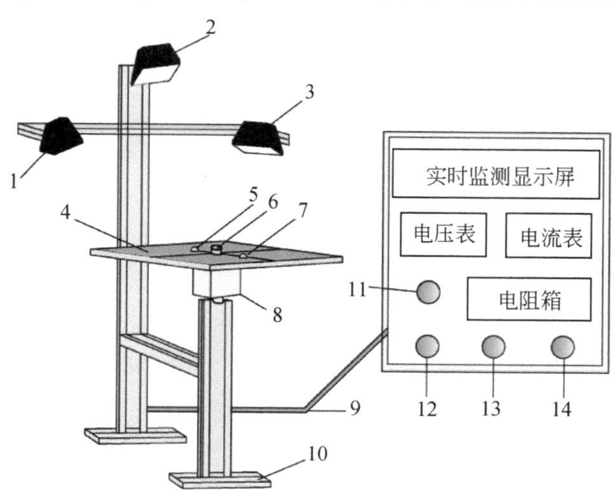

图 3-8 太阳能全自动模拟跟踪系统装置

1. 早晨模拟光源；2. 中午模拟光源；3. 傍晚模拟光源；4. 光伏组件（标号 A）；5. 光照度传感器；6. 自动跟踪传感器；7. 温湿度传感器；8. 双轴跟踪云台装置；9. 电线；10. 支架；11. 自动跟踪系统开关；12. 早晨模拟光源开关；13. 中午模拟光源开关；14. 傍晚模拟光源开关

制，可任意组成7种光照强度。光伏阵列由4块同规格光伏组件组成，并固定于双轴跟踪云台装置，自动跟踪传感器安装在光伏阵列中央位置、传感器内壁沿周向等角度固定的4个相同光敏电阻器件，形成4象限方位传感探头，由于光敏传感器电阻值随着光照强度的增强相应减小，对应其输出的电气信号降低，所以当1个光敏传感器被照射，而正对的另一个光敏传感器处在阴影中时，光敏传感器将会产生一个电压差信号，将光信号的差异转换成电信号并传递给处理器，处理器通过逻辑运算驱动垂直或水平电机的转动来降低光线信号的差异，直至2个方位接受的光照强度达到平衡，通过4个方位上的光敏传感器，实时采集方位传感器传递的电压信号，实现各方位光线信号的平衡，使光伏组件自动转至垂直光源位置，提高光伏发电利用率，并将输出功率及对应的电流、电压等指标实时显示在监测显示屏上。WCJ-10M型光伏组件主要参数见表3-3。

表3-3　WCJ-10M型光伏组件主要参数

技术参数	参数值	技术参数	参数值
峰值功率（W）	10	输出误差（%）	±3
最大工作电压（V）	17.6	开路电压（V）	21.824
最大工作电流（A）	0.568	短路电流（A）	0.597
尺寸（mm×mm）	295×295		

为确定光伏组件表面灰尘粒径占比，采集室外45°倾角光伏组件上自然积灰20d的灰尘，用标准振筛机将其筛分为5组，并用精度为0.0001g的电子秤对各组粒径灰尘称质量，表3-4是自然积灰的粒径分布及所占质量百分比，其中0～38μm粒径范围的灰尘所占比例最大，为34.56%；38～75μm、75～110μm、110～150μm的灰尘所占质量百分比分别为24.9%、26.34%、13.33%，这4组粒径的灰尘总占比为99.13%，而粒径大于150μm灰尘所占比例很小，为0.87%。故本次室内试验选用建筑细沙来模拟自然积灰（吴春华等，2017），粒径划分为4个级别：0～38μm、38～75μm、75～110μm、110～150μm，试样用标准振筛机制备。以标号A的光伏组件为测试对象，控制环境温度为23.6±3℃，环境湿度为48.95%±5%（吕学梅等，2014）。将试验分为2个阶段：第1阶段测试在光照强度18 300lux下，0～38μm、38～75μm、75～110μm、110～150μm粒径范围内，光伏组件峰值功率随积灰密度的变化；第2阶段测试在0～38μm粒径范围内，18 300lux、10 500lux、6500lux光照强度下，光伏组件峰值功率随积灰密度的变化，其中，积灰密度范围为0～50g/m^2，通过查看显示屏上输出功率值，可微调此工况的积灰密度值，以保证尽可能等质量间距地随机取点14个以上。

表 3-4　自然积灰的粒径分布及占比

灰尘粒径（μm）	质量（g）	质量百分比（%）
0 ~ 38	0. 2386	34. 56
38 ~ 75	0. 1719	24. 9
75 ~ 110	0. 1818	26. 34
110 ~ 150	0. 092	13. 33
>150	0. 006	0. 87
总和	0. 6903	100

测试指标如下。

1）积灰密度：利用标准检验筛将筛分好的各粒径范围细沙灰尘从较高处筛动，使其自然飘落至光伏组件上，测出此积灰密度下的光伏组件峰值功率后，用精度为0. 01 g 的电子秤称取光伏组件上的积灰质量，积灰质量与积灰面积之比即为积灰密度（单位为 g/m^2）（朴在林等，2015；官燕玲等，2014）。

2）光照强度：通过光源控制开关，将光照强度调至早晨模拟光源、中午模拟光源和傍晚模拟光源下，通过光照度传感器，将光照强度数值显示在监测显示屏上。

3）峰值功率：因本试验装置无 MPPT（maximum power point tracking）控制器，系统无法实时输出峰值功率（吴春华等，2017；付青等，2018），为克服这一不足，采用如下方法获得各工况下的峰值功率：待光伏组件布好灰尘后，调节操作台中变阻箱电阻，测出不同电阻值下的电压和电流，采用逐点绘图的方法，得到此光照强度下输出功率随电流变化规律（*P-I* 图），*P-I* 图中最大 *P* 值点即为此积灰密度下光伏组件的峰值功率（廖志凌和阮新波，2009）。

为直观分析不同粒径和光照强度下，积灰密度对光伏组件输出功率的影响，引入输出功率减小率，计算公式为

$$\eta = \frac{P_{\text{max}} - P_{\text{out}}}{P_{\text{max}}} \times 100\% \tag{3-14}$$

式中，η 为光伏组件输出功率减小率（%）；P_{max} 为清洁光伏组件对应峰值功率（W）；P_{out} 为积灰状态下光伏组件峰值功率（W）。

3. 5. 2　结果与分析

3. 5. 2. 1　光伏组件输出功率减小率影响因素显著性分析

当固定光照强度（18 300 lux）时，灰尘粒径和积灰密度对光伏组件输出功

率减小率影响的试验结果见表3-5，由于篇幅限制，每种工况下仅列出15组数据，为了直观展示数据规律，图3-9给出了光照强度一定时，光伏组件输出功率减小率与积灰密度及灰尘粒径的关系。从图3-9可看出，灰尘粒径一定时，光伏组件输出功率减小率随积灰密度的增大而增大，但曲线增速逐渐减缓，这是因为随着积灰量增多，灰尘颗粒多层叠加，对光伏组件透光率的减小速率逐渐降低，输出功率减小率增大的速率逐渐减缓；另外，对同一积灰密度，粒径越小输出功率减小率越大，当积灰密度为10g/m^{2}时，0～38μm、38～75μm、75～110μm、110～150μm粒径范围灰尘对应输出功率减小率分别为15.96%、12.51%、8.16%和5.39%。

表3-5　不同灰尘粒径和积灰密度的输出功率减少率

试验号	ρ				P_{max}				P_{out}				η			
	0～38	38～75	75～110	110～150	0～38	38～75	75～110	110～150	0～38	38～75	75～110	110～150	0～38	38～75	75～110	110～150
1	0.00	0.00	0.00	0.00	1.62	1.62	1.62	1.62	1.62	1.62	1.62	1.62	0.00	0.00	0.00	0.00
2	25.33	27.00	27.22	9.95	1.62	1.62	1.62	1.62	1.06	1.09	1.25	1.53	34.78	32.41	22.93	5.35
3	4.67	19.00	22.89	46.79	1.62	1.62	1.62	1.62	1.46	1.20	1.25	1.22	9.73	25.44	17.81	24.86
4	1.44	12.89	18.00	32.31	1.62	1.62	1.62	1.62	1.57	1.35	1.38	1.37	2.92	16.47	14.69	15.59
5	29.56	9.00	15.22	28.59	1.62	1.62	1.62	1.62	0.98	1.43	1.42	1.33	39.43	11.31	12.09	18.05
6	15.00	26.33	10.67	16.66	1.62	1.62	1.62	1.62	1.27	1.09	1.52	1.48	21.51	32.28	5.92	8.52
7	10.78	39.78	8.67	3.31	1.62	1.62	1.62	1.62	1.33	0.89	1.49	1.59	17.83	44.82	7.74	1.96
8	7.67	10.89	5.89	6.21	1.62	1.62	1.62	1.62	1.39	1.38	1.54	1.59	14.23	14.54	4.74	1.92
9	26.33	47.67	3.11	25.27	1.62	1.62	1.62	1.62	1.02	0.79	1.58	1.37	36.87	50.68	2.33	15.02
10	17.11	45.56	34.22	5.98	1.62	1.62	1.62	1.62	1.22	0.84	1.17	1.60	24.33	48.06	27.85	1.16
11	35.89	21.22	23.89	12.30	1.62	1.62	1.62	1.62	0.88	1.21	1.30	1.52	45.84	25.40	19.79	5.94
12	22.00	41.44	45.67	35.80	1.62	1.62	1.62	1.62	1.12	0.92	1.07	1.27	30.76	42.74	33.86	21.63
13	39.33	21.89	24.67	49.13	1.62	1.62	1.62	1.62	0.83	1.16	1.25	1.18	48.76	28.04	22.71	27.00
14	48.67	19.67	39.11	42.63	1.62	1.62	1.62	1.62	0.71	1.26	1.08	1.24	55.89	22.28	33.22	23.43
15	43.11	29.11	30.89	39.74	1.62	1.62	1.62	1.62	0.79	1.10	1.20	1.21	51.42	31.88	25.75	24.97

注：ρ为积灰密度（g/m^2）；P_{max}为清洁光伏组件对应峰值功率（W）；P_{out}为积灰状态下光伏组件峰值功率（W）；η为光伏组件输出功率减小率（%）；0～38、38～75、75～110、110～150表示粒径范围（μm）。

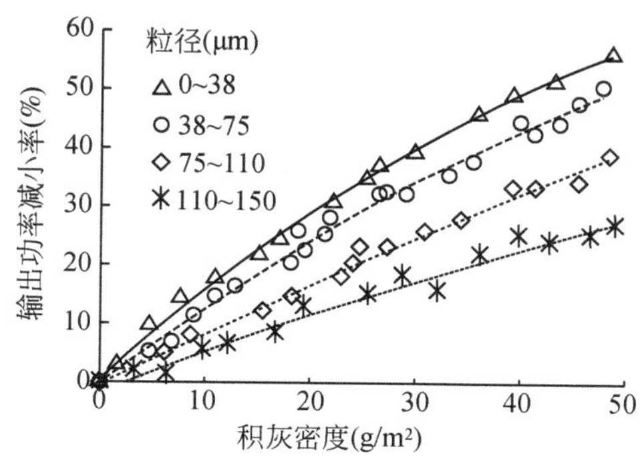

图 3-9　不同灰尘粒径下输出功率减小率随积灰密度的变化

为探寻灰尘粒径和积灰密度对光伏组件输出功率减小率影响的显著性，对图 3-9 中试验数据进行双因素方差分析，将积灰密度 0 ~ 50g/m^{2}以 10 为间隔分为 5 组，即变为 4×5、不等重复的双因素方差分析，利用 Levene 检验法进行方差齐性检验的概率 P 值为 0.33，明显大于显著性水平，满足方差分析的前提条件。双因素方差分析结果见表3-6，从表3-6 可看出，整个模型的 F 统计量为52.737，概率水平是0.000，表明此方差分析模型非常显著，决定系数 0.935，说明输出功率减小率能被积灰密度、灰尘粒径及两者交互效应解释的部分占93.5%，且灰尘粒径、积灰密度以及两者交互作用灰尘粒径×积灰密度对输出功率减小率均有极显著影响（$P<0.01$）。

表 3-6　灰尘粒径和积灰密度对输出功率减小率影响的双因素方差分析

源	Ⅲ类平方和	df	均方	F	P
模型	14 568.161	19	766.745	52.737	0.000
灰尘粒径	2 983.292	3	994.431	68.397	0.000
积灰密度	11 159.201	4	2 789.800	191.883	0.000
灰尘粒径×积灰密度	769.467	12	64.122	4.410	0.000
R^2=0.953（调整后 R^2=0.935）					

当固定灰尘粒径（0 ~ 38 μm）时，光照强度和积灰密度对光伏组件输出功率减小率影响的试验数据见表 3-7，为了直观展示数据规律，光照强度和积灰密度对光伏组件输出功率减小率的影响见图 3-10。从图 3-10 可看出，光照强度为 18 300 lux 时，当积灰密度由 1.44g/m^{2}增加到 48.67g/m^{2}时，输出功率减小率由 2.92%增大到 55.89%。当积灰密度为 10g/m^2 时，光照强度为 18 300 lux、10 500 lux和 6500 lux 时，对应的输出功率减小率分别为 55.89%、53.09% 和 52.17%，在积灰密度相同时，尽管光照强度增加，但输出功率减小率增大不够

明显，这与朴在林等（2015）的研究结论一致。

表 3-7　不同光照强度和积灰密度的输出功率减小率

试验号	ρ			P_{max}			P_{out}			η		
	18 300	10 500	6 500	18 300	10 500	6 500	18 300	10 500	6 500	18 300	10 500	6 500
1	0.00	0.00	0.00	1.62	0.69	0.66	1.62	0.69	0.66	0.00	0.00	0.00
2	1.44	1.44	1.44	1.62	0.69	0.66	1.57	0.68	0.66	2.92	1.51	0.45
3	4.67	4.67	4.67	1.62	0.69	0.66	1.46	0.64	0.61	9.73	7.42	7.64
4	7.67	7.67	7.67	1.62	0.69	0.66	1.39	0.60	0.59	14.23	12.44	10.76
5	10.78	10.78	10.78	1.62	0.69	0.66	1.33	0.58	0.57	17.83	15.25	13.50
6	15.00	15.00	15.00	1.62	0.69	0.66	1.27	0.55	0.52	21.51	20.10	18.85
7	17.11	17.11	17.11	1.62	0.69	0.66	1.22	0.54	0.52	24.33	22.05	20.11
8	22.00	22.00	22.00	1.62	0.69	0.66	1.12	0.51	0.48	30.76	26.50	27.19
9	26.33	26.33	26.33	1.62	0.69	0.66	1.02	0.46	0.42	36.87	32.85	32.90
10	29.56	29.56	29.56	1.62	0.69	0.66	0.98	0.45	0.41	39.43	34.24	37.28
11	35.89	35.89	35.89	1.62	0.69	0.66	0.88	0.39	0.39	45.84	42.67	40.35
12	39.33	39.33	39.33	1.62	0.69	0.66	0.83	0.37	0.35	48.76	46.67	44.79
13	43.11	43.11	43.11	1.62	0.69	0.66	0.79	0.36	0.34	51.42	48.11	47.55
14	48.67	48.67	48.67	1.62	0.69	0.66	0.71	0.33	0.31	55.89	52.33	51.79

注：18 300、10 500、6 500 表示光照强度（lux），其余注解同表 3-5。

为探寻光照强度和积灰密度对光伏组件输出功率减小率影响的显著性，将图 3-10 中积灰密度 0～50g/m^{2}以 10 为间隔分为 5 组，即变为 3×5、不等重复的双因素方差分析。利用 Levene 检验法进行方差齐性检验的概率 P 值为 0.211，明显大于显著性水平，满足方差分析的前提条件。双因素方差分析结果见表 3-8，

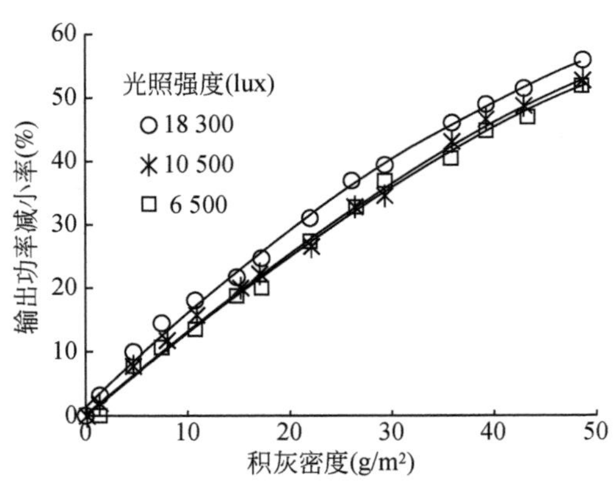

图 3-10　不同光照强度下输出功率减小率随积灰密度的变化

从表 3-8 可看出，整个模型的 F 统计量为 41.387，概率水平 0.000，表明此方差分析模型非常显著，决定系数为 0.932，说明输出功率减小率能被积灰密度解释的部分占 93.2%，其中，积灰密度对输出功率减小率有极显著影响（$P<0.01$），光照强度和交互作用光照强度×积灰密度对输出功率减小率无显著影响（$P>0.05$）。

表 3-8　光照强度和积灰密度对输出功率减小率影响的双因素方差分析

源	Ⅲ类平方和	df	均方	F	P
模型	11 886.024	14	849.002	41.387	0.000
光照强度	90.920	2	45.460	2.216	0.128
积灰密度	11 783.256	4	2 945.814	143.601	0.000
光照强度×积灰密度	16.427	8	2.053	0.100	0.999
$R^2=0.955$（调整后 $R^2=0.932$）					

3.5.2.2　灰尘粒径和积灰密度对输出功率减小率影响的预测模型构建

(1) 模型构建

由于实际积灰对光伏组件的遮挡效果复杂（Beattie et al., 2012；毕二朋等, 2012），难以单一从理论角度入手，因此基于上述试验显著性分析结果，以上述 4 组粒径积灰试验结果为基础，建立任意颗粒级配的灰尘对光伏组件输出功率减小率定量影响的通用预测模型。

假设灰尘颗粒粒径非常接近且近似球体，则灰尘颗粒数量及半径与灰尘质量间关系为

$$M=\frac{\pi\rho' nD_0^3}{6} \tag{3-15}$$

式中，M 为单位面积的灰尘总质量（g）；ρ' 为灰尘的密度（g/m^3）；n 为单位面积的灰尘颗粒数量；D_0 为灰尘颗粒直径（μm）。

当入射光线与光伏组件距离较远且垂直时，灰尘遮挡面积为

$$A_s=\frac{\pi nD_0^2}{4} \tag{3-16}$$

式中，A_s 为灰尘颗粒对光伏组件的遮挡总面积（m^2）。

D_1 为某已知灰尘颗粒的直径（μm），假设电池板单位面积上直径为 D_2 的灰尘质量与 D_1 对应的灰尘质量相等，由式（3-15）和式（3-16）得

$$A_s=\Psi\frac{1}{D_2} \tag{3-17}$$

其中，

$$\Psi=\left(\frac{3}{4}\right)^{\frac{1}{3}}(\pi)^{\frac{2}{3}}\frac{(D_1)^2}{2}(N_1)^{\frac{2}{3}}\left(\frac{M_1}{\rho'}\right)^{\frac{1}{3}} \tag{3-18}$$

式中，Ψ为不同粒径的等质量灰尘对光伏组件的遮挡系数；N_1是直径为D_1的灰尘颗粒总个数；M_1为单位面积电池板上直径为D_1的灰尘总质量（g）。

由式（3-17）可看出，一定质量的灰尘，对光伏组件的遮挡面积与粒径成反比，粒径越小对光伏组件的遮挡面积越大，光伏组件透光率越低，输出功率减小率越大。

假定D_x为［D_1，D_2］区间内一点，等于［D_1，D_2］粒径范围灰尘对光伏组件遮挡总面积与此区间长度的比值，此时的D_x称为［D_1，D_2］粒径范围灰尘对光伏组件遮挡效果相同的等效粒径，由式（3-17）和式（3-18）可得

$$D_x=\frac{\Psi(D_2-D_1)}{\int_{D_1}^{D_2}\Psi\frac{1}{D}\mathrm{d}D}=\frac{D_2-D_1}{\ln\left(\frac{D_2}{D_1}\right)} \tag{3-19}$$

式中，D_x为等效粒径（μm）。

由式（3-15）和式（3-16）可得到任意颗粒级配灰尘对光伏组件遮挡面积为

$$\sum_{i=1}^{j}A_{si}=\sum_{i=1}^{j}\frac{3M_i}{2\rho'D_i}=\frac{3M}{2\rho'D_x} \tag{3-20}$$

式中，A_{si}是粒径为D_i的灰尘颗粒对光伏组件的遮挡总面积（m^2）；M_i为单位面积电池板上直径为D_i的灰尘总质量（g）；M为单位面积电池板上灰尘总质量（g）；D_i为光伏组件上某灰尘直径（μm）。

实际积灰的等效粒径为

$$\frac{1}{D_x}=\sum_{i=1}^{j}\frac{M_i}{MD_i} \tag{3-21}$$

式中，j为灰尘颗粒的个数。

利用式（3-19）对本次室内试验0～38μm、38～75μm、75～110μm、110～150μm粒径范围灰尘求取等效粒径，分别为7.526μm、54.420μm、91.386μm、128.968μm，需要说明的是，由于振筛机无法确定最小粒径值，0～38μm组最小粒径值直接采用高德东等（2015）利用激光粒度分析仪所测出的0.252μm进行计算。结合求取的等效粒径值，将图3-9室内试验数据在Matlab中进行Polynomial多项式拟合，图3-11为输出功率减小率与积灰密度及灰尘等效粒径拟合结果，从图3-11中可看出，灰尘等效粒径一定时，随着积灰密度的增大，输出功率减小率逐渐增大；当积灰密度一定时，灰尘等效粒径越大，输出功率减小率越小。式（3-22）为拟合方程式，对应决定系数为0.986，均方根误差RMSE为1.752，表明拟合公式可以较好地反映积灰密度和粒径对输出功率减小率的影响。

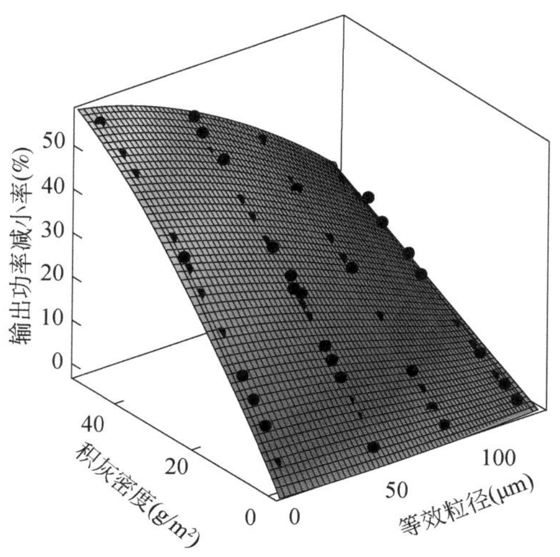

图 3-11　输出功率减小率与积灰密度及灰尘等效粒径关系

$$\eta = 1.48+1.74\times10^{-2}D_x+1.46\rho-4.26\times10^{-4}D_x^2-4.7\times10^{-3}\rho D_x-5.02\times10^{-3}\rho^2$$

$$0<D_x\leqslant150,\ 0<\rho\leqslant50 \tag{3-22}$$

(2) 模型验证

为了验证上述试验结论的实用性，利用太阳能水肥一体化装置进行室外验证试验（图 3-12），光伏组件规格 1.5m×1m，峰值功率 260W，峰值电压 49.71V，峰

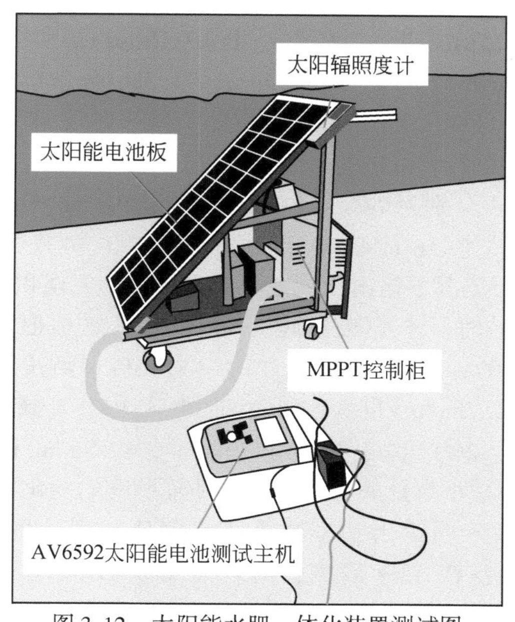

图 3-12　太阳能水肥一体化装置测试图

值电流5.25A，开路电压60.49V，短路电流5.57A，光伏组件与MPPT控制器相连，利用AV6592便携式太阳能电池测试仪和太阳辐照度计，可逐时监测峰值功率、辐照度、环境温度数据，并传输至PC端。选取辐照度和环境温度相接近、无风的4天（2018年4月12日、13日、18日、19日）进行室外验证，测试时间为每日11：20～13：30，每隔10min采集1组，每天共计14组。试验环境条件如图3-13所示：辐照度差值不大于70W/m^2，环境温度差值不大于6℃，满足试验要求（廖志凌和阮新波，2009；毕二朋等，2012；朱琳琳等，2016）。

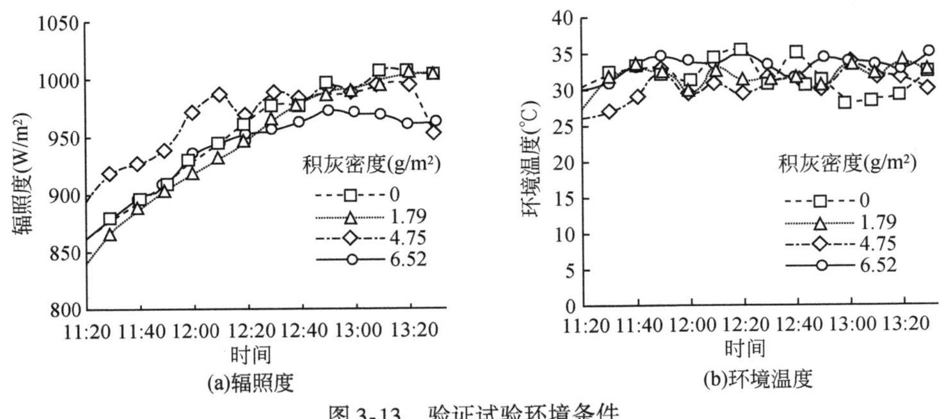

图3-13　验证试验环境条件

将验证试验所筛分的部分灰尘细沙样品，进一步用筛分机细筛为4组：0.252～38μm、38～75μm、75～110μm、110～150μm，利用式（3-19）计算出对应等效直径分别为7.526μm、54.420μm、91.386μm、128.968μm，测得各组质量占比分别为3.15%、9.31%、42.63%、44.91%，利用式（3-20）和式(3-21)，得出此灰尘细沙样品的等效粒径为76.35μm。采用与室内试验相同的布灰方式，设置积灰密度分别为0g/m^2（对照组）、1.79g/m^2、4.75g/m^{2}和6.52g/m^2，共4个处理，由对照组0g/m^{2}的输出功率和式（3-14）计算得到1.79g/m^2、4.75g/m^{2}和6.52g/m^{2}工况下输出功率减小率实测值，发现积灰密度为1.79g/m^2、4.75g/m^{2}和6.52g/m^{2}时，不同辐照度下输出功率减小率实测值范围分别为1.73%～3.01%、3.97%～6.19%和6.18%～8.43%。由式（3-22）计算出积灰密度为1.79g/m^2、4.75g/m^{2}和6.52g/m^{2}时的输出功率减小率理论值分别为2.33%、5.67%和7.32%，图3-14为1.79g/m^2、4.75g/m^{2}和6.52g/m^{2}积灰工况下光伏组件输出功率减小率计算值和实测值随辐照度的变化，表3-9是图3-14试验数据的误差分析，表明输出功率减小率实测值和理论值间误差的绝对值在1.5%以内，相对误差在32%以内，R^2均在0.92以上，表明式（3-21）和式（3-22）具有较好的实用价值。

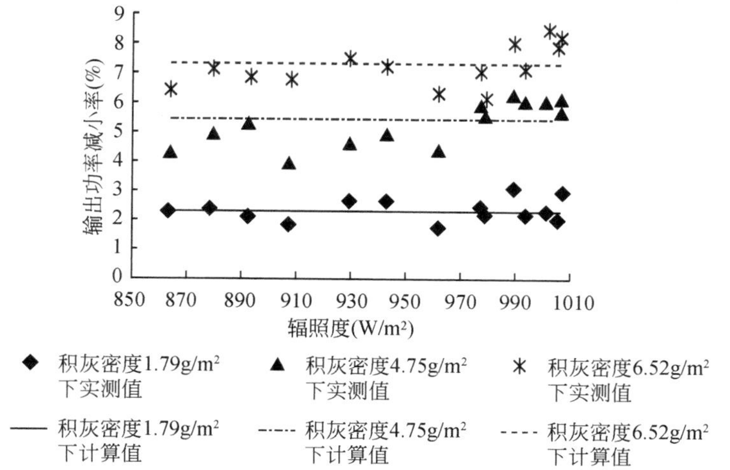

图 3-14 不同积灰密度下光伏组件输出功率减小率计算值和实测值随辐照度的变化

表 3-9 室外验证试验误差分析

积灰密度（g/m^2）	η 实测值范围（%）	η 理论值（%）	绝对误差（%）	相对误差（%）	R^2
1.79	1.73～3.01	2.33	-0.55～0.72	0.5～31.4	0.975
4.75	3.97～6.19	5.67	-1.49～0.65	2.7～27.25	0.927
6.52	6.18～8.43	7.32	-1.13～1.12	1.7～15.5	0.978

参 考 文 献

毕二朋，胡明辅，袁江，等．2012. 光伏系统设计中太阳辐射强度影响的分析．节能技术，30（1）：45-47.

蔡仕彪，朱德兰，葛茂生，等．2017. 太阳能平移式喷灌机光伏优化配置．排灌机械工程学报，35（5）：417-423.

陈东兵，李达新，时剑，等．2011. 光伏组件表面积尘及立杆阴影对电站发电功率影响的测试分析．太阳能，(9)：39-41.

成珂，郭黎明，王亚昆．2017. 聚类分析在光伏发电量预测中的应用研究．可再生能源，35（5）：696-701.

程泽，李思宇，韩丽洁，等．2017. 基于数据挖掘的光伏阵列发电预测方法研究. 太阳能学报，38（3）：726-733.

崔杨，陈正洪，孙朋杰．2018. 弃光限电条件下不同纬度地区短期光伏发电功率预测对比分析. 太阳能学报，39（6）：1610-1618.

代倩，段善旭，蔡涛，等．2011. 基于天气类型聚类识别的光伏系统短期无辐照度发电预测模型研究．中国电机工程学报，31（34）：28-35.

丁明，王磊，毕锐．2012. 基于改进 BP 神经网络的光伏发电系统输出功率短期预测模型．电力系统保护与控制，40（11）：93-99.

冬雷，周晓，郝颖，等．2018. 基于样本双重筛选的光伏发电功率预测．太阳能学报，39（4）：1018-1025.

方匡南，吴见彬，朱建平，等. 2011. 随机森林方法研究综述. 统计与信息论坛，26（3）：32-38.

付青，耿炫，单英浩，等．2018. 一种光伏发电系统的双扰动 MPPT 方法研究．太阳能学报，39（8）：2341-2347.

高德东，孟广双，王珊，等．2015. 荒漠地区电池板表面灰尘特性分析．可再生能源，33（11）：1597-1602.

葛茂生，吴普特，朱德兰，等．2016. 卷盘式喷灌机移动喷洒均匀度计算模型构建与应用．农业工程学报，32（11）：130-137.

官燕玲，张豪，闫旭洲，等．2016. 灰尘覆盖对光伏组件性能影响的原位实验研究．太阳能学报，37（8）：1944-1950.

黄磊，舒杰，姜桂秀，等．2014. 基于多维时间序列局部支持向量回归的微电网光伏发电预测. 电力系统自动化，38（5）：19-24.

栗然，刘宇，黎静华，等．2005. 基于改进决策树算法的日特征负荷预测研究．中国电机工程学报，25（23）：36-41.

廖志凌，阮新波．2009. 任意光强和温度下的硅太阳电池非线性工程简化数学模型．太阳能学报，30（4）：430-435.

刘厚林，崔建保，谈明高，等．2014. 光伏离心泵负载匹配研究．农业机械学报，45（7）：98-102.

刘卫亮，刘长良，林永君，等．2018. 计及雾霾影响因素的光伏发电超短期功率预测．中国电机工程学报，38（14）：4086-4095.

吕学梅，孙宗义，曹张驰．2014. 电池板温度和辐射量对光伏发电量影响的趋势面分析．可再生能源，32（7）：922-927.

朴在林，张萌，丁文龙. 2015. 户用型光伏电池板积灰密度对转换效率影响研究. 中国农机化学报，36（4）：238-241.

石礼娟，卢军．2017. 基于随机森林的玉米发育程度自动测量方法．农业机械学报，48（1）：169-174.

汤玲迪，袁寿其，汤跃．2018. 卷盘式喷灌机研究进展与发展趋势分析．农业机械学报，49（10）：1-15.

王飞，米增强，杨奇逊，等．2012. 基于神经网络与关联数据的光伏电站发电功率预测方法．太阳能学报，33（7）：1171-1177.

王立舒，刘雷，王锦锋，等．2018. 基于微波传输技术的日光温室无线输电系统设计与试验．农业工程学报，34（16）：214-224.

吴春华，袁同浩，陈雪娟，等．2017. 光伏电站不均匀积灰检测及优化控制．太阳能学报，38（3）：774-780.

杨德全，王艳，焦彦军．2013. 基于小波神经网络的光伏系统发电量预测．可再生能源，31（7）：1-5.

杨学坤，韩柏和，蒋晓．2017. 日光温室系统模型的研究现状与对策．中国农机化学报，38（4）：42-48.

姚雄，余坤勇，杨玉洁，等．2017. 基于随机森林模型的林地叶面积指数遥感估算．农业机械学报，48（5）：159-166.

朱琳琳，钟志峰，严海，等．2016. 一种新的光伏发电预测模型设计．太阳能学报，37（1）：63-68.

Beattie N S，Moir R S，Chacko C，et al. 2012. Understanding the effects of sand and dust accumulation on photovoltaic modules. Renewable Energy，48（6）：448-452.

Bi X，Liang Si，Li X. 2013. A novel in situ method for sampling urban soil dust：particle size distribution，trace metal concentrations，and stable lead isotopes. Environmental Pollution，177：48-57.

Breiman L. 1996. Bagging predictors. Machine Learning，24（2）：123-140.

Breiman L. 2001. Random forests. Machine Learning，45（1）：5-32.

Chen H，Zhang L，Jie P，et al. 2017. Performance study of heat-pipe solar photovoltaic/thermal heat pump system. Applied Energy，190：960-980.

Eseye T A，Zhang J，Zheng D. 2018. Short-term photovoltaic solar power forecasting using a hybrid Wavelet-PSO-SVM model based on SCADA and meteorological information. Renewable Energy，118：357-367.

Fan J，Wang X，Wu L，et al. 2018. Comparison of support vector machine and extreme gradient boosting for predicting daily global solar radiation using temperature and precipitation in humid subtropical climates：a case study in China. Energy Conversion and Management，164：102-111.

Friedman J H. 2002. Stochastic gradient boosting. Computational Statistics & Data Analysis，38（4）：367-378.

Jaszczur M，Teneta J，Styszko K，et al. 2018. The field experiments and model of the natural dust deposition effects on photovoltaic module efficiency. Environmental Science and Pollution Research，26（9）：1-16.

Kazem H A，Yousif J H. 2017. Comparison of prediction methods of photovoltaic power system production using a measured dataset. Energy Conversion and Management，148：1070-1081.

Malvoni M，Giorgi M G D，Congedo P M. 2016. Photovoltaic forecast based on hybrid PCA-LSSVM using dimensionality reducted data. Neurocomputing，211：72-83.

Riffonneau Y，Bacha S，Barruel F，et al. 2011. Optimal power flow management for grid connected PV systems with batteries. IEEE Transactions on Sustainable Energy，2（3）：309-320.

Sulaiman S A，Mat M N H，Guangul F M，et al. 2015. Real-time study on the effect of dust accumulation on performance of solar PV panels in Malaysia. Marrakech：International Conference on Electrical and Information Technologies（ICEIT）.

Tagawa K. 2017. Effect of sand erosion of glass surface on performances of photovoltaic module.

Sustainable Research & Innovation Proceedings, 4: 75-77.

Tibshirani R. 1996. Bias, variance and prediction error for classification rules. Toronto: Department of Statistics, University of Toronto.

Touzani S, Granderson J, Fernandes S. 2018. Gradient boosting machine for modeling the energy consumption of commercial buildings. Energy and Buildings, 158: 1533-1543.

Wang J D, Li P, Ran R, et al. 2018a. A short-term photovoltaic power prediction model based on the gradient boost decision tree. Applied Sciences, 8 (5): 2-14.

Wang P, Xie J, Ni L, et al. 2018b. Reducing the effect of dust deposition on the generating efficiency of solar PV modules by super-hydrophobic films. Solar Energy, 169: 277-283.

Yadav A K, Chandel S S. 2014. Solar radiation prediction using artificial neural network techniques: a review. Renewable and Sustainable Energy Reviews, 33 (2): 772-781.

Zhu H, Li X, Sun Q, et al. 2016. A power prediction method for photovoltaic power plant based on wavelet decomposition and artificial neural networks. Energies, 9 (1): 11.

第 4 章　多能源联合驱动优化决策模型

基于区域光伏发电量预测方法，以供电系统年费用为目标函数，以负载亏电率和灌水需求为约束条件，以参考作物蒸发蒸腾量、作物系数、光伏发电量等为输入变量，以光伏、蓄电池和柴油机容量为决策变量，建立光电/油光/光电油等多能源联合驱动的优化决策模型，可针对我国不同地区、不同季节以及不同作物类型，确定出适宜的能源动力供给方式和最优的光伏板输出功率、蓄电池容量以及柴油机功率，实现适时、适地、适量的能源动力优化配置。

4.1 模型构建

4.1.1 喷灌机组动力需求

4.1.1.1 平移式喷灌机动力需求分析

(1) 平移式喷灌机行驶阻力理论分析

平移式喷灌机整体结构示意图如图 4-1 所示，其行走系统主要由四个相同的驱动轮、直流电机及控制器组成；其中电机是驱动系统关键部件，机组运行时需依据不同土壤条件合理配置驱动电机，才能使驱动系统性能达到最佳。

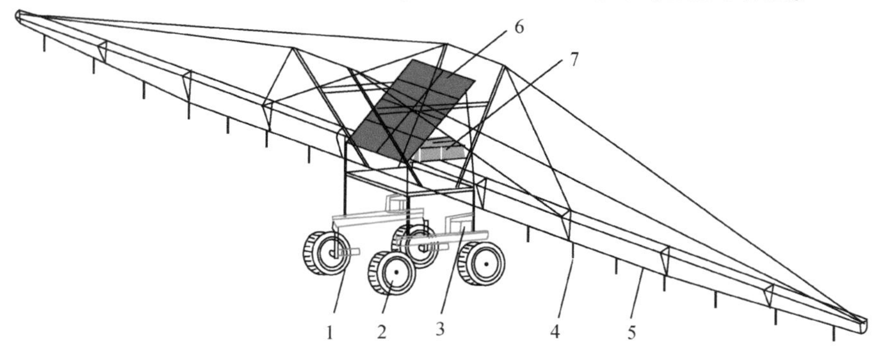

图 4-1　平移式喷灌机整体结构示意图

1. 直流电机；2. 驱动轮；3. 控制器；4. 喷头；5. 桁架；6. 光伏板；7. 蓄电池

喷灌机以匀速状态工作，驱动力与阻力相等，行走阻力主要为土壤压实阻力、推土阻力及轮胎弹滞阻力，该喷灌机驱动轮近似于刚性轮胎，且工作于松软土壤中，弹滞阻力影响极小，本书不予考虑，仅研究压实阻力与推土阻力；同时，因作业要求，平移式喷灌机匀速行驶速度 v 最大为 5m/min，其波动很小，忽略空气阻力和加速阻力（Hilliard and Jamieson，2007；Wang et al.，2014；Gamez et al.，2012），则喷灌机行驶阻力 F_f 为 F_{rb} 与 F_{rc} 之和，其受力分析如图 4-2 所示。

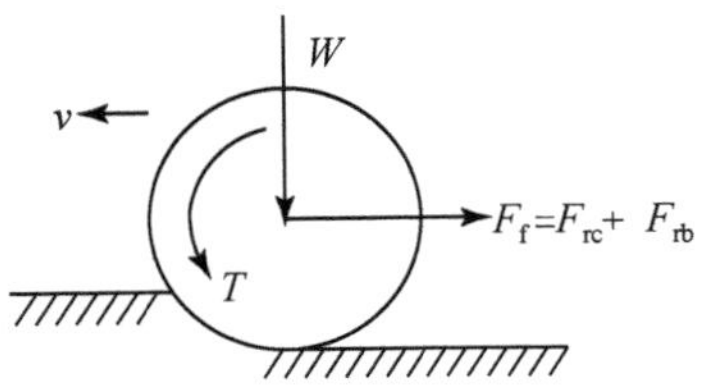

图 4-2　驱动轮-土壤受力分析图

压实阻力和推土阻力计算公式如式（4-1）、式（4-2）所示（余志生，2007）。

$$F_{rb}=b\cos^2\varphi\left[CZ\ (N_c-\tan\varphi)\ +Z^2\gamma_s\left(\frac{N_r}{\tan\varphi}+0.5\right)\right] \tag{4-1}$$

式中，F_{rb}为推土阻力（kN）；b 为驱动轮宽度（mm）；C 为黏聚力（kPa）；φ 为内摩擦角（°）；N_r、N_c为土壤承载能力系数；Z 为土壤沉陷量（mm）；γ_s 为土壤单位体积重量（kN/m³）。

其中沉陷量与压力满足关系式

$$p=\left(\frac{K_c}{b}+K_\varphi\right)z^n \tag{4-2}$$

式中，p 为土壤单位面积所受到的压力（N/m²）；n 为沉陷指数。

$$F_{rc}=\frac{1}{(3-n)^{\frac{2n+2}{2n+1}}\ (n+1)\ (K_c+bK_\varphi)^{\frac{1}{2n+1}}}\left[\frac{3W}{\sqrt{D}}\right]^{\frac{2n+2}{2n+1}} \tag{4-3}$$

式中，F_{rc}为压实阻力（kN）；K_c为黏聚力模量（N/m^{n+1}，其中 n 为沉降指数）；K_φ为内摩擦力模量（N/m^{n+2}）；W 为喷灌机重量（kN）；D 为驱动轮直径（m）。

喷灌机行走时，驱动电机所需功率需满足

$$P_w\geqslant(F_{rb}+F_{rc})v_{max} \tag{4-4}$$

式中，P_w 为驱动轮功率（W）；v_{max}为喷灌机允许最大行走速度（m/s）。

电机输出功率 P_d 为

$$P_d=\frac{P_w}{\eta} \tag{4-5}$$

式中，P_d 为电机输出功率（W）；η 为减速器总传动效率（%）。

驱动电机转速为

$$n_d=\frac{30v_{max}}{\pi\cdot r}i \tag{4-6}$$

式中，n_d 为电机转速（r/min）；i 为减速器总传功比；r 为驱动轮半径（m）。

依据土壤参数得出平移式喷灌机行驶阻力，便可得出喷灌机的功率需求，确定驱动电机扭矩和转速，科学合理地配置喷灌机驱动动力。

由式（4-1）、式（4-3）可知，影响压实阻力的土壤因素包括黏聚变形模数、摩擦变形模数及沉陷指数，影响推土阻力的土壤因素包括土壤黏聚力与内摩擦角，它们与土壤含水率和容重密切相关，故通过试验建立土壤含水率和容重与五种参数的关系，依据土壤参数得出平移式喷灌机行走阻力，便可得出喷灌机的功率需求，得到土壤参数对动力配置的影响。

（2）试验

1）试验材料：西北干旱半干旱地区土壤主要为黄绵土与塿土，故选择黄绵土和塿土 2 种土壤进行试验；塿土取自陕西渭河三级阶地小麦田，黄绵土取自陕西省榆林市清涧县小米地；取土深度均为 30cm，将所取试验土壤风干、碾压、混合后过 2mm 筛网分别留样。土壤颗粒组成采用激光粒度分析仪（MS2000，英国马尔文）测定，结果如表 4-1 所示。

表 4-1　土壤物理性能参数

土壤名称	质地	颗粒组成			干容重（g/m^3）
		黏粒（%）	粉粒（%）	砂粒（%）	
塿土	黏壤土	20.19	41.75	38.06	1.35
黄绵土	壤质砂土	9.00	18.75	72.46	1.35

2）试验设计：为建立土壤参数与喷灌机行驶阻力间的关系，本书以土壤含水率和容重为试验因素，以土壤压实阻力和推土阻力为评价指标，利用 Design Expert 8.0 设计二元二次通用旋转组合试验，以探索两种因素对于平移式喷灌机行驶阻力的影响及交互作用，建立阻力与土壤含水率、容重之间的回归模型；试验的因素水平编码如表 4-2 所示。

表 4-2　因素与水平编码表

编码	因素	
	土壤含水率 θ（%）	容重 γ_s（g/m^3）
1.414	16	1.60
1	14.83	1.57
0	12	1.50
−1	9.17	1.43
−1.414	8	1.40

3）试验方法：平板沉陷试验在西北农林科技大学机械与电子工程学院材料力学实验室进行，试验装置如图 4-3 所示；试验仪器包括电子万能试验机（DDL10，长春机械科技有限公司，量程 10kN）、环刀（直径 0.4m，深度 0.3m）、铁锤、卷尺，以及 100mm×150mm×6mm、150mm×150mm×6mm 的长方形与正方形钢制压板各 1 块。

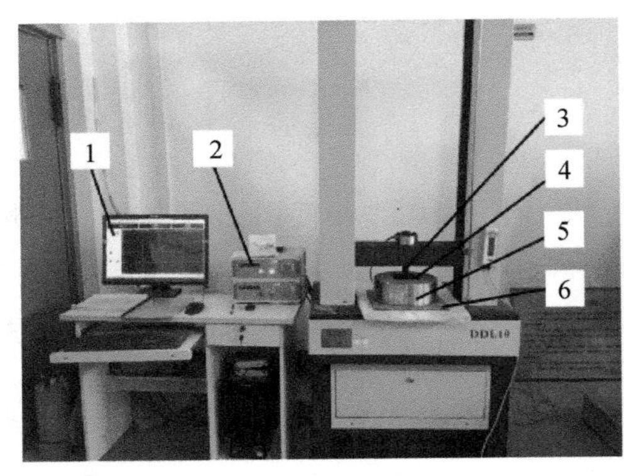

(a)电子万能试验机

(b)电动四联等应变直剪仪

图 4-3　试验装置实物图

1. 计算机；2. 控制箱；3. 试验机压头；4. 压板；5. 环刀；6. 钢板；7. 直剪装置；8. 压力计；9. 砝码

试验前，首先根据风干土含水率、试验设计含水率与土壤质量，计算制备试验试件所需加水量。将称量后的水通过小型喷雾器均匀喷洒在土样上，并将土和水搅拌均匀，然后将土样装入密封袋中润湿一昼夜，防止水分蒸发且使土体湿润均匀。根据平板沉陷试验的环刀容积和设计容重，计算所需湿土质量。用铁锤将土体压入到环刀中，将环刀和土样放到钢板上，钢板底部与万能试验机台面无间隙，以保证所测沉陷量即为压力作用产生的沉陷量。

试验时，启动万能试验机，试验机压头接触钢板，压力从 0 开始，加载 10 次，直到 10kN，用计算机采集记录相应压力下的土壤沉陷量 Z，然后倒出土壤，进行其他处理的试验，重复上述步骤并记录。对不同尺寸钢板，各重复 3 次试验，记录相同压力下的沉陷量，再取均值；然后 K_c、K_φ 及 n 采用对数求解法（迟媛等，2016）得出，即以单位面积压力 p、沉陷量 Z 的对数 $\lg p$、$\lg Z$ 分别为纵、横坐标轴，以长板和方板的试验数据绘图，得到两条 $\lg p-O-\lg Z$ 坐标系内近似为直线的曲线，用直线拟合两条曲线，依据贝克理论（李军等，2012；Javadi and Spoor，2004；汪伟等，2017），此两条拟合直线即为式（4-7）、式（4-8）所示直线，依据系数对应关系，便得出 K_c、K_φ、n。

$$\lg p = \lg(K_c/b_1 + K_\varphi) + n\lg Z \tag{4-7}$$

$$\lg p = \lg(K_c/b_2 + K_\varphi) + n\lg Z \tag{4-8}$$

式中，b_1、b_2为长板和方板的宽度（mm）。

依据两直线的斜率即可得到 n，且当 $\lg Z = 0$ 时可得两直线截距分别为 K_1、K_2。

$$K_1 = \lg(K_c/b_1 + K_\varphi) \tag{4-9}$$

$$K_2 = \lg(K_c/b_2 + K_\varphi) \tag{4-10}$$

联立式（4-9）与式（4-10），可得

$$K_c = \frac{(\lg^{-1}K_1 - \lg^{-1}K_2)b_1 b_2}{b_2 - b_1} \tag{4-11}$$

$$K_\varphi = \frac{\lg^{-1}K_2 b_2 - \lg^{-1}K_1 b_1}{b_2 - b_1} \tag{4-12}$$

采用对数解法求出不同土壤含水率和容重下的 K_c、K_φ、n 后，便可建立含水率、容重与此三种参数对应的统计学关系。

直接剪切试验在西北农林科技大学水利与建筑工程学院土木楼直剪实验室进行，试验装置如图 4-3（b）所示；主要试验仪器包括电动四联等应变直剪仪（DSJ-3，南京宁曦土壤仪器有限公司）、环刀（内径 6.18cm，高 2cm，体积 60cm^3）、天平、制样器、千斤顶等。根据直剪试验环刀容积及设计容重，计算所需湿土质量，制备剪切试件。土样制备及剪切试件制备过程按土工试验规程（SL237—1999）要求执行。

试验中严格按照土工试验规程进行直剪试验，采用快剪方法，剪切速率设定为 1.2mm/min，法向应力为 100kPa、200kPa、300kPa、400kPa 四级，记录 4 个法向应力下测力计读数；通过测力计读数、试件受力面积计算剪应力，然后以剪应力为纵坐标、剪切位移量为横坐标，绘制剪应力与剪切位移量关系曲线，该曲线上峰值点或稳定值所对应剪应力即为土体抗剪强度；若无明显峰值点或稳定值，则选取剪切位移量为 4mm 时的剪应力为土体抗剪强度。最后以法向应力为横坐标，以抗剪强度为纵坐标，绘制成含 4 个点的曲线，其近似为直线，用直线拟合此曲线，根据莫尔库伦准则（张伯平和党进谦，2006），即可得土壤黏聚力 C 与内摩擦角 φ。

4）试验结果与分析：采用二元二次旋转组合试验设计，其具体设计及结果如表 4-3 所示，共 13 组试验，每组试验重复 5 次取平均值，依据上述推导得到两种土壤的黏聚变形模数、摩擦变形模数、沉陷指数、黏聚力、内摩擦角。

表 4-3　二元二次旋转组合试验设计与结果

试验序号	θ	γ_s	黄绵土					塿土				
			压实阻力指标			推土阻力指标		压实阻力指标			推土阻力指标	
			K_{c1} (kN/m^{n+1})	$K_{\varphi 1}$ (kN/m^{n+2})	n_1	C_1 (kPa)	φ_1 (°)	K_{c2} (kN/m^{n+1})	$K_{\varphi 2}$ (kN/m^{n+2})	n_2	C_2 (kPa)	φ_2 (°)
1	−1	−1	17. 409	838. 231	0. 599	1. 883	0. 609	19. 772	852. 721	0. 743	2. 718	0. 305
2	1	−1	7. 653	491. 124	1. 020	2. 996	0. 691	8. 932	591. 243	0. 623	3. 143	0. 699
3	−1	1	8. 480	594. 976	0. 556	3. 032	0. 651	11. 230	666. 720	0. 660	3. 907	0. 614
4	1	1	7. 442	333. 184	0. 599	3. 757	0. 822	6. 918	427. 240	0. 905	4. 865	0. 904
5	−1. 414	0	14. 491	714. 108	0. 485	1. 884	0. 521	15. 804	809. 385	0. 789	3. 147	0. 491
6	1. 414	0	6. 126	346. 632	0. 702	3. 372	0. 819	7. 016	484. 942	0. 916	3. 703	0. 852
7	0	−1. 414	15. 683	610. 272	0. 804	2. 512	0. 588	18. 362	743. 944	0. 653	2. 493	0. 570
8	0	1. 414	5. 341	494. 112	0. 759	3. 344	0. 802	7. 540	659. 980	0. 747	4. 424	0. 790
9	0	0	11. 554	538. 408	0. 341	2. 645	0. 719	16. 452	637. 624	0. 421	3. 675	0. 663
10	0	0	12. 944	574. 676	0. 362	3. 045	0. 685	18. 078	575. 980	0. 473	4. 075	0. 639
11	0	0	12. 654	555. 601	0. 418	2. 878	0. 678	16. 230	625. 281	0. 439	3. 542	0. 635
12	0	0	13. 018	527. 256	0. 444	3. 012	0. 635	16. 646	647. 510	0. 436	4. 042	0. 680
13	0	0	14. 101	588. 236	0. 344	2. 812	0. 685	16. 172	583. 383	0. 411	3. 942	0. 745

通过 Design Expert 8. 0 对表 4-3 的试验结果进行二元二次回归分析，得到黄绵土和塿土黏聚变形模数、摩擦变形模数、沉陷指数、土壤黏聚力及内摩擦角关于土壤含水率与容重的回归方程及相应的判定系数，如表 4-4 所示。由表 4-4 可看到，黄绵土与塿土各参数回归模型拟合程度较高；对于两种土壤，各参数的回归方程类型一致，其中黏聚变形模数、沉陷指数的回归模型均为二次方程，摩擦变形模数、土壤黏聚力及内摩擦角的回归模型均为一次方程。

表 4-4　土壤参数回归方程

土壤类型	参数	回归方程	判定系数
黄绵土	黏聚变形模数	$K_{c1}=-285.091-13.405\theta+554.516\gamma_s+10.898\theta\gamma_s-0.164\theta^2-242.435\gamma_s^2$	$R^2=0.9587$
	摩擦变形模数	$K_{\varphi 1}=2652.324-49.877\theta-999.619\gamma_s$	$R^2=0.9346$
	沉陷指数	$n_1=85.392+0.420\theta-116.050\gamma_s-0.472\theta\gamma_s+0.013\theta^2+40.263\gamma_s^2$	$R^2=0.9367$
	黏聚力	$C_1=-7.416+0.174\theta+5.457\gamma_s$	$R^2=0.8996$
	内摩擦角	$\varphi_1=-0.939+0.030\theta+0.844\gamma_s$	$R^2=0.8743$

续表

土壤类型	参数	回归方程	判定系数
塿土	黏聚变形模数	$K_{c2}=-702.688-5.150\theta+1055.871\gamma_s+8.160\theta\gamma_s-0.346\theta^2-399.836\gamma_s^2$	$R^2=0.9752$
	摩擦变形模数	$K_{\varphi2}=2390.878-42.417\theta-828.636\gamma_s$	$R^2=0.8637$
	沉陷指数	$n_2=65.679-1.263\theta-77.581\gamma_s+0.456\theta\gamma_s+0.025\theta^2+24.230\gamma_s{}^2$	$R^2=0.9826$
	黏聚力	$C_2=-12.445+0.096\theta+9.974\gamma_s$	$R^2=0.8634$
	内摩擦角	$\varphi_2=-2.163+0.053\theta+1.460\gamma_s$	$R^2=0.9135$

黄绵土与塿土各参数回归模型方差分析见表 4-5 与表 4-6，对于黄绵土，土壤含水率对黏聚变形模数、摩擦变形模数、沉陷指数、土壤黏聚力及内摩擦角均表现为极显著（$P<0.01$）；而对于塿土，土壤含水率对沉陷指数和黏聚力影响显著（$P<0.05$），对于其他 3 个指标影响极显著（$P<0.01$）；容重对于塿土 5 个指标的影响均为极显著（$P<0.01$），而对于黄绵土，容重对沉陷指数的影响显著（$P<0.05$），对其他 4 个指标的影响均表现为极显著（$P<0.01$）；两者交互作用对黄绵土黏聚变形模数、塿土沉陷指数影响极显著（$P<0.01$），对黄绵土沉陷指数及塿土的黏聚变形模数影响显著（$P<0.05$）；各回归模型的失拟项均不显著（$P>0.05$），表明模型拟合较好。可见，可依据含水率和容重对平移式喷灌机土壤阻力进行计算。

表 4-5　黄绵土各指标回归模型方差分析

参数		K_{c1}（kN/m^{n+1}）		$K_{\varphi1}$（kN/m^{n+2}）		n_1		C_1（kPa）		φ_1（°）	
F、P 检验		F	P	F	P	F	P	F	P	F	P
来源	模型	33.359	<0.0001	71.424	<0.0001	20.732	0.0005	44.791	<0.0001	34.79158	<0.0001
	θ	61.595	0.0001	114.183	<0.0001	16.267	0.0050	55.523	<0.0001	46.37238	<0.0001
	γ_s	67.968	<0.0001	28.665	0.0003	7.576	0.0284	34.060	0.0002	23.21078	0.0007
	$\theta\cdot\gamma_s$	18.293	0.0037			7.823	0.0266				
	θ	11.559	0.0114			17.624	0.0040				
	γ_s	9.840	0.0165			61.750	0.0001				
	失拟	0.3250		0.1520		0.1272		0.3459		0.3416	

注：$P<0.01$ 极显著，$P<0.05$ 显著，$P>0.05$ 不显著，下同。

表 4-6　塿土各指标回归模型方差分析

参数		K_{c2}（kN/m^{n+1}）		$K_{\varphi 2}$（kN/m^{n+2}）		n_2		C_2（kPa）		φ_2（°）	
F、P 检验		F	P	F	P	F	P	F	P	F	P
来源	模型	55.132	<0.0001	31.694	<0.0001	79.074	<0.0001	31.613	<0.0001	52.80731	<0.0001
	θ	100.162	<0.0001	51.181	<0.0001	11.726	0.0111	8.143	0.0171	71.46114	<0.0001
	γ_s	88.062	<0.0001	12.208	0.0058	13.826	0.0075	55.083	<0.0001	34.15347	0.0002
	$\theta \cdot \gamma_s$	11.223	0.0122			33.452	0.0007				
	θ	56.215	0.0001			271.728	<0.0001				
	γ_s	29.288	0.0010			102.439	<0.0001				
	失拟	0.2229		0.1601		0.1720		0.3595		0.3806	

黄绵土、塿土各参数关于含水率和容重的响应面分别如图 4-4、图 4-5 所示，两种土壤黏聚变形模数响应面为凸形曲面，随着含水率和容重增加，黄绵土黏聚变形模数呈减小趋势，而塿土黏聚变形模数呈先增大后减小趋势，且存在峰值；两种土壤摩擦变形模数响应面均为平面，其值随着含水率与容重增加而减小；两种土壤沉陷指数响应面均为凹型曲面，在试验范围内，沉陷指数存在最小值；两种土壤黏聚力与内摩擦角响应面都为平面，其值均随着含水率和容重增加而增加。可见，虽然土质不同，对于两种土壤的同一参数，含水率和容重的影响规律相似。

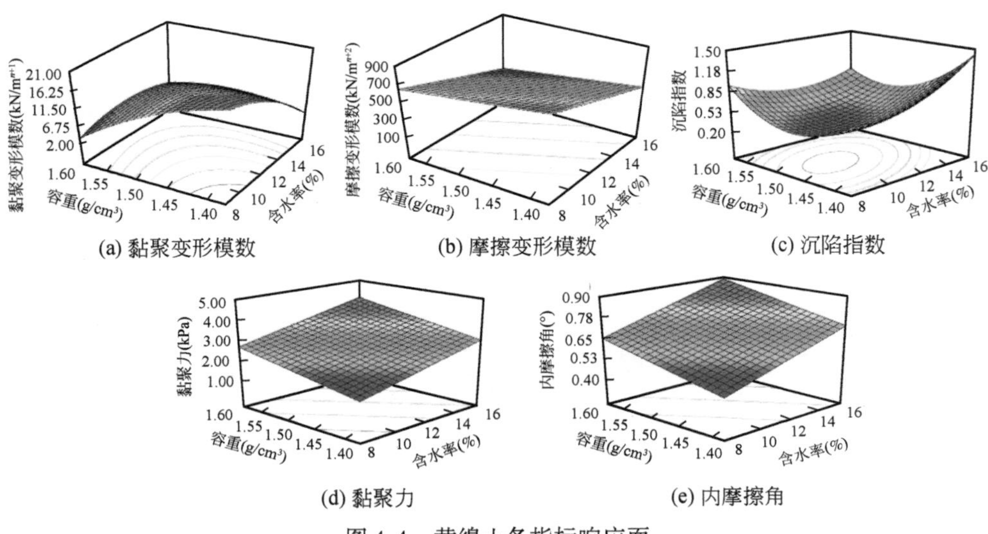

(a) 黏聚变形模数　(b) 摩擦变形模数　(c) 沉陷指数

(d) 黏聚力　(e) 内摩擦角

图 4-4　黄绵土各指标响应面

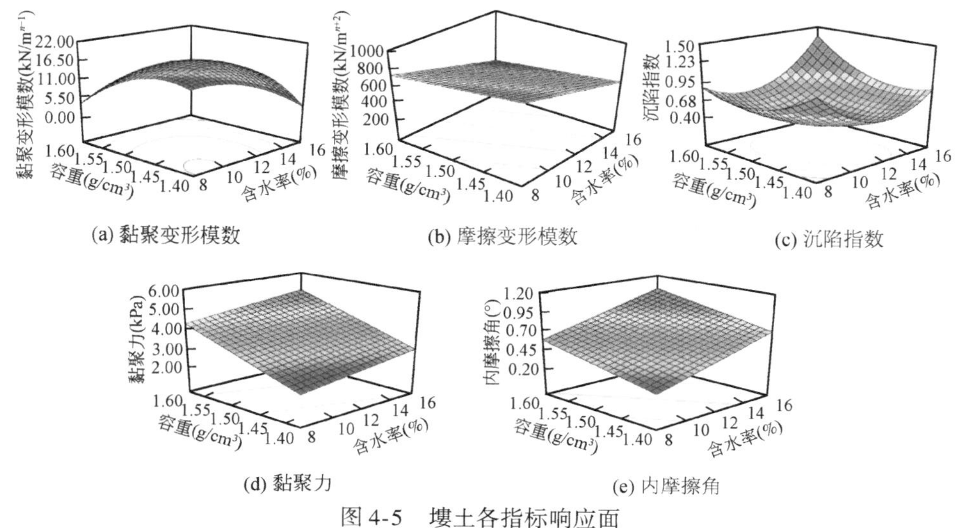

图 4-5 塿土各指标响应面

4.1.1.2 平移式喷灌机动力配置与试验验证

本研究选择陕西榆林地区和杨凌地区分别进行黄绵土与塿土条件下的大田运行试验；试验中所用喷灌机的主要技术参数如表 4-7 所示。

表 4-7 喷灌机主要技术参数

项目	数值
平移式喷灌机总重量（kg）	2800
桁架长度（m）	50
车轮半径（m）	0.4
行走速度（m/s）	≤0.0833
喷头间距（m）	3
离地间隙（m）	1.5

首先，采用烘干法和环刀法分别测定试验起始位置、中间 50m 处及尾部 100m 处土壤含水率与容重，每处重复 3 次取均值，测得含水率与容重如表 4-8 所示。其次，将测得的含水率和容重值带入表 4-4 各公式，计算得到 K_c、K_φ、n、c、φ，将其与表 4-7 所示喷灌机机组部分参数一同代入式（4-1）~式（4-3）得出喷灌机行走阻力计算值，然后以最大阻力计算，求出黄绵土和塿土两种土壤下单个驱动轮功率分别至少为 254W 与 209W。据此进行电机配置如下。

（1）传动方案：由于喷灌机行驶速度很小，依据现有直流电机性能，传动比较大，故选择行星齿轮传动加涡轮蜗杆传动的方案，查阅机械设计手册，行星齿轮传动效率为 90%，涡轮蜗杆传递效率为 70%，总传动效率为 63%。

（2）电机功率选择：由于功率安全系数为1.2，则电机额定功率 $P_{ed}=1.2P_{d}$，依据式（4-5），得到试验黄绵土与塿土条件下电机功率至少为484W 与 397W，据此查表，分别需配置500W 与400W 直流电机。

（3）电机转速及型号确定：根据电机大小，采用行星齿轮传动比一般为7～21，涡轮蜗杆传动一般为5～100，总传动比为35～2100，故而依据式（4-6）得电机转速范围为696～4176r/min，综合考虑电机尺寸、成本及传动装置，实际额定转速 n_{e} 选用1800r/min。

（4）电机型号确定：依据 $T=9550P_{ed}/n_{e}$，算得电机扭矩分别为2.57N·m与2.11N·m。因此，选择额定参数分别为500W、2.6N·m、1800r/min 与400W、2.2N·m、1800r/min 的直流电机。

（5）传动比设计：喷灌机行驶速度 $v\leqslant 0.0833$m/s，即驱动轮转速 $n_{w}\leqslant$ 2r/min，依据 $i=n_{e}/n_{w}$，得到 $i\geqslant 900$，为尽量降低传动比，简化结构，最终确定传动比为900，设计齿轮传动比为10，蜗轮蜗杆传动比为90。

最后，采用上述电机对喷灌机进行动力配置，然后进行田间验证。

验证试验实物如图4-6所示，田间试验时，在每个驱动电机上安装功率表（型号 PZ72L-DE/Q），分别于起始位置、中间50m 处及尾部100m 处，读取4个功率表数值并求和，每处重复3次，得出3次求和的平均值，即为喷灌机行走总驱动功率的实测值，结果如表4-8所示。

(a) 喷灌机

(b) 功率表

图4-6　验证试验实物图

表4-8　验证试验结果

类型	位置	含水率（%）	容重（g/cm³）	驱动功率		
				计算值（W）	试验值（W）	相对误差（%）
黄绵土	起始	13.83	1.42	908	952	4.86
	中间	13.88	1.40	1017	1052	3.48
	尾部	13.79	1.41	951	1012	6.43

续表

类型	位置	含水率（%）	容重（g/cm³）	驱动功率		
				计算值（W）	试验值（W）	相对误差（%）
塿土	起始	14.16	1.52	806	824	2.17
	中间	14.18	1.53	835	804	3.68
	尾部	14.17	1.52	821	884	7.73

试验发现，整个过程中平移式喷灌机匀速稳定行走，可见动力满足需求；黄绵土与塿土条件下，喷灌机行走系统总功率消耗实测值与回归模型功率计算值的最大相对误差分别6.43%与7.73%，可见，采用本书所提出的基于平移式喷灌机动力需求的驱动系统配置方法合理有效。

4.1.1.3 卷盘式喷灌机动力需求分析

机组所需牵引力主要取决于喷头车行走阻力和卷管滑动摩擦阻力。

（1）喷头车行走阻力

喷头车行走阻力主要包括喷头车在回收过程中产生的压实阻力和喷头车在行走过程中产生的推土阻力，计算公式主要参考4.1.1.1部分。

（2）卷管滑动摩擦阻力

卷管滑动摩擦阻力主要由卷管的重力及卷管与地面之间的摩擦系数决定，如式（4-13）所示。

$$F_1=\frac{\pi\mu_1}{4}[(d_0^2-d^2)\gamma_0+d^2\gamma](L-x)g \tag{4-13}$$

式中，μ_1为滑动摩擦系数；d为软管外径；d_0为软管内径；γ_0为软管的容重；γ为水的容重；L为软管的总长度；x为软管回收长度。

光伏电机功率计算

$$P=\alpha(F+F_1)v_{max} \tag{4-14}$$

式中，α为安全系数；F为喷头车滚动摩擦阻力；F_1为卷管滑动摩擦阻力；v_{max}为机组行驶最大速度。

（3）光伏电机功率计算值与实测值对比

通过上述计算得到JP75-300型卷盘式喷灌机的需求功率为500W，进行田间灌溉试验，试验中测定了试验地土壤的含水率和容重，并通过功率表监测卷盘式喷灌机的电机功率，最后计算此条件下的土体变形参数与土壤抗剪强度指标，结果见表4-9。

表4-9 土体变形参数、土体抗剪强度指标、F_{rb}、F_{rc}的计算值

土壤参数	K_c（kN/m^{n+1}）	K_φ（kN/m^{n+2}）	n	C（kPa）	φ（°）	F_{rb}（kN）	F_{rc}（kN）
计算值	311.268	0.174	1.132	79.171	39.878	505.378	2398.839

由计算出的黏聚力 C 和内摩擦角 φ 可查出 $N_c=30$、$N_r=14$。根据大田试验的数据计算出的匀速回收 PE 软管和喷头车过程中的实际电机功率与计算电机功率进行对比，如表 4-10 所示。

表 4-10 太阳能卷盘式喷灌机实测功率与计算功率结果对比

实测电机功率（W）	计算电机功率（W）	相对偏差（%）
96.41	92.97	3.56
97.58	92.12	5.59
91.58	91.28	0.33
101.79	90.43	11.16
101.79	89.58	11.99
96.08	88.74	7.63
98.05	81.51	10.86
101.56	80.73	10.05
101.56	79.94	12.28
96.08	79.15	11.61
94.73	78.37	10.26
92.25	77.58	10.8
87.26	76.8	11.99
87.26	76.01	1.28
82.39	75.23	8.68
80.94	74.44	8.03
81.35	73.66	9.46
75.83	72.87	3.91
71.63	72.09	0.63
74.65	71.3	4.48
71.06	70.51	0.77
70.87	69.73	1.61
70.68	64.47	8.78
67.14	63.74	5.06
70.31	63	10.38
70.12	62.27	11.19
70.12	61.54	12.24

从表 4-10 中可以看出，在匀速回收 PE 软管和喷头车过程中的实际电机功率与计算电机功率基本吻合，说明理论计算基本符合实际情况。

4.1.2 加压水泵动力需求

喷灌机组主要用于作物灌溉、农药喷洒与施肥作业。根据机组设计的入机压

力流量要求，喷灌机组所需的取水加压驱动功率计算公式为

$$P_{\mathrm{p}}=\frac{\rho gQH\alpha}{3600\eta_{\mathrm{p}}} \tag{4-15}$$

式中，P_{p} 为水泵加压功率（W）；ρ 为水的密度（$\mathrm{g/m^3}$）；Q 为机组流量（$\mathrm{m^3/h}$）；H 为喷灌机自吸泵扬程（m）；η_{p} 为水泵加压系统效率（%），包括水泵效率、直流无刷电动机效率；α 为安全系数。

4.1.3 蓄电池荷电状态

喷灌机组行走时光伏供电系统中蓄电池单元应保持系统内部的能量平衡，当光伏发电功率小于机组负载功率时，系统处于缺电状态，蓄电池需要向机组释放电量以平衡机组负载能量的需求。$t\sim t+\Delta t$ 时间内蓄电池单元理论放出电量为

$$\Delta E_{\mathrm{store}}=\Delta t[P_{\mathrm{l}}(t)-P_{\mathrm{pv}}(t)]/\eta_{\mathrm{out}} \tag{4-16}$$

当光伏发电功率大于机组负载功率时，蓄电池进行充电，$t\sim t+\Delta t$ 时间内蓄电池单元理论充入电量为

$$\Delta E_{\mathrm{store}}=[P_{\mathrm{pv}}(t)-P_{\mathrm{l}}(t)]\Delta t\eta_{\mathrm{in}} \tag{4-17}$$

式中，$\Delta E_{\mathrm{store}}$ 为蓄电池单元的理论充放电量（W · h）；η_{in}、η_{out} 分别为蓄电池系统的充放电效率（%）；P_{l} 为负载功率（W）；P_{pv} 为光伏发电功率（W）。

为了监测蓄电池单元的充放电过程，利用蓄电池单元的荷电状态 S_{OC} 实时反映蓄电池剩余电量（吴小刚等，2014；Olcan，2015）。其定义为某一时刻蓄电池单元的剩余电量与额定容量的比值。因此蓄电池单元某一时刻 t 的荷电状态为

$$\text{充电时：}S_{\mathrm{OC}}(t)=S_{\mathrm{OC}}(t-\Delta t)+\frac{\Delta E_{\mathrm{store}}\eta_{\mathrm{in}}}{N_{\mathrm{b}}E_{\mathrm{rate}}} \tag{4-18}$$

$$\text{放电时：}S_{\mathrm{OC}}(t)=S_{\mathrm{OC}}(t-\Delta t)-\frac{\Delta E_{\mathrm{store}}}{\eta_{\mathrm{out}}N_{\mathrm{b}}E_{\mathrm{rate}}} \tag{4-19}$$

式中，$S_{\mathrm{OC}}(t-\Delta t)$ 为蓄电池 $t-\Delta t$ 时刻的荷电状态（%）；N_{b} 为蓄电池数目；E_{rate} 为单块蓄电池的额定容量（W · h）。

4.1.4 柴/汽油机发电功率

柴/汽油机输出功率取决于光伏板发电功率、负载功率及光柴发电系统的运行策略。

1）当 $P_{\mathrm{pv}}(t)\geqslant P_{\mathrm{l}}(t)$，柴/汽油机不工作，多余电量充入蓄电池中，蓄电池的充入电量为

$$\Delta E_{\mathrm{store}}=[P_{\mathrm{pv}}(t)-P_{\mathrm{l}}(t)]\Delta t\eta_{\mathrm{in}} \tag{4-20}$$

2）当 $P_{pv}(t)+P_b(t)\geqslant P_l(t)$，柴/汽油机不工作，光伏组件和蓄电池为负载提供电量；蓄电池的放电量为

$$\Delta E_{store}=[P_l(t)-P_{pv}(t)]\Delta t/\eta_{out} \tag{4-21}$$

3）当 $P_{pv}(t)+P_b(t)<P_l(t)$，光伏组件和蓄电池不足以满足负载的用电要求，柴/汽油机为负载提供部分电量，多余电量将充入蓄电池中，蓄电池的充入电量为

$$\Delta E_{store}=[P_{pv}(t)+P_d(t)-P_l(t)]\Delta t\eta_{in} \tag{4-22}$$

4）当 $P_{pv}(t)+P_b(t)+P_d(t)<P_l(t)$，此时光柴/汽发电系统出现能量亏损，亏电量为

$$Q_{LPS}(t)=\{P_l(t)-[P_{pv}(t)+P_{d,rate}+P_b(t)\eta_{out}]\}\Delta t \tag{4-23}$$

式中，$P_b(t)$ 为蓄电池的放电功率（W）；$P_d(t)$ 为柴/汽油机的发电功率（W）；Q_{LPS}为系统亏缺电量（W·h）；$P_{d,rate}$为柴/汽油机的额定功率（W）。

4.1.5 优化决策模型

多能源发电系统的优化原则是在满足负载用电需求和保证供电可靠性的前提下，实现光伏系统和柴/汽油机的最佳配置，以达到系统的年费用最低（Abdul et al.，2017；Muhsen et al.，2018）。因此目标函数为系统年费用最低，决策变量为光伏数目和柴/汽油机额定功率；其中系统年费用包括初始投资和运行维护费用；目标函数的表达式如下。

$$\mathrm{Min}C_T=C_{acap}+C_{are}+C_{ains}+C_{amain}+C_{af}=f(N_{pv},N_b,P_{d,rate}) \tag{4-24}$$

式中，C_T为系统的年费用（元）；C_{acap}为系统每年的初始投资（元）；C_{are}为系统的替换费用（元）；C_{ains}为安装费用（元）；C_{amain}为系统每年的运行维护费用（元）；C_{af}为系统的燃料费（元）；N_{pv}为光伏板的数目；N_b 为蓄电池数目；$P_{d,rate}$为柴/汽油机额定功率（W）。

系统每年的初始投资可由式（4-25）表示。

$$C_{acap}=C_{RF}(C_{pv}N_{pv}+C_bN_b+C_dP_{d,rate}+C_{con}) \tag{4-25}$$

式中，C_{RF}为资金回收系数；C_{pv}为光伏组件单价（元）；C_b 为蓄电池单价（元）；C_d为柴/汽油机费用（元/W）；C_{con}为控制器单价（元）。

资金回收系数用于将总初始投资转化为每年的初始投资，由式（4-26）表示（Yahyaoui et al.，2017）。

$$C_{RF}=\frac{d(1+d)^n}{(1+d)^n-1} \tag{4-26}$$

式中，d 为实际利率（%）；n 为系统的运行年限（年）。

蓄电池的使用寿命为 5 年，控制器的使用寿命为 10 年，则替换费用如式（4-27）所示。

$$C_{are}=S_{FF}C_{con}\left[\left(\frac{1+f}{1+d}\right)^{10}\right]+S_{FF}C_bN_b\left[\left(\frac{1+f}{1+d}\right)^{5}+\left(\frac{1+f}{1+d}\right)^{10}+\left(\frac{1+f}{1+d}\right)^{15}\right] \tag{4-27}$$

式中，S_{FF}为偿债基金系数；f为通货膨胀率（%）。

偿债基金系数如式（4-28）所示。

$$S_{FF}=\frac{d}{(1+d)^{l}-1} \tag{4-28}$$

式中，l为替换组件（蓄电池或控制器）的使用寿命（年）。

燃料费如式（4-29）所示。

$$C_{af}=C_{fuel}V_{fuel}(t)T_d \tag{4-29}$$

式中，C_{fuel}为柴/汽油单价（元/L）；T_d为柴/汽油机运行时间（h）。

消耗柴/汽油的体积为

$$V_{fuel}(t)=A_dP_{d,rate}+B_dP_{dg}(t) \tag{4-30}$$

式中，$V_{fuel}(t)$为消耗柴/汽油的体积（L/h）；A_d、B_d为柴/汽油的燃烧曲线系数。

系统每年的安装费为每年初始投资的10%，其主要包括运输费等其他杂费用。系统年操作运行费为年初始投资的2%。

以负载亏电率和能量溢出比作为系统供电可靠性指标，使系统在保证负载供电率的前提下充分利用太阳能。负载亏电率表示一段时间内光伏供电装置不能满足负载用电需求的概率，在评价周期T内，负载亏电率可表示为该时间段内的负载缺电量与负载总需求电量的比值。系统中负载亏电率的计算公式可表示为

$$\delta_{LPSP}=\frac{\sum_{t=t_0}^{t_0+n\Delta t}\{P_l(t)-[P_{pv}(t)+P_b(t)\eta_{out}+P_{d,rate}]\}\Delta t}{\sum_{t=t_0}^{t_0+n\Delta t}[P_l(t)]\Delta t} \tag{4-31}$$

式中，n为时间序列；t_0为初始时刻。δ_{LPSP}取值范围［0，100%］，$\delta_{LPSP}=0$表示光伏发电系统的供电保证率为100%；$\delta_{LPSP}=1$表示光伏发电系统供电保证率为0。

为了防止蓄电池因过充或过放而影响使用寿命，蓄电池的荷电状态需满足一定的约束条件。

$$S_{OCmin}\leqslant S_{OC}(t)\leqslant S_{OCmax} \tag{4-32}$$

式中，$S_{OC\max}$、$S_{OC\min}$分别为蓄电池系统的允许荷电状态的上下限值。

蓄电池单元充放电过程中，当$t+\Delta t$时刻$S_{OC}(t+\Delta t)<S_{OC\min}$时，则$t\sim t+\Delta t$时间段蓄电池单元的实际放电电量为

$$\Delta E_{discharge}=N_bE_{rate}[S_{OC}(t)-S_{OCmin}]\eta_{out} \tag{4-33}$$

当$t+\Delta t$时刻$S_{OC}(t+\Delta t)>S_{OC\max}$时，则$t\sim t+\Delta t$时间段蓄电池单元的实际充电电量为

$$\Delta E_{charge}=N_bE_{rate}[S_{OC\max}-S_{OC}(t)]/\eta_{in} \tag{4-34}$$

4.2 模型求解

4.2.1 优化模型辅助函数

采用基于罚函数的粒子群算法进行寻优，罚函数的思想是将有约束的优化问题转化为无约束的优化问题进行求解，以 N_{pv}、N_b 和 $P_{d,rate}$ 作为本优化问题的决策变量，最终寻求一组最优的（N_{pv}、N_b、$P_{d,rate}$），使目标函数最小。

建立辅助函数为

$$F\ (N_{pv},\ N_b,\ P_{d,rate},\ M)=C_T+M\ [\max\ (0,\ (\delta_{LPSP}-\delta_{LPSP,max}))] \quad (4\text{-}35)$$

式中，M 为罚因子；$\delta_{LPSP,max}$ 为系统允许的最大负载亏电率。

4.2.2 粒子群优化算法

粒子群优化（particle swarm optimization，PSO）算法是一种基于群体迭代的优化算法，主要过程是在解的空间里追随最优的粒子进行搜索。粒子群优化算法的位置速度更新公式如式（4-34）和式（4-35）所示（Effatnejad et al.，2013）。

$$v_{id}^{k+1}=\omega v_{id}^{k}+c_1 r_1\ (p_{id}^{k}-x_{id}^{k})\ +c_2 r_2\ (p_{gd}^{k}-x_{id}^{k}) \quad (4\text{-}36)$$

$$x_{id}^{k+1}=x_{id}^{k}+v_{id}^{k+1} \quad (4\text{-}37)$$

式中，ω 为惯性权重；c_1、c_2 为加速系数；r_1、r_2 为［0，1］区间内均匀分布的随机数（Effatnejad et al.，2013；Sharafi and ELMekkawy，2014）；v_{id}^{k} 为第 k 次迭代粒子 i 飞行速度矢量的第 d 维分量；x_{id}^{k} 为第 k 次迭代粒子 i 位置矢量的第 d 维分量；p_{id}^{k} 为第 i 个粒子自身在第 d 维空间中的历史最优位置；p_{gd}^{k} 为所有粒子在第 d 维空间中的历史最优位置。

惯性权重决定了粒子继承先前飞行速度的程度，因此通过调整惯性权重的值可以实现全局搜索和局部搜索之间的平衡。目前，采用较多的惯性权重是线性递减权重策略，即

$$\omega=\omega_{max}-k\frac{\omega_{max}-\omega_{min}}{K} \quad (4\text{-}38)$$

式中，ω_{max} 为最大惯性权重；ω_{min} 为最小惯性权重，通常惯性权重的取值范围为 0.4～0.9；k 为当前迭代的次数；K 为最大迭代次数。

4.2.3 优化模型计算流程

优化模型的求解流程如图 4-7 所示，步长为 1h，主要求解过程如下。

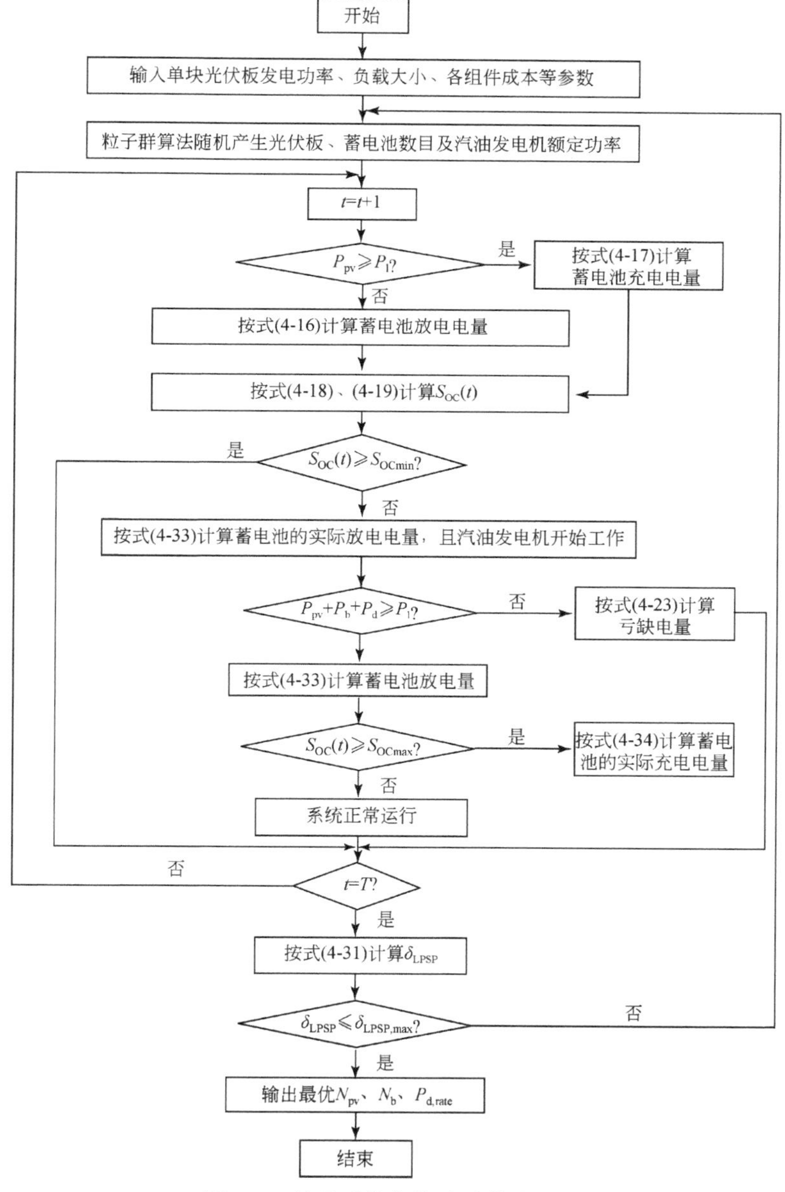

图 4-7 粒子群优化算法计算流程图

1）首先将各输入参数输入到优化模型中，通过粒子群优化（PSO）随机产生决策变量的初始值，判断P_{pv}是否大于P_l，若P_{pv}大于P_l，多余电量将充入蓄电池并按式（4-17）计算蓄电池充电量；否则蓄电池将为负载提供部分电量，并按式（4-16）计算蓄电池放电量。判断P_{pv}与P_b之和是否大于P_l，若P_{pv}与P_b之和小于P_l，柴/汽油发电机开始工作；若P_{pv}、$P_{discharge}$、P_d三者之和大于P_l，多余电量则充入蓄电池，充电量按式（4-22）计算；若P_{pv}、P_b、P_d三者之和小于P_l，则系统出现亏电，亏电量按式（4-23）计算。应用式（4-18）、式（4-19）计算蓄电池荷电状态$S_{OC}(t)$，若$S_{OC}(t)$小于$S_{OC\min}$，按式（4-33）计算蓄电池放电量；若$S_{OC}(t)$大于或等于$S_{OC\max}$，按式（4-34）计算蓄电池充电量。

2）根据式（4-24）~式（4-30）得到优化模型目标函数，结合式（4-31）、式（4-32）优化模型约束条件，按式（4-35）计算优化模型的辅助函数，最后输出使辅助函数最小的决策变量值。

4.3 模型验证

以陕西杨凌曹新庄试验农场（东经108.07°，北纬34.28°，海拔521m）为例，模型中所用太阳辐照度（与水平面平行）来自于预测模型。光伏组件选用型号CS5M32-260单晶硅光伏组件（峰值功率260W，峰值电压49.71V，峰值电流5.25A，开路电压60.49V，短路电流5.57A）。蓄电池选用河北风帆蓄电池股份有限公司生产的190H52阀控式全密封铅酸蓄电池（额定容量为120Ah、额定电压为12V）。控制器选用MPPT太阳能控制器（电压48~160V，电流0~20A）。试验区主要种植作物为冬小麦，以冬小麦的越冬期冬灌为例，灌水定额为25mm，灌水周期为10天，机组运行速度为30m/h，机组每天工作10小时。

以冬小麦12月份冬灌，JP75-300型卷盘式喷灌机进行喷灌作业为例，优化模型输入参数如表4-11所示。粒子群优化（PSO）算法参数见表4-12。

表4-11　优化模型输入参数表

输入参数	数值	输入参数	数值
喷头车重量（kg）	119.24	单块光伏板面积（m^2）	1.5
PE软管管长（m）	300	蓄电池成本（元）	600
PE软管内径（m）	0.0614	蓄电池额定容量（W·h）	1440
PE软管外径（m）	0.075	控制器成本（元）	800
PE软管单位长度质量（kg/m）	4.288	充电效率（%）	90
滚动摩擦系数	0.45	放电效率（%）	85
滑动摩擦系数	0.5	管道中心提升高度（m）	1.5

续表

输入参数	数值	输入参数	数值
电机传动效率（%）	80	初始荷电状态（%）	60
减速机传动效率（%）	60	允许荷电状态上限（%）	80
链轮传动效率（%）	95	允许荷电状态下限（%）	20
重力加速度（m/s^2）	9.8	利率（%）	5
机组运行速度（m/h）	30	通货膨胀率（%）	3.5
光伏组件成本（元）	1000	运行年限（年）	20
光电转化效率（%）	19	最大负载亏电率（%）	0

表 4-12　粒子群优化（PSO）算法参数表

参数	数值
学习因子 c_1、c_2	2.05
最大迭代次数	400
种群粒子数	20
粒子最大速度	3
粒子最小速度	-3
种群上限值	70
种群下限值	1

2017 年 12 月 26～29 日，在陕西杨凌曹新庄试验农场进行了卷盘式喷灌机行走动力光伏供电系统性能测试试验，如图 4-8 所示，灌溉作物为冬小麦，试验时

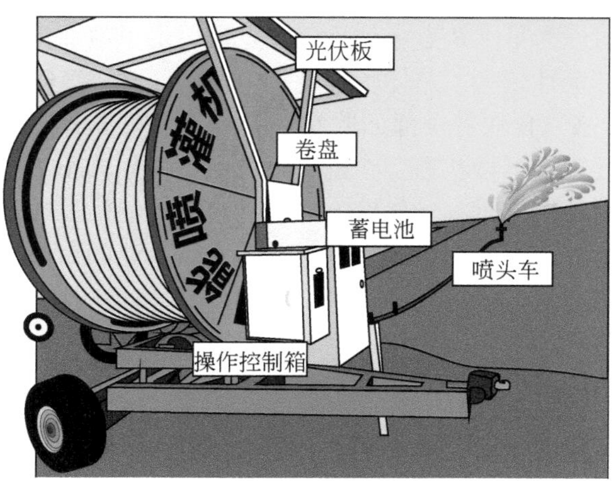

图 4-8　卷盘式喷灌机运行图

喷灌机的操作控制箱内装有控制器，用于监测光伏组件的发电量和机组运行过程中的耗电量，每 10 分钟监测一次。地块宽度为 300m，试验时机组的运行速度为 30m/h，喷灌机入口工作压力为 400kPa。

经计算得到本优化模型的输出参数：光伏组件数目为 4，蓄电池数目为 3。

图 4-9 为试验中机组负载功率和光伏发电功率对比图，可以看出光伏发电功率基本呈现开口向下的抛物线形状，早上 8 点光伏发电量开始逐渐增大直到中午 1 点左右达到最大，而后随着时间的推移光伏发电功率开始逐渐减小，至下午 6 点左右减小为 0。

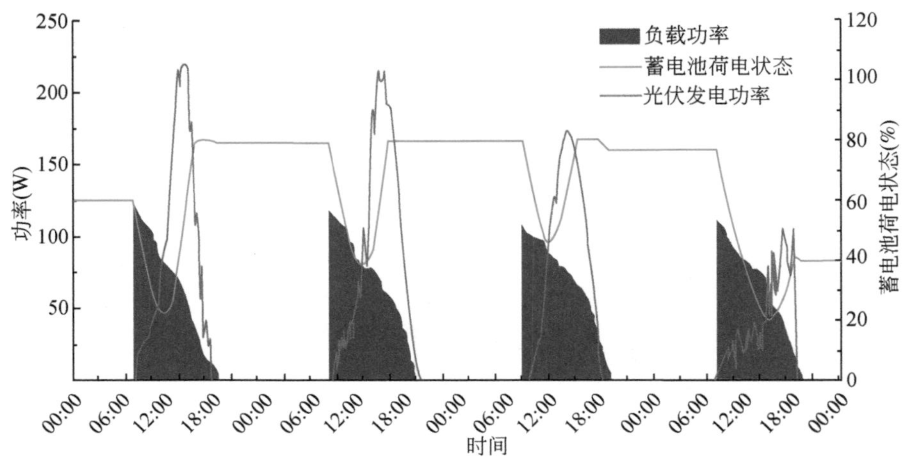

图 4-9　机组负载功率和光伏发电功率对比图

机组的运行时间为早上 8 点半到下午 6 点半，由于地面情况比较复杂，所以负载耗电量曲线波动性较大，总体负载耗电量随着 PE 软管回收距离的增大呈现逐渐减小的趋势，至 PE 软管全部回收负载功率为 0。蓄电池的荷电状态在机组不工作时几乎都处于满电量状态，在机组工作时呈现先减小后增大的变化，这是因为机组六点半开始工作时，光伏发电量较小，此时光伏发电量不足以满足负载的要求，需要蓄电池为负载提供部分电量，因此蓄电池的荷电状态逐渐减小，而到中午 12 点左右，光伏发电量逐渐增大，此时光伏发电量可以满足负载的要求，并且随着光伏发电量的增大，光伏发电量大于负载耗电量，此时蓄电池荷电状态开始逐渐增大，直到最大。表明蓄电池处于充放电交替进行的状态。综合可以看出，优化配置得出的光伏组件和蓄电池数目可以使机组每天工作 10 小时以上，且机组运行情况良好。

在 4 天的运行过程中，机组每天工作 10 小时，蓄电池的初始状态为总电量的 60%，放电深度为 80%，蓄电池中的可用电量为 1.73kW · h，光伏组件的总发电量为 3.27kW · h，因此总的可用电量为 5kW · h，喷灌机总耗电量为 3.01kW · h，可以看出总可用电量大于总耗电量，证明光伏发电量可以满足卷盘式喷灌机负载需求。

4.4 模型应用实例

以陕西杨凌曹新庄试验农场为例，由于卷盘式喷灌机入机压力较高，在用水高峰期，给水栓很难达到卷盘式喷灌机的入机压力要求，因此需对喷灌机的前端进行加压。加压水泵的供电系统为油光电联合驱动。实例中光伏组件选用型号 CS5M32-260 单晶硅光伏组件（峰值功率 260W，峰值电压 49.71V，峰值电流 5.25A，开路电压 60.49V，短路电流 5.57A）。蓄电池选用河北风帆蓄电池股份有限公司生产的 190H52 阀控式全密封铅酸蓄电池（额定容量为 120Ah，额定电压为 12V），柴油机选用江苏常来发实业集团有限公司生产的柴油机，灌溉作物为冬小麦，灌水定额为 25mm，灌水周期为 10 天，机组运行速度为 30m/h，机组每天工作 10 小时，喷灌机入机压力为 400kPa，入机流量为 27m^3/h。

经优化模型计算最终得到加压水泵供电系统的最优配置如表 4-13 所示。

表 4-13 最优配置结果

配置方式	优化配置结果			
光电油	N_{pv}	4 块	光伏板输出功率	1.04kW
	N_b	4 块	蓄电池容量	5.76kW · h
	$P_{d,rate}$	15kW	柴油机额定功率	15kW

参考文献

迟媛，张荣蓉，任洁，等. 2016. 履带车辆差速转向时载荷比受土壤下陷的影响. 农业工程学报，32（17）：62-68.

李军，周靖凯，李强. 2012. 基于贝克理论履带沉陷性能研究. 农业装备与车辆工程，(2)：14-16.

汪伟，赵家丰，沈晨晖，等. 2017. 地面力学参数综合测试系统设计与试验. 农业机械学报，48（5）：72-78.

吴小刚，刘宗歧，田立亭，等. 2014. 独立光伏系统光储容量优化配置方法. 电网技术，38（5）：1271-1276.

余志生. 2007. 汽车理论. 北京：机械工业出版社.

张伯平，党进谦. 2006. 土力学与地基基础. 北京：中国水利水电出版社.

中华人民共和国水利部. 1999. 土工试验规程（SL237—1999）. 北京：中国水利水电出版社.

Abdul Aziz N I, Sulaiman S I, Shaari S, et al. 2017. Optimal sizing of stand-alone photovoltaic system by minimizing the loss of power supply probability. Solar Energy, 150: 220-228.

Effatnejad R, Bagheri S, Farsijani M, et al. 2013. Economic dispatch with particle swarm optimization and optimal power flow. International Journal on Technical and Physical Problems of Engineering, 5: 9-16.

Gamez M E, Sanchez E N, Ricalde L J. 2012. Optimal operation of an electrical microgrid via recurrent neural network. Puerto Vallarta: World Automation Congress.

Hilliard A, Jamieson G A. 2007. Ecological interface design for solar car strategy: from state equations to visual relations. Montréal: 2007 IEEE International Conference on Systems, Man and Cybernetics.

Javadi A, Spoor G. 2004. Soil failure patterns and load-sinkage relationships under interacting shallow footing and wheel arrangements. Biosystems Engineering, 88 (3): 383-393.

Muhsen D H, Khatib T, Abdulabbas T E. 2018. Sizing of a standalone photovoltaic water pumping system using hybrid multi-criteria decision making methods. Solar Energy, 159: 1003-1015.

Olcan C. 2015. Multi-objective analytical model for optimal sizing of stand-alone photovoltaic water pumping systems. Energy Conversion and Management, 100: 358-369.

Sharafi M, ELMekkawy T Y. 2014. Multi-objective optimal design of hybrid renewable energy systems using PSO-simulation based approach. Renewable Energy, 68: 67-79.

Wang J, Zhang X, Kang D. 2014. Parameters design and speed control of a solar race car with in-wheel motor. Dearborn: Transportation Electrification Conference and Expo (ITEC), IEEE.

Yahyaoui I, Atieh A, Serna A, et al. 2017. Sensitivity analysis for photovoltaic water pumping systems: energetic and economic studies. Energy Conversion and Management, 135: 402-415.

第5章 基于多目标评价的管道参数与喷枪工作压力优化

降低管道水头损失和喷枪工作压力是降低机组整体能耗的有效途径，但技术手段在应用中应以不牺牲机组灌溉质量为前提。根据美国土木工程师学会（American Society of Civil Engineers，ASCE）的建议，灌溉质量评价的关键指标是灌溉水利用效率和灌水均匀度（Burt et al.，1997），而喷洒水量和灌水动能分布是灌溉水利用效率和灌溉均匀度的直接影响因素。本章构建了卷盘式喷灌机移动喷洒水量和灌水动能分布计算模型，并以机组初始投资小、灌水均匀度高和运行能耗低为目标，基于数据包络分析对抗型交叉评价方法，对卷盘式喷灌机组的管道参数和喷枪工作压力进行优化。

5.1 移动喷洒水量和灌水动能分布计算模型

5.1.1 移动喷洒水量分布计算模型

5.1.1.1 模型构建

（1）移动水量叠加

喷枪在喷头车运行过程中做周期性旋转，实际喷洒域为两种运动组合形成的有缺口的圆螺旋形重叠区域，这给移动条件下喷洒水量的叠加计算带来一定困难。根据运动的相对性，假设喷枪位置固定，只绕原点 O 做周期性旋转喷洒。距机行道距离为 x 的点 M 沿机行相反方向运动，从刚开始受水的 M_{start} 点到脱离有效喷洒区域的 M_{end} 点完成受水过程，此过程中 M 点的受水量即为该点移动叠加总水量（图5-1）。

在此基础上提出2点假设：①每个旋转周期内落在 M 点的水量在该周期内均匀落下；②一个旋转周期内机组在机行方向的移动距离引起 M 点到喷枪距离的改变值可忽略不计。如图5-1所示，以 x 轴为界将喷洒区域分为上侧半圆面和下侧扇形面。M 点在两个区域内的受水距离分别为 L_{up} 和 L_{down}，其中

$$L_{up}=\sqrt{R^2-x^2} \tag{5-1}$$

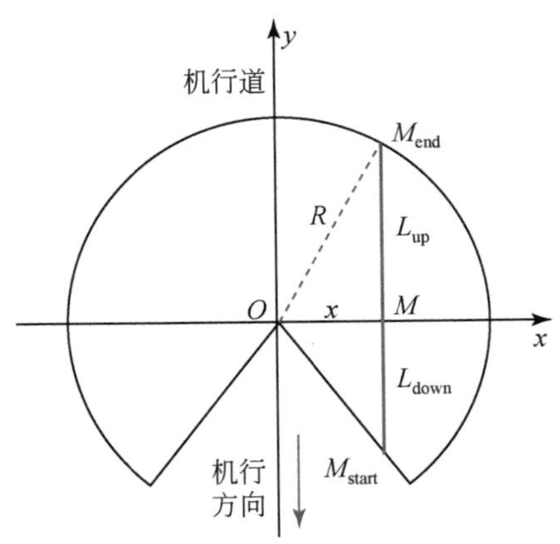

图 5-1　移动喷洒示意图

O 为喷枪位置，M 为测点位置，x 为测点到喷枪的距离，R 为喷枪射程，M_{start} 为起始受水点，M_{end} 为终止受水点，L_{up} 和 L_{down} 为上下区域的受水距离

式中，R 为喷枪射程（m）；x 为 M 点到机行道的距离（m）。

已知喷枪移动速度为 v，旋转周期为 t，喷枪在 1 个旋转周期的移动距离为 Δl。以 Δl 为单位长度，将 L_{up} 划分为 n 个计算单元，对各计算单元进行编号，其中

$$n=\mathrm{int}\left(\frac{L_{up}}{\Delta l}\right)+1 \tag{5-2}$$

对于编号为 j 的计算单元，由假设可知该单元内各点到喷枪的距离相同，则水平坐标轴到该单元的垂直距离为

$$l_v=j\cdot\Delta l \tag{5-3}$$

则 j 单元到喷枪的距离为

$$l_j=\sqrt{l_v^2+x^2}=\sqrt{(j\cdot\Delta l)^2+x^2} \tag{5-4}$$

将 l_j 代入式（5-1）得到计算单元 j 处的喷灌强度 $p(l_j)$，有

$$p(l_j)=\begin{cases}\sum a_i l_j^{\ i},\ 0\leqslant l_j\leqslant R\\ 0,\ l_j>R\end{cases} \tag{5-5}$$

式中，a_i 为各项拟合系数，$i=0,1,\cdots,6$。

依次将 $j\in(0,n)$ 代入计算，求得各计算单元的喷灌强度 $p(l_j)$ 及其所对应的时间点 t_j，从而得到一系列 p-t 关系点。对这些点再次采用最小二乘法进行多项式拟合，可以得到灌水历时与喷灌强度的关系式。

$$p(t)=\sum b_i t^i \tag{5-6}$$

式中，t 为点 M 在喷洒域内的时刻（h）；$p(t)$ 为 t 时刻喷灌强度（mm/h）；b_i 为

各项拟合系数，$i=0$，1，…，6。

以 $p(t)$ 为被积函数，在 $0\sim t_{up}$ 区间进行积分即可得到上半圆的喷灌水深，即

$$P_{up}(x)=\int_0^{t_{up}(x)}p(t)\,\mathrm{d}t \tag{5-7}$$

式中，$t_{up}(x)$ 为喷头车经过上半圆的时长(h)，即

$$t_{up}(x)=\frac{\sqrt{R^2-x^2}}{v} \tag{5-8}$$

同理，M 点通过扇形面时的灌水历时与喷灌强度的关系表达式也可由式（5-6）表示，喷灌水深 $P_{down}(x)$ 为

$$P_{down}(x)=\int_0^{t_{down}(x)}p(t)\,\mathrm{d}t \tag{5-9}$$

式中，$t_{down}(x)$ 为喷头车经过下扇形面的时长(h)，即

$$t_{down}(x)=\begin{cases}\dfrac{x\tan\left(\dfrac{\alpha-180}{2}\right)}{v}, & 0\leqslant x<R\cos\left(\dfrac{\alpha-180}{2}\right)\\[2ex] \dfrac{\sqrt{R^2-x^2}}{v}, & R\cos\left(\dfrac{\alpha-180}{2}\right)\leqslant x\leqslant R\end{cases} \tag{5-10}$$

式中，α 为喷枪的辐射角度（°）。

则 M 点的灌水总深度为

$$P(x)=P_{up}(x)+P_{down}(x) \tag{5-11}$$

M 点的灌水总历时为

$$t(x)=t_{up}(x)+t_{down}(x) \tag{5-12}$$

通过上述模型可求得距机行道任意距离的测点一次灌水过程中的灌水深度和灌水历时。

(2) 移动喷洒均匀度

通过上述模型可求得距机行道任意距离的测点一次灌水过程中的灌水深度和灌水历时，进而可计算机组的移动喷洒均匀度，机组移动喷洒均匀度以克里斯琴森均匀系数（Cu）表示，公式见式（1-4）。

5.1.1.2 模型验证

为验证模型计算精度，对卷盘式喷灌机进行移动叠加水量验证试验，试验过程参照标准 GB/T 27612.3—2011，试验装置如图 5-2 所示。沿垂直机组行走方向布设 3 排雨量筒，雨量筒间距和行距均为 2m。型号为 JP75-300 的卷盘式喷灌机牵引 PY40 摇臂式喷枪以 30m/h 的速度回收，喷嘴直径 14mm，工作压力 0.2MPa，喷射角 24°，机组流量为 8.22m^3/h，喷枪辐射角 180°。完成喷洒后采

用称重法计算各雨量筒的灌水深度，以 3 排雨量筒的平均灌水深度作为该点的灌水深度实测值。提取该工作条件下喷枪的水力参数并代入模型计算出各点灌水深度，将实测值与计算值进行对比。

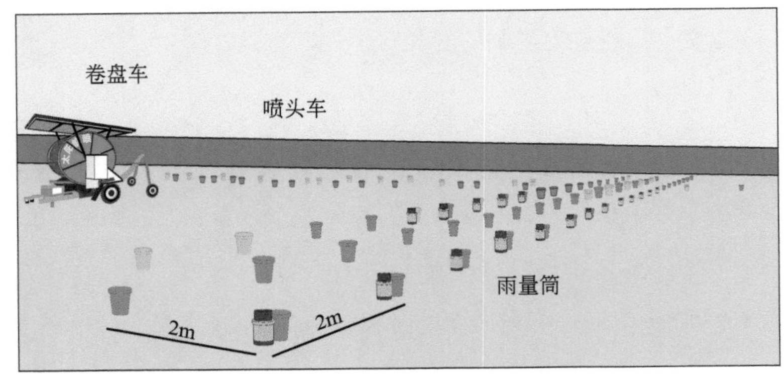

图 5-2　移动水量分布叠加试验装置图

图 5-3（a）为 PY40 喷枪径向各点实测喷灌强度与拟合曲线，图示工况下喷枪径向水量分布呈马鞍型，在靠近喷枪和喷洒末端处存在 2 个喷灌强度峰值。采用最小二乘法进行曲线拟合可较准确地模拟出这一水量分布特点（$R^2=0.976$）。由图 5-3（b）可知，垂直机行方向各点叠加灌水深度的实测值与计算值吻合度较高，偏差最大点出现在距机行道 7m 处，偏差率为 5.49%，其余各点的实测值与计算值偏差率均在 5% 以内。从图 5-3（b）中可看出，灌水深度实测值一般略低于计算值，除了拟合偏差和试验误差引起之外，还可能是由喷洒过程中的水量蒸发和漂移所引起（Dechmi et al., 2003；Playán et al., 2005）。总体来说，所构建的简化模型具有较高的计算精度，可进一步计算移动喷洒均匀度。

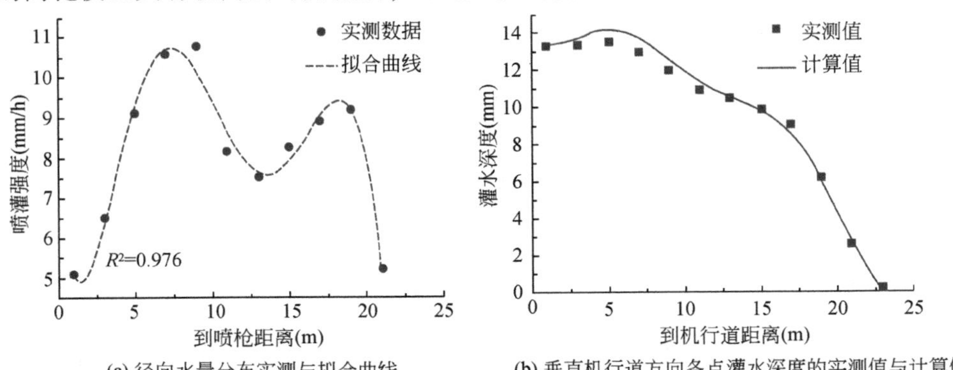

图 5-3　PY40 喷枪径向喷灌强度及垂直机行方向各点灌水深度的实测值与模拟值对比

喷枪工作压力 0.2MPa，机行速度 30m/h，喷嘴直径 14mm，射流挑角 24°，喷枪旋转角 180°

5.1.2 灌水动能分布计算模型

基于卷盘式喷灌机移动喷洒特点，综合考虑其自转过程和机行道方向上的移动过程，提出移动喷洒条件下能量分布的计算方法，分析喷洒域内不同位置处的动能强度过程与累积能量分布特点，讨论工作压力、喷枪辐射角及机组行走速度等机组运行参数对灌水动能分布的影响；将大流量喷枪的灌水动能分布与中心支轴式喷灌机常用喷头的灌水动能分布进行对比，初步对大流量喷枪打击动能对入渗速率的影响进行分析。

5.1.2.1 模型构建

(1) 灌水动能指标

选取动能强度 SP［J/(m^2·s)］、单位面积动能 KE(J/m^2) 和单位体积动能 KE_a［J/(m^2·mm)］三个灌水动能指标。

动能强度 SP 是指能量传递到单位面积土地上的速率，其大小一般和到喷枪的距离有关。SP 有时也被记作能量通量密度 DE_f，相关研究表明，SP 和地表径流及土壤侵蚀之间关系最紧密。SP 的计算公式如式 (5-13) 所示。

$$\mathrm{SP}_i=\left(\frac{\sum_{j=1}^{\mathrm{ND}_i}\frac{\rho_w\pi d_j{}^3v_j{}^2}{12}}{1000\sum_{j=1}^{\mathrm{ND}_i}\frac{\pi d_j{}^3}{6}}\right)\cdot\frac{A_iR}{3600}\tag{5-13}$$

式中，R 是喷头径向方向的测点数目；ND_i是在第 i 个测点处的水滴数目；ρ_w是水的密度 (kg/m^3)；d_j是实测第j 个水滴的直径 (mm)；v_j是第j 个水滴的实测速度 (m/s)；A_i 是第 i 个测点处的喷洒面积 (m^2)。

单位面积动能表示一次灌水过程中落在某区域单位面积内的总能量，与灌水深度相类似，可以通过对灌水历时内的动能强度 SP 变化曲线进行积分计算得到。

$$\mathrm{KE}_i=\int_0^{T_i}\mathrm{SP}(t)\,\mathrm{d}t\tag{5-14}$$

式中，T_i为 i 点位置处的灌水历时(h)。

单位体积动能 KE_a表述的是单位面积内单位体积灌水总动能，该指标能够直观真实地刻画灌水动能分布，由单位面积动能除以灌水深度即可得到计算值，见式 (5-15)。

$$\mathrm{KE}_{ia}=\mathrm{KE}_i/d_i\tag{5-15}$$

式中，d_i为 i 点位置处的灌水深度。

(2) 移动能量叠加计算

喷枪在喷头车运行过程中做周期性旋转，实际喷洒域为两种运动组合形成的有缺口的圆螺旋形重叠区域，这给移动条件下喷洒能量的叠加计算带来一定困难。根据运动的相对性，假设喷枪位置固定，只绕原点 O 做周期性旋转喷洒。距机行道距离为 x 的 M 点沿机行相反方向运动，从刚开始受水的 M_{start} 点到脱离有效喷洒区域的 M_{end} 点完成接受能量的过程，此过程中 M 点接受的能量即为该点移动叠加总能量（图 5-1）。

由式（5-4）和式（5-14）得到动能强度 $\mathrm{SP}(l_j)$ 的计算式为

$$\mathrm{SP}(l_j)=\frac{p(l_j)\left[3.1742\ln(0.578+0.00774P^{-1.182}l_j^{1.302})+4.2095\right]^2}{7200} \tag{5-16}$$

依次将 $j\in(0,\ n)$ 代入计算，求得各计算单元的动能强度 $\mathrm{SP}(l_j)$，及其所对应的时间点 t_j，从而得到一系列 SP-t 关系点。对这些点再次采用最小二乘法进行多项式拟合，得到灌水历时与动能强度的关系式。

$$\mathrm{SP}(t)=\sum b_i t^i \tag{5-17}$$

式中，t 为 M 点在喷洒域内的时刻（h）；$\mathrm{SP}(t)$ 为 t 时刻的动能强度（mm/h）；b_i 为各项拟合系数，$i=0,\ 1,\ \cdots,\ 6$。

以 $\mathrm{SP}(t)$ 为被积函数，在 $0\sim t_{up}$ 区间进行积分即可得到上半圆的累积能量，即

$$\mathrm{KE}_{up}(x)=\int_0^{t_{up}(x)}\mathrm{SP}(t)\,\mathrm{d}t \tag{5-18}$$

式中，$t_{up}(x)$ 为喷头车经过上半圆的时长（h）。

累积能量 $\mathrm{KE}_{down}(x)$ 为

$$\mathrm{KE}_{down}(x)=\int_0^{t_{down}(x)}\mathrm{SP}(t)\,\mathrm{d}t \tag{5-19}$$

则 M 点的单位面积动能为

$$\mathrm{KE}(x)=\mathrm{KE}_{up}(x)+\mathrm{KE}_{down}(x) \tag{5-20}$$

M 点的灌水总历时为

$$t(x)=t_{up}(x)+t_{down}(x) \tag{5-21}$$

通过式（5-20）和式（5-21）即可求得距机行道任意距离的测点一次灌水过程中的单位面积动能和灌水历时。采用实测手段或通过相似方法计算得到该点的一次灌水深度 $P(x)$，则该点的单位体积动能为

$$\mathrm{KE}_a(x)=\mathrm{KE}(x)/P(x) \tag{5-22}$$

5.1.2.2 模型验证

灌水过程中能量以水作为载体进行传递，由于能量自身无形，一次喷洒过程中的累积能量不便捕捉和测量，而灌水量较易获得。这里采用一次喷洒过程中的灌水深度计算值和实测值进行对比，间接验证上述移动累积能量计算方法的可行性与准确度。图 5-4 所示为 50PYC 喷枪在 0.3MPa 工作压力下以 40m/h 速度移动时灌水深度的实测值与模拟值对比，从图中可看出实测值与模拟值吻合性较高。采用模拟计算的方法可以较准确地模拟垂直于卷盘式喷灌机组行进方向上各点处的灌水深度，在灌水分布的形状和数值上均没有明显偏差，除了在远离喷灌机行进轨道的外端个别点处的模拟值和实测值偏差达到 20% 左右，其余各点偏差不超过 5%。造成实测值和计算值偏差的因素有很多，包括模型计算中的拟合偏差，实验误差及喷灌水滴的蒸发。总体来看，本方法是一种计算大流量喷枪移动叠加能量分布的有效方法。

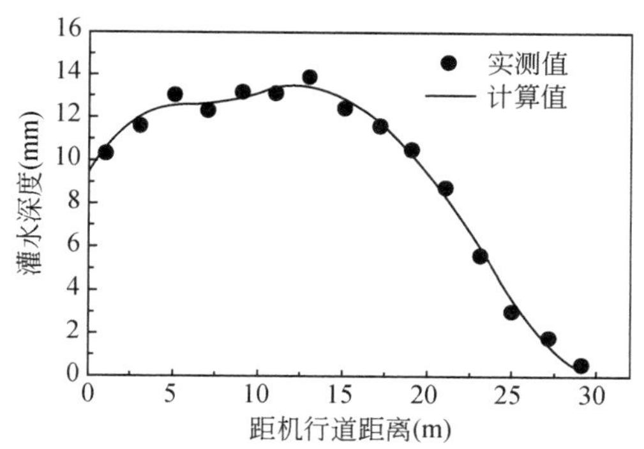

图 5-4 累积灌水深度计算值和实测值对比

计算距机行道不同距离各点在一次喷洒过程中的单位面积动能和灌水历时，并由该点的累积灌水深度进一步计算该点的单位体积动能，将上述结果列入表 5-1。图 5-5 是垂直于机行道方向各点单位面积灌水动能和灌水深度的对比，随到机行道距离的增加，各点单位面积灌水动能和灌水深度均呈先增加后降低的单峰分布。其中灌水深度最大值约为 15.9mm，位于距机行道 13m 处，约为喷枪射程的 44.5%，灌水深度分布的克里斯琴森均匀系数 Cu 约为 68.9%；单位面积灌水动能最大值约为 392.7J/m^2，位于距机行道 19m 处，约为喷枪射程的 65.5%，单位面积灌水动能分布的克里斯琴森均匀系数 Cu 约为 69.5%。对比可知，两者的均匀度系数相差不大，而单位面积灌水动能分布的峰值所在位置较灌水深度分布向远离机行道方向移动，这说明单位体积水的能量随到机行道距离的增大而增加，如表 5-1 末列所示。

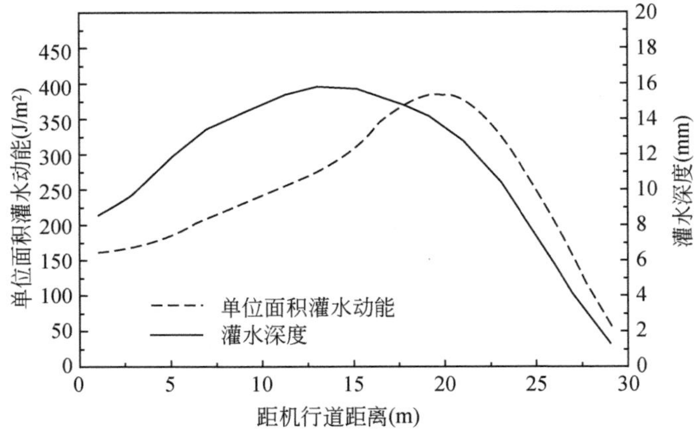

图 5-5　单位面积灌水动能和灌水深度对比

表 5-1　垂直机行方向各点累积动能和灌水历时

距机行道距离（m）	灌水动能（J/m^2）	灌水历时（min）	灌水深度（mm）	单位体积灌水动能［$J/(m^2 \cdot mm)$］
1	165.08	48.0	8.52	19.38
3	171.60	51.0	9.76	17.58
5	191.31	53.4	8.80	16.22
7	214.97	55.8	13.44	16.00
9	236.36	58.2	14.46	16.35
11	255.89	60.0	15.26	16.76
13	280.75	61.8	15.90	17.66
15	314.11	63.0	15.80	19.89
17	366.65	64.2	15.09	24.30
19	392.65	65.4	14.18	27.68
21	384.67	66.0	12.77	30.11
23	332.62	62.4	10.55	31.52
25	249.47	55.2	7.49	33.29
27	148.56	45.6	4.06	36.60
29	55.08	33.0	1.26	43.84

注：50PYC 喷枪，20mm 喷嘴直径，0.25MPa 工作压力，40m/h 机行速度，270°喷枪旋转角。

5.2　机组综合评价指标体系

以实现卷盘式喷灌机组参数的优化配置为目标，从技术、经济及社会环境多角度出发，构建机组综合评价指标体系，为机组综合评价与配置优化提供依据。

5.2.1 评价指标体系框架设计

本着评价指标体系应遵循具有足够涵盖面及指标数尽量少这两点要求，构建卷盘式喷灌机二级综合评价指标体系：第一级评价指标涵盖技术指标、经济指标及社会环境指标；第二级则为第一级指标下的量化指标。就技术指标而言，首先选定喷洒均匀度与喷灌水有效利用率这两个衡量灌水质量的基本指标（Burt et al.，1997）。此外，机组喷灌强度过大时会超出土壤入渗速率而产生地表径流；同时，高强度的喷洒会打击幼嫩作物的叶片及土壤，降低作物产量并诱发土壤侵蚀。卷盘式喷灌机配套大流量喷枪一般喷灌强度较高（Keller and Bliesner，1990），尤其是喷枪工作压力较低时水舌破碎不充分，易产生较大的喷灌强度，因此将喷灌强度列为技术指标之一。在经济指标方面，喷灌作为一种高效节水灌溉方式，其初始投资远高于传统地面灌溉方式，农户在转变灌溉方式时难以一次性支付大量资金，需要寻求银行贷款或政府补贴，初始投资的大小往往成为影响用户决策的关键因素之一，因此将其列为经济指标的一项；机组的年运行费是机组在正常运行阶段每年消耗于能源、机组管理维护等方面的费用，不恰当的运行管理会显著增加机组经济寿命周期内的等效年费用，甚至影响到灌溉方式的经济合理性。此外，喷灌前后产量的增量即灌溉效益是衡量灌溉系统经济可行性的重要指标。机组的社会环境指标更多反应的是用户对机组使用的满意度。为获得用户对卷盘式喷灌机使用者的直接反馈，本书作者对美国境内采用卷盘式喷灌机灌溉的 29 个农场进行了机组使用满意度调查，统计卷盘式喷灌机在实际运行中的优缺点，调查结果如表 5-2 所示。

表 5-2　美国农场使用卷盘式喷灌机灌溉满意度调查

编号	受访人	农场位置	缺点	优点
1	Jdflyer	Centralia，MO	生产效率低，劳动强度大	
2	Bobswia	Southwest Iowa	有风时喷洒不均匀	
3	Snowden	Michigan	生产效率低，劳动强度大	对地形适应性好
4	Deadduck	Northeast Louisiana	劳动强度大，能耗高，可靠性低	对地形适应性好
5	TP	Central PA	劳动强度大	
6	Agboy	Flandreau，SD	劳动强度大	
7	Hinfarm	Amherst WI	生产效率低，劳动强度大	对地形适应性好
8	55Chevy Farmer	NE Georgia	生产效率低	对地形适应性好

续表

编号	受访人	农场位置	缺点	优点
9	Aaron	Lafayette, IN	自动化程度低	
10	Joshua	Sumner GA	可靠性低，能耗高	
11	Plow79	Chilliwack BC	不适用水肥一体化	
12	Scott	Jersey Shore, PA	生产效率低，劳动强度大	对地形适应性好
13	The Pretender	Michigan	劳动强度大，速度不均匀，受风影响大	对地形适应性好
14	Wishbone7803	Almond Wisconsin	生产效率低	
15	KBC	Eastern VA	劳动强度大	
16	NoTill1825	NC Indiana	劳动强度大	对地形适应性好，机动性高
17	Cib	Griffith, IN	劳动强度大	投资低
18	Slugbait	Pedee, Oregon	能耗高	投资低
19	BacNBlak	Eastern Shore of MD	管道难以维修，劳动强度大	
20	Earp	Manila, Ar	劳动强度大	对地形适应性好
21	DC4020	Central GA	劳动强度大	易操作，投资低
22	Pete	WCIN	劳动强度大	
23	Veg	Eastern VA	能耗高	
24	Ccjersey	Faunsdale, AL	劳动强度大	
25	Haleiwa	North Shore, O'ahu	受风影响大，能耗高，灌溉水利用效率低	
26	John	New York		易操作
27	Tnfarmer	Tennessee	生产效率低，劳动强度大	投资低
28	Micky	South Central WI	劳动强度大，可靠性低	
29	Duck	West Tennessee	能耗高	

根据用户反馈，卷盘式喷灌机在运行中的主要缺点包括：劳动强度大、生产效率低、机组能耗高、受风影响大、可靠性低、灌溉水利用效率低、管道破损难以维修等；机组的优点主要为：对地形适应性好、机组投资低和易操作。统计各优缺点在受访用户中所占的比例，排名前五的优缺点如图 5-6 所示。其中反映卷盘式喷灌机消耗劳动强度大的用户数占受访者总数的比例超过了 60%，由于卷盘式喷灌机自身结构特点，每次喷洒前与喷洒结束后需要人工将管道拉伸开以及转移至相邻田块，相对密集的劳动力需求很大程度降低了用户对卷盘式喷灌机的

使用意愿，因此将机组的劳动强度作为社会环境评价指标之一。排名第二的是机组适应性强，可完成非标准尺寸田块的灌溉，这也是其在中心支轴式喷灌机占据美国绝大多数市场的背景下仍有一定保有量的主要原因。影响用户对机组满意度排名第三的是机组的生产效率较低，机组的生产效率反映的是机组的使用效能，单位时间生产率高的机组意味着机组可在更短的时间内完成作业需求，或者在同等作业时间内完成更大面积土地的灌溉，该值的大小一般会影响到用户的直观感受，故本研究将其列为社会环境评价指标之一。调查结果中排在第四位的是机组能耗，根据第 3 章太阳能电机驱动环境效益的研究可知，机组碳排放量取决于机组的燃料消耗且与机组的耗能正相关，因此本书将机组能耗定义为衡量机组社会环境指标的一个定量指标。

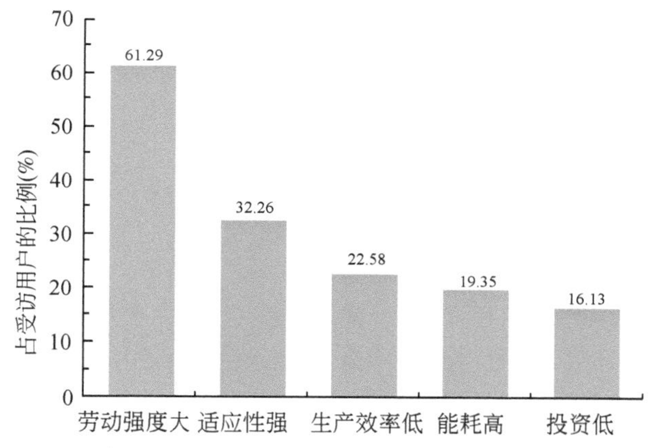

图 5-6　美国卷盘式喷灌机用户反馈排名前五的机组优缺点

据此，共确定出 3 个一级指标和 9 个二级指标，构成了卷盘式喷灌机的综合评价指标体系，如图 5-7 所示。受机组运行环境的影响，喷灌蒸发损失和大气温度之间呈对数关系，故喷灌水的有效利用率随灌溉地点与灌溉环境的变化而变化，难以量化计算。对处在同一工作环境下的卷盘式喷灌机而言，其灌水有效利用率一般不会有太大差异，故认为同一作业环境下不同配置的机组具有相同的喷灌水有效利用系数。同样，认为足量灌溉条件下卷盘式喷灌机不同配置条件下可取得相同的灌溉收益，在对机组进行综合评价时暂不再考虑灌溉效益这一指标。因此，构建的卷盘式喷灌机综合性能评价指标体系包含了技术指标、经济指标与社会环境指标 3 个一级指标以及喷洒均匀度、喷灌强度、初始投资、年运行费、单位时间生产率、劳动强度和机组耗能 7 个二级指标。

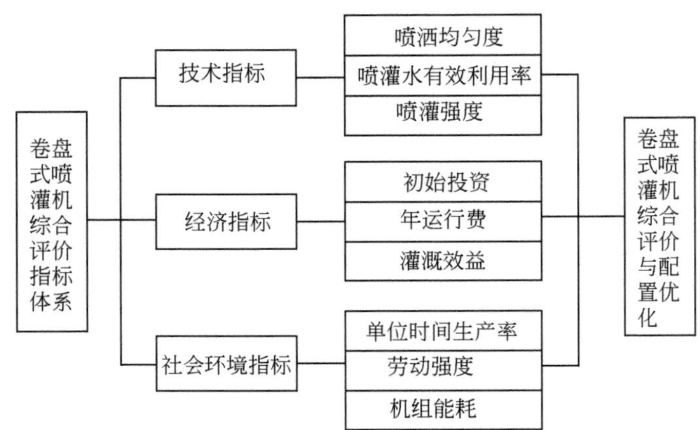

图 5-7　卷盘式喷灌机综合评价指标体系二级框架图

5.2.2　评价指标计算

5.2.2.1　喷洒均匀度

单喷枪卷盘式喷灌机的移动组合喷洒均匀度取决于单喷枪的径向水量分布、喷枪辐射角以及相邻机组的组合间距等（葛茂生等，2016）。径向水量分布可由基于最小二乘法的多项式拟合曲线表示。

$$P(d) = \sum_{i=1}^{6} a_i d_i \frac{360}{\theta} \tag{5-23}$$

式中，$P(d)$为各点的灌水强度(mm/h)；d_i 为测点到喷枪的距离(m)；a_i为多项式拟合系数；θ 为喷枪辐射角（°）。

根据上述移动喷洒水量分布计算模型得到垂直于机组行走方向上各测点的累计灌水深度为

$$P(x)=P_{\text{up}}(x)+P_{\text{down}}(x) \tag{5-24}$$

式中，x 为测点到机行到的距离（m）；$P_{\text{up}}(x)$ 为上半圆面扫过测点时的灌水深度；$P_{\text{down}}(x)$ 为下扇形面扫过测点时的灌水深度。

根据机组组合间距对相邻机组喷洒重叠区域的水量进行叠加，得到叠加后到机行道不同距离各点的灌水深度为 $P(x)$，以克里斯琴森均匀系数描述喷洒均匀度。

5.2.2.2　喷灌强度

以喷枪的平均喷灌强度作为输出指标，计算公式为

$$I_{AR}=\frac{1000Q}{C\pi R^2} \tag{5-25}$$

式中，I_{AR}为平均喷灌强度（mm/h）；Q 为喷枪流量（m^3/h）；R 为喷枪射程（m）；C 为喷枪辐射角占全圆的比重（%）。

5.2.2.3 初始投资

卷盘式喷灌机主要由 PE 软管、喷枪、卷盘、机架、水涡轮以及附属设备等组成，设备费用可表示为

$$C_{equip}=C_{tube}+C_{nozzle}+C_{reel}+C_{frame}+C_{turbine}+C_{others} \tag{5-26}$$

式中，C_{tube}为 PE 软管的费用；C_{nozzle}为喷枪费用；C_{reel}为卷盘费用；C_{frame}为机组机架费用；$C_{turbine}$为水涡轮费用；C_{others}为连接件等附属设备费用，取为其他组件费用的 2%。

其中 PE 软管的费用计算如下（Wang et al., 2015）。

$$C_{tube}= V_0\rho_0 c_{tube} \tag{5-27}$$

式中，V_0为管道的体积（m^3）；ρ_0为管材的密度，对中密度 PE 软管取 940kg/m^3；c_{tube}为管材单位质量的价格，根据厂家推荐取 13 元/kg。

管道体积的计算式为

$$V_0=\frac{\pi(D^2-D_0^2)L}{4} \tag{5-28}$$

式中，D 为管道外径（mm）；D_0为管道内径（mm）；L 为管道长度（m）。

卷盘式喷灌机是一种系统性较强的喷灌机械，各组件需要在车间内组装后方可出厂，安装费用取设备费用的 10%，则卷盘式喷灌机的初始投资费用为

$$C_{captical}=(1+10\%)C_{equip} \tag{5-29}$$

5.2.2.4 年运行费

机组的运行费包括燃料费、水费、劳动力费用和系统维护费。

燃料费用的计算如式（5-31）（Carrión et al., 2013；Wang et al., 2015）所示。

$$C_{fuel}=\frac{E_{total}Ic_{fuel}}{S} \tag{5-30}$$

式中，E_{total}为机组能耗（kW·h）；I 为燃料转化率（L/kW·h）；c_{fuel}为燃料单价（元/L）；S 为灌溉面积（亩）。

水费的计算公式如式（5-31）（Carrión et al., 2013）所示。

$$C_{water}=\frac{R_g c_{water}}{S} \tag{5-31}$$

式中，R_g为毛灌水量（m^3），是净灌水总量 R_n 与喷灌水有效利用系数的比值；

c_{water}是灌溉水单价（元/m^3），值的大小取决于灌溉水获取难易程度和水源处的水位高度，对于可实现自流灌溉的地区，水费等于单位供水价格，由于不能自流灌溉，需要机电提水方能到达农田的，另加实际提水费用（包括水泵和配电设备折旧、维修费、合理电费和人工费用）确定。计价公式为：亩用水价格＝（单位供水价格+单位提水费用）×亩用水定额；S 为灌溉控制面积（亩）。

劳动力费用取决于劳动力单价和工时数，如式（5-32）所示。

$$C_{labor}=T_{labor}c_{labor} \tag{5-32}$$

机组的工时数主要取决于机组的拉伸和转运。对于卷盘式喷灌机而言，每次灌水之前需要先将 PE 软管管道拉伸至喷洒域末端，喷洒开始后管道在驱动力的作用下回卷在卷盘上。PE 软管的拉伸过程一般采用拖拉机牵引完成，若管道拉伸速度为 v_{pull}，拉伸次数为 n_{pull}，则消耗于管道拉伸的工时为

$$T_{pull}=\frac{n_{pull}c_{pull}L}{v_{pull}} \tag{5-33}$$

式中，c_{pull}为管道拉伸系数，为了保证机组安全，须保留几圈管道缠绕在卷盘上，管道拉伸系数为拉伸完成时伸展开的管道长度与管道总长度的比值。

当一次灌溉完成后，一般需要人工将机组牵引至相邻地块，以开展下一次灌溉。若每次转移机组所用时间为 t_{trans}，转移次数为 n_{trans}，则用于转移机组的时间为

$$T_{trans}=t_{trans}n_{trans} \tag{5-34}$$

除了用于 PE 软管管道拉伸和不同地块间的转运，另取机组拉伸和转运时间的 5% 用于机组在仓库与田块之间的转运和处理其他意外事件，则机组的劳动力工时数为

$$T_{labor}=1.05\ (T_{pull}+T_{trans}) \tag{5-35}$$

此外，用于机组进行日常维护以便其达到正常使用寿命的费用，取为机组初始投资的 5%。

5.2.2.5 劳动强度

将劳动强度定义为完成喷洒作业所消耗的劳动力工时数，即式（5-33）~式（5-35）计算得到的工时数 T_{labor}。

5.2.2.6 单位时间生产率

单位时间生产率可由式（5-36）计算。

$$P_b=\frac{1.5QK_BP_{ef}}{M} \tag{5-36}$$

式中，P_b为单位时间生产率（亩/h）；Q 为机组流量（m^3/h）；K_B为作业工时有

效利用系数；M 为灌水定额（mm）；P_{ef} 为喷灌水有效利用系数，即落在土壤表面的水量和喷枪实际喷出水量之比。

其中，作业工时有效利用系数为机组有效工作时间与机组总运行时间之比，如式（5-37）所示。

$$K_B = \frac{T_{ef}}{T_{ef} + T_{labor}} \tag{5-37}$$

机组有效工作时间为机组回卷过程消耗的时间，表达式为

$$T_{ef} = t_{roll} n_{roll} \tag{5-38}$$

式中，t_{roll} 为机组完成一次回卷过程所需时间（h）；n_{roll} 为机组回卷次数。

其中，

$$t_{roll} = \frac{S_{ef} M}{1000 P_{ef} Q} \tag{5-39}$$

式中，S_{ef} 为机组有效灌溉面积，计算公式如下。

$$S_{ef} = (2R - D)L + \frac{\theta}{360}\pi R^2 \tag{5-40}$$

式中，R 为喷枪射程（m）；D 为相邻机组间的喷洒重叠距离（m）。

5. 2. 2. 7　机组耗能

机组能耗的计算参见本书 2. 2 节。

5. 2. 3　评价指标雷达图绘制

为了直观呈现上述 7 个指标，将各指标的计算值绘制成雷达图。7 个评价指标中既有正指标，如灌水均匀度和单位时间生产率，取值越大越好；也有逆指标，如一次性投资、年运行费、喷灌强度、劳动强度、机组能耗，取值越小越好。为了雷达图的直观性和一致性，对逆指标取倒数；同时为了进一步消除各指标之间量纲和自身变异与数值大小的影响，对各指标进行极差标准化处理，如式（5-41）所示，通过该式将所有指标转化成［0，1］区间内的数值（Jain and Bhandare，2011）。

$$A_{ij} = \frac{X_{ij} - \min(X_{ij})}{\max(X_{ij}) - \min(X_{ij})} \tag{5-41}$$

5. 3　机组多目标综合评价方法

通过上述构建的卷盘式喷灌机综合评价指标体系和雷达图可对不同配置单元

下的机组各评价指标进行直观展现，对各配置单元而言可能存在部分指标较优、部分指标较差的情况，在与其他的配置单元进行择优比较时难以做出直接评价，因此需要对各评价指标进行权重分配和综合评分。

采用数据包络分析法（data envelopment analysis，DEA）进行卷盘式喷灌机组配置方案的综合评价与优选，鉴于主成分分析法（principle component analysis，PCA）也曾被一些研究人员用于喷灌系统的多指标技术评价，并得到了较合理的结果，本研究也采用该方法进行卷盘式喷灌机组的配置优选，并将其分析结果与数据包络分析法结果进行对比。

5.3.1 主成分分析法

主成分分析法以最大方差理论为手段，通过对共变异系数矩阵的特征分解，得出数据的主成分与权重值，该方法在权重的确定上克服了主观因素的影响，能较好保证样本间的现实关系。主成分分析的一般操作步骤如下。

1）指标数据标准化。林海明和杜子芳（2013）对主成分分析综合评价的应用条件进行了分析，认为主成分分析指标应当是正向指标，且为标准化数据。本书首先对 7 个评价指标中的逆向指标取倒数，然后进行 Z-score 标准化，计算公式为

$$Z_{ij}=\frac{X_{ij}-\overline{X_{ij}}}{S_j} \quad (i=1, 2, \cdots, n; j=1, 2, \cdots, p) \tag{5-42}$$

式中，$\overline{X_{ij}}$和 S_j 分别为 X_{ij}的均值和标准差。

2）计算相关系数矩阵。对标准化矩阵 $\boldsymbol{Z}$ 求相关系数矩阵 $\boldsymbol{R}$，相关系数表示各评价指标之间的线性关系，范围为［-1，1］，当相关系数为负值时说明两个变量之间为负相关，当相关系数为正值时说明两个变量之间为正相关，相关系数越接近于 1 说明变量相关性越强，相关系数越接近于 0 说明变量间相关性越弱，甚至无相关关系。

3）计算相关系数矩阵的特征根和特征向量，确定主成分。采用雅可比法求解特征方程$|\lambda_p I-R|=0$，得到 p 个特征根，并按大小排序 $\lambda_1 \geqslant \lambda_2 \geqslant \cdots \geqslant \lambda_p \geqslant 0$，特征根是主成分的方差，其值的大小描述了各主成分在描述被评价对象时所起的作用大小。针对每一个特征根 λ_i求解特征向量 $e_i(i=1, 2, \cdots, p)$，有 $\sum_{j=1}^{p} e_{ij}^2=1$，则主成分的计算为

$$F_g=e_1 Z_1+e_2 Z_2+\cdots+e_p Z_p \quad (g=1, 2, \cdots, p) \tag{5-43}$$

式中，F_g 为第 g 主成分。

4）计算方差贡献率，确定主成分个数。为保证主成分的累计贡献率大于 85%，根据 $\sum_{j=1}^{m}\lambda_j / \sum_{j=1}^{p}\lambda_j \geq 85\%$ 确定 m 的值，即主成分的个数。

5）根据式（5-43）计算各主成分得分，再对 m 个主成分进行加权求和，得到综合得分，其中加权系数为每个主成分的方差贡献率。

5.3.2 数据包络分析法

5.3.2.1 确定决策单元

每一个决策单元（decision making unit，DMU）由特定的投入和产出指标构成，本书中分别指卷盘式喷灌机组配置与运行参数及相应的机组性能指标。

（1）投入与产出指标

DEA 方法中投入与产出指标的选取准则为：①对所有决策单元，投入和产出值可获得且为正数；② 投入和产出项目必须反映分析者和管理者的关注要素；③投入数值越小越好，产出数值应越大越好。

对卷盘式喷灌机而言，不同型号的区别主要体现在 PE 软管的管长和管径。机组型号选定后，机组喷枪的工作压力及相邻机组的叠加距离也会对机组的整体运行效果产生显著影响。因此选取喷枪工作压力 P，相邻机组叠加距离 O，PE 软管管径 D 及管长 L 作为投入指标。产出指标为卷盘式喷灌机综合评价指标，涵盖技术、经济和社会环境 3 个层面共 7 个评价指标，具体为喷洒均匀度、喷灌强度、初始投资、年运行费、单位时间生产率、劳动强度及机组耗能。

（2）决策单元预处理

在 DEA 评价模型中，以较小的投入指标产生较大的产出指标，表明 DMU 相对有效。在本书所构建的机组综合性能评价指标中，只有喷洒均匀度和单位时间生产率为正指标；喷灌强度、初始投资、年运行费、劳动强度及机组能耗均为逆指标。在开展数据包络分析之前首先应对上述逆指标取倒数。此外，喷灌工程技术规范中对移动喷洒均匀度的取值有明确要求，故对于喷洒均匀度达不到规范要求的 DMU 视为无效处理。

5.3.2.2 对抗型交叉评价

引入 Doyle 和 Green（1994）提出的 DEA 交叉评价，用每一个 DMU_j 的最佳权重 $w_j^* = \begin{bmatrix} v_{ij}^* \\ \mu_{rj}^* \end{bmatrix}$ 计算其他 DMU_k 的效率值，得到交叉评价值 E_{jk}，如下所示。

$$E_{jk}=\frac{\sum_{r=1}^{s}\mu_{rj}^{*}y_{rk}}{\sum_{i=1}^{m}v_{ij}^{*}x_{ik}},\quad k,\ j=1,\ 2,\ \cdots,\ n \tag{5-44}$$

式中，x_{ik}和y_{rk}为第k个决策单元DMU_k的第i个投入指标和第r个产出指标；v_{ij}^{*}和μ_{rj}^{*}为第j个决策单元DMU_j第i个投入指标和第r个产出指标的最优权重系数；m和s分别为投入指标和产出指标的个数。

对抗型交叉评价的实质为每一个DMU_j在尽量抬高自己的前提下，尽可能贬低其他DMU_k，即不仅考虑自己的优势，还要考虑决策单元之间的相互影响。为此，以 $\max\sum_{r=1}^{s}u_r y_{rj}$ 作为第一目标，以 $\min\sum_{r=1}^{s}\mu_{rj}y_{rk}/\sum_{i=1}^{m}v_{ij}x_{ik}$ 作为第二目标，建立对抗型交叉评价，交叉评价值构成交叉效率矩阵$\boldsymbol{E}$。

$$\boldsymbol{E}=\begin{bmatrix}E_{11} & E_{12} & \cdots & E_{1n}\\ E_{21} & E_{22} & \cdots & E_{2n}\\ \vdots & \vdots & \vdots & \vdots\\ E_{n1} & E_{n2} & \cdots & E_{nn}\end{bmatrix} \tag{5-45}$$

其中主对角线上的元素代表各决策单元自我评价效率值，非对角线上的元素代表交叉评价效率值。取自我评价效率值与其余$n-1$个交叉评价效率值的平均数$e_j=\frac{1}{n}\sum_{j=1}^{n}E_{kj}$，作为单元$j$效率水平的度量，$e_j$越大说明决策单元$j$越优。得到所有的交叉评价值后，计算$n$个单元的效率水平$(e_1,\ e_2,\ \cdots,\ e_n)^{\mathrm{T}}$，以此实现被评价决策单元的全排序。

5.4 优化实例

以陕西关中地区冬小麦采用单喷枪卷盘式喷灌机补灌为例，在已构建的机组综合评价指标体系基础上，采用上述多目标综合评价方法，对机组管道参数和喷枪工作压力进行优化。关中地区位于陕西省中部，属西北资源型缺水地区，该地区土壤类型为塿土。已知小麦种植面积为300m×600m，计划一次灌水深度为15mm，灌水方式为轮灌，全生育期内共进行6次灌溉。卷盘式喷灌机喷枪型号为50PYC垂直摇臂式喷枪，喷嘴直径20mm，喷枪辐射角为270°，实测喷枪基本水力性能参数如表5-3和图5-8所示，现为该田块匹配合适的卷盘式喷灌机组的配置参数。以喷枪工作压力P（MPa）、相邻机组叠加距离O（m）、PE软管管径D（mm）及管长L（m）作为配置变量，参考卷盘式喷灌机常见出厂型号与工况设定各配置变量的具体参数如表5-4所示。

表 5-3 50PYC 垂直摇臂式喷枪基本水力性能

喷枪工作压力（MPa）	流量（m^3/h）	射程（m）
0.25	25.2	31.2
0.35	29.5	35.9
0.45	33.5	38.2

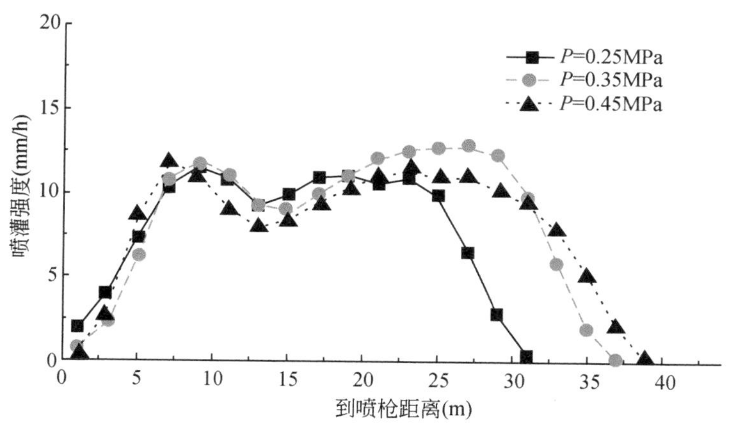

图 5-8 不同工作压力下 50PYC 垂直摇臂式喷枪径向水量分布

喷嘴直径 20mm，喷枪辐射角为 270°

各配置变量的备选参数全排列得到本例的 144 个备选方案，接下来通过对不同备选方案下各评价指标的综合评判选出较优方案。为便于方案的识别，采用“PE 软管管长–喷枪工作压力–相邻机组叠加距离–PE 软管外径”的形式对各配置方案进行编号。如表 5-4 所示，PE 软管管长对应编号 1、2、3、4，分别表示 PE 软管管长为 200m、250m、300m、350m；喷枪工作压力对应编号 1、2、3，分别表示喷枪工作压力为 0.25MPa、0.35MPa、0.45MPa；相邻机组叠加距离对应编号 1、2、3、4，分别表示相邻机组叠加距离为 0.2R、0.4R、0.6R、0.8R；PE 软管外径对应编号 1、2、3，分别表示 PE 软管外径为 65mm、75mm、90mm；则编号为 1111 的方案表示 PE 软管管长 200m，喷枪工作压力为 0.25MPa，相邻机组叠加距离为 0.2R，PE 软管外径 65mm。

表 5-4 卷盘式喷灌机配置参数全排列所得备选方案编码规则表

编号	PE 软管管长（m）	喷枪工作压力（MPa）	相邻机组叠加距离（R）	PE 软管外径（mm）
1	200	0.25	0.2	65
2	250	0.35	0.4	75

续表

编号	PE 软管管长（m）	喷枪工作压力（MPa）	相邻机组叠加距离（R）	PE 软管外径（mm）
3	300	0. 45	0. 6	90
4	350	—	0. 8	—

注：表中 R 为喷枪的射程（m）。—代表无数据。

根据 PE 软管管长、喷枪工作压力、相邻机组间组合间距及灌溉区域的形状进行灌溉方案的设计，不同工况下机组管道拉伸次数及机组转运次数如表 5-5 所示。

表 5-5　不同工况下的管道拉伸和机组转运次数

PE 软管管长（m）	喷枪工作压力（MPa）	管道拉伸次数				机组转运次数			
		组合间距				组合间距			
		0. 2R	0. 4R	0. 6R	0. 8R	0. 2R	0. 4R	0. 6R	0. 8R
200	0. 25	12	15	15	18	7	9	9	11
	0. 35	12	12	12	15	7	7	7	9
	0. 45	9	12	12	15	5	7	7	9
250	0. 25	12	15	15	18	7	9	9	11
	0. 35	12	12	12	15	7	7	7	9
	0. 45	9	12	12	15	5	7	7	9
300	0. 25	8	10	10	12	3	4	4	5
	0. 35	8	8	8	10	3	3	3	4
	0. 45	6	8	8	10	2	3	3	4
350	0. 25	8	10	10	12	3	4	4	5
	0. 35	8	8	8	10	3	3	3	4
	0. 45	6	8	8	10	2	3	3	4

将上述输入参数依次代入评价指标计算公式，得到 144 个配置方案下各评价指标输出值，计算输入参数见表 5-6，各输出指标计算值如表 5-7 所示。

表 5-6　输入参数表

变量名	单位	取值	变量名	单位	取值
灌溉面积	m^2	180 000	滚动摩擦系数	—	0. 50
长度	m	600	喷头车质量	kg	160
宽度	m	300	管道摩擦系数	—	0. 80

续表

变量名	单位	取值	变量名	单位	取值
喷枪辐射角	°	270	PE 软管密度	kg/m^3	940
柴油转化率	L/(kW·h)	0.09	水密度	kg/m^3	1000
柴油单价	元/L	6.10	水涡轮机械传动效率	%	30
水单价	元/m^3	0.20	水涡轮水力传动效率	%	15
劳动力单价	元/h	15	管壁粗糙系数	—	150
喷灌水有效利用率	%	75	管道弯曲系数	—	0.09
一次净灌水深	mm	15	卷盘直径	m	1.26
水泵效率	%	60	喷枪与地面高差	m	2.0
管道拉伸系数	—	0.95	喷头车水头损失	m	1.0

注：—表示无单位。

表 5-7　不同配置方案下的评价指标输出值

编号	初始投资（元）	年运行费[元/(年·亩)]	喷洒均匀度（%）	喷灌强度（mm/h）	劳动强度（h）	单位时间生产率（亩/h）	机组能耗（kW·h/亩）
1111	102 357.8	71.7	78.0	10.98	8.3	1.78	2.71
1112	116 905.8	56.6	78.0	10.98	8.3	1.78	1.90
1113	154 300.7	52.0	78.0	10.98	8.3	1.78	1.62
1121	102 357.8	72.8	86.7	10.98	10.5	1.77	2.72
1122	116 905.8	57.8	86.7	10.98	10.5	1.77	1.92
1123	154 300.7	53.3	86.7	10.98	10.5	1.77	1.65
1131	102 357.8	73.3	75.6	10.98	10.5	1.75	2.74
1132	116 905.8	58.4	75.6	10.98	10.5	1.75	1.95
1133	154 300.7	54.1	75.6	10.98	10.5	1.75	1.69
1141	102 357.8	74.6	64.0	10.98	12.7	1.74	2.77
1142	116 905.8	59.9	64.0	10.98	12.7	1.74	1.99
1143	154 300.7	55.9	64.0	10.98	12.7	1.74	1.74
1211	68 238.5	87.2	75.9	9.71	8.3	2.09	3.54
1212	77 937.2	66.3	75.9	9.71	8.3	2.09	2.44
1213	102 867.1	58.8	75.9	9.71	8.3	2.09	2.02
1221	68 238.5	87.5	85.2	9.71	8.3	2.08	3.56
1222	77 937.2	66.7	85.2	9.71	8.3	2.08	2.46
1223	102 867.1	59.3	85.2	9.71	8.3	2.08	2.05
1231	68 238.5	88.6	73.6	9.71	10.5	2.06	3.58
1232	77 937.2	67.9	73.6	9.71	10.5	2.06	2.48

续表

编号	初始投资（元）	年运行费［元/(年·亩)］	喷洒均匀度（%）	喷灌强度（mm/h）	劳动强度（h）	单位时间生产率（亩/h）	机组能耗（kW·h/亩）
1233	102 867. 1	60. 7	73. 6	9. 71	10. 5	2. 06	2. 08
1241	68 238. 5	89. 1	68. 6	9. 71	10. 5	2. 04	3. 60
1242	77 937. 2	68. 5	68. 6	9. 71	10. 5	2. 04	2. 51
1243	102 867. 1	61. 5	68. 6	9. 71	10. 5	2. 04	2. 12
1311	68 238. 5	103. 3	80. 8	9. 74	6. 1	2. 36	4. 43
1312	77 937. 2	76. 5	80. 8	9. 74	6. 1	2. 36	3. 01
1313	102 867. 1	66. 4	80. 8	9. 74	6. 1	2. 36	2. 46
1321	68 238. 5	104. 3	84. 8	9. 74	8. 3	2. 35	4. 44
1322	77 937. 2	77. 6	84. 8	9. 74	8. 3	2. 35	3. 03
1323	102 867. 1	67. 6	84. 8	9. 74	8. 3	2. 35	2. 48
1331	68 238. 5	104. 6	70. 3	9. 74	8. 3	2. 33	4. 46
1332	77 937. 2	78. 0	70. 3	9. 74	8. 3	2. 33	3. 05
1333	102 867. 1	68. 2	70. 3	9. 74	8. 3	2. 33	2. 51
1341	68 238. 5	105. 8	63. 0	9. 74	10. 5	2. 31	4. 48
1342	77 937. 2	79. 3	63. 0	9. 74	10. 5	2. 31	3. 08
1343	102 867. 1	69. 7	63. 0	9. 74	10. 5	2. 31	2. 55
2111	113 922. 2	79. 9	78. 0	10. 98	8. 3	1. 80	3. 12
2112	130 457. 3	61. 1	78. 0	10. 98	8. 3	1. 80	2. 12
2113	173 900. 9	55. 2	78. 0	10. 98	8. 3	1. 80	1. 77
2121	113 922. 2	81. 1	86. 7	10. 98	10. 5	1. 79	3. 15
2122	130 457. 3	62. 4	86. 7	10. 98	10. 5	1. 79	2. 15
2123	173 900. 9	56. 8	86. 7	10. 98	10. 5	1. 79	1. 82
2131	113 922. 2	81. 7	75. 6	10. 98	10. 5	1. 77	3. 18
2132	130 457. 3	63. 2	75. 6	10. 98	10. 5	1. 77	2. 19
2133	173 900. 9	57. 9	75. 6	10. 98	10. 5	1. 77	1. 87
2141	113 922. 2	83. 2	64. 0	10. 98	12. 7	1. 76	3. 22
2142	130 457. 3	64. 9	64. 0	10. 98	12. 7	1. 76	2. 24
2143	173 900. 9	59. 9	64. 0	10. 98	12. 7	1. 76	1. 94
2211	75 948. 1	97. 6	75. 9	9. 71	8. 3	2. 11	4. 08
2212	86 971. 5	71. 5	75. 9	9. 71	8. 3	2. 11	2. 70
2213	115 933. 9	62. 1	75. 9	9. 71	8. 3	2. 11	2. 18
2221	75 948. 1	98. 0	85. 2	9. 71	8. 3	2. 10	4. 11
2222	86 971. 5	72. 0	85. 2	9. 71	8. 3	2. 10	2. 73
2223	115 933. 9	62. 8	85. 2	9. 71	8. 3	2. 10	2. 22

续表

编号	初始投资（元）	年运行费［元/(年·亩)］	喷洒均匀度（%）	喷灌强度（mm/h）	劳动强度（h）	单位时间生产率（亩/h）	机组能耗（kW·h/亩）
2231	75 948.1	99.2	73.6	9.71	10.5	2.08	4.13
2232	86 971.5	73.4	73.6	9.71	10.5	2.08	2.76
2233	115 933.9	64.4	73.6	9.71	10.5	2.08	2.27
2241	75 948.1	99.8	68.6	9.71	10.5	2.07	4.16
2242	86 971.5	74.2	68.6	9.71	10.5	2.07	2.80
2243	115 933.9	65.5	68.6	9.71	10.5	2.07	2.32
2311	75 948.1	116.2	80.8	9.74	6.1	2.39	5.10
2312	86 971.5	82.7	80.8	9.74	6.1	2.39	3.33
2313	115 933.9	70.1	80.8	9.74	6.1	2.39	2.64
2321	75 948.1	117.3	84.8	9.74	8.3	2.37	5.12
2322	86 971.5	83.9	84.8	9.74	8.3	2.37	3.36
2323	115 933.9	71.5	84.8	9.74	8.3	2.37	2.68
2331	75 948.1	117.7	70.3	9.74	8.3	2.36	5.14
2332	86 971.5	84.5	70.3	9.74	8.3	2.36	3.39
2333	115 933.9	72.3	70.3	9.74	8.3	2.36	2.72
2341	75 948.1	119.0	63.0	9.74	10.5	2.34	5.17
2342	86 971.5	86.0	63.0	9.74	10.5	2.34	3.43
2343	115 933.9	74.0	63.0	9.74	10.5	2.34	2.77
3111	125 486.6	88.1	78.0	10.98	8.3	1.77	3.54
3112	144 008.7	65.5	78.0	10.98	8.3	1.77	2.34
3113	193 501.0	58.5	78.0	10.98	8.3	1.77	1.93
3121	125 486.6	89.4	86.7	10.98	10.5	1.76	3.57
3122	144 008.7	67.0	86.7	10.98	10.5	1.76	2.38
3123	193 501.0	60.3	86.7	10.98	10.5	1.76	1.98
3131	125 486.6	90.1	75.6	10.98	10.5	1.74	3.61
3132	144 008.7	67.9	75.6	10.98	10.5	1.74	2.43
3133	193 501.0	61.6	75.6	10.98	10.5	1.74	2.05
3141	125 486.6	91.8	64.0	10.98	12.7	1.72	3.66
3142	144 008.7	69.8	64.0	10.98	12.7	1.72	2.49
3143	193 501.0	64.0	64.0	10.98	12.7	1.72	2.14
3211	83 657.8	108.0	75.9	9.71	8.3	2.08	4.63
3212	96 005.8	76.7	75.9	9.71	8.3	2.08	2.97
3213	129 000.7	65.5	75.9	9.71	8.3	2.08	2.35
3221	83 657.8	108.5	85.2	9.71	8.3	2.07	4.65

续表

编号	初始投资（元）	年运行费［元/（年·亩）］	喷洒均匀度（%）	喷灌强度（mm/h）	劳动强度（h）	单位时间生产率（亩/h）	机组能耗（kW·h/亩）
3222	96 005.8	77.4	85.2	9.71	8.3	2.07	3.00
3223	129 000.7	66.4	85.2	9.71	8.3	2.07	2.40
3231	83 657.8	109.8	73.6	9.71	10.5	2.05	4.68
3232	96 005.8	78.9	73.6	9.71	10.5	2.05	3.04
3233	129 000.7	68.2	73.6	9.71	10.5	2.05	2.45
3241	83 657.8	110.6	68.6	9.71	10.5	2.03	4.72
3242	96 005.8	79.9	68.6	9.71	10.5	2.03	3.10
3243	129 000.7	69.6	68.6	9.71	10.5	2.03	2.53
3311	83 657.8	129.1	80.8	9.74	6.1	2.35	5.77
3312	96 005.8	89.0	80.8	9.74	6.1	2.35	3.65
3313	129 000.7	73.8	80.8	9.74	6.1	2.35	2.83
3321	83 657.8	130.3	84.8	9.74	8.3	2.34	5.80
3322	96 005.8	90.3	84.8	9.74	8.3	2.34	3.68
3323	129 000.7	75.4	84.8	9.74	8.3	2.34	2.87
3331	83 657.8	130.8	70.3	9.74	8.3	2.32	5.83
3332	96 005.8	91.0	70.3	9.74	8.3	2.32	3.72
3333	129 000.7	76.4	70.3	9.74	8.3	2.32	2.92
3341	83 657.8	132.3	63.0	9.74	10.5	2.29	5.86
3342	96 005.8	92.7	63.0	9.74	10.5	2.29	3.77
3343	129 000.7	78.4	63.0	9.74	10.5	2.29	2.99
4111	137 051.1	96.2	78.0	10.98	8.3	1.79	3.96
4112	157 560.2	69.9	78.0	10.98	8.3	1.79	2.56
4113	213 101.2	61.8	78.0	10.98	8.3	1.79	2.08
4121	137 051.1	97.7	86.7	10.98	10.5	1.77	4.00
4122	157 560.2	71.5	86.7	10.98	10.5	1.77	2.60
4123	213 101.2	63.7	86.7	10.98	10.5	1.77	2.15
4131	137 051.1	98.5	75.6	10.98	10.5	1.76	4.04
4132	157 560.2	72.6	75.6	10.98	10.5	1.76	2.66
4133	213 101.2	65.3	75.6	10.98	10.5	1.76	2.23
4141	137 051.1	100.4	64.0	10.98	12.7	1.74	4.10
4142	157 560.2	74.8	64.0	10.98	12.7	1.74	2.74
4143	213 101.2	68.1	64.0	10.98	12.7	1.74	2.34
4211	91 367.4	118.4	75.9	9.71	8.3	2.10	5.17
4212	105 040.1	81.9	75.9	9.71	8.3	2.10	3.24

续表

编号	初始投资（元）	年运行费［元/（年·亩）］	喷洒均匀度（%）	喷灌强度（mm/h）	劳动强度（h）	单位时间生产率（亩/h）	机组能耗（kW·h/亩）
4213	142 067.5	68.9	75.9	9.71	8.3	2.10	2.52
4221	91 367.4	119.0	85.2	9.71	8.3	2.08	5.20
4222	105 040.1	82.7	85.2	9.71	8.3	2.08	3.28
4223	142 067.5	69.9	85.2	9.71	8.3	2.08	2.57
4231	91 367.4	120.4	73.6	9.71	10.5	2.07	5.23
4232	105 040.1	84.4	73.6	9.71	10.5	2.07	3.33
4233	142 067.5	72.0	73.6	9.71	10.5	2.07	2.64
4241	91 367.4	121.4	68.6	9.71	10.5	2.05	5.28
4242	105 040.1	85.6	68.6	9.71	10.5	2.05	3.39
4243	142 067.5	73.6	68.6	9.71	10.5	2.05	2.73
4311	91 367.4	142.0	80.8	9.74	6.1	2.37	6.45
4312	105 040.1	95.2	80.8	9.74	6.1	2.37	3.97
4313	142 067.5	77.5	80.8	9.74	6.1	2.37	3.01
4321	91 367.4	143.2	84.8	9.74	8.3	2.36	6.47
4322	105 040.1	96.6	84.8	9.74	8.3	2.36	4.01
4323	142 067.5	79.3	84.8	9.74	8.3	2.36	3.06
4331	91 367.4	143.9	70.3	9.74	8.3	2.34	6.51
4332	105 040.1	97.5	70.3	9.74	8.3	2.34	4.06
4333	142 067.5	80.5	70.3	9.74	8.3	2.34	3.13
4341	91 367.4	145.5	63.0	9.74	10.5	2.31	6.55
4342	105 040.1	99.3	63.0	9.74	10.5	2.31	4.11
4343	142 067.5	82.8	63.0	9.74	10.5	2.31	3.21

针对上述案例，分别采用主成分分析法和数据包络分析法对各配置方案进行评价与排序。

5.4.1 主成分分析

将得到的各评价指标进行正向化和标准化之后，首先进行 KMO 球型检验，得到 KMO 统计量为 0.66，说明各变量之间有较强的相关性，适宜开展主成分分析。各评价指标相关关系矩阵如表 5-8 所示，初始投资与喷灌强度、劳动强度及单位时间生产率为正相关关系，与年运行费、机组能耗及喷洒均匀度为负相关关系，相关性最强的变量是年运行费和机组能耗，相关系数为 0. 992。这是因为燃料费是机组年运行费的重要组成成分，该值随机组能耗的增加而增加。

表 5-8　主成分分析变量相关系数矩阵

	初始投资	年运行费	喷灌强度	劳动强度	机组能耗	喷洒均匀度	单位时间生产率
初始投资	1						
年运行费	-0. 598	1					
喷灌强度	0. 648	-0. 448	1				
劳动强度	0. 271	-0. 207	0. 41	1			
机组能耗	-0. 626	0. 992	-0. 493	-0. 241	1		
喷洒均匀度	-0. 039	0. 096	-0. 054	0. 488	0. 084	1	
单位时间生产率	0. 573	-0. 503	0. 87	0. 578	-0. 538	-0. 009	1

根据相关系数矩阵进一步计算特征根 λ_j（$j=1, 2, 3, \cdots, 7$）及各个主成分的方差贡献率如下：

特征根：3. 731，1. 503，0. 909，0. 470，0. 290，0. 091，0. 006

贡献率（%）：53. 3，21. 5，13. 0，6. 7，4. 1，1. 3，0. 1

累计贡献率（%）：53. 3，74. 8，87. 8，94. 5，98. 6，99. 9，100

前 3 项特征根的累计贡献率为 87. 8%（>85%），因此可用第一主成分、第二主成分和第三主成分作为综合评价指标。根据主成分的特征向量得到各主成分的计算公式

$$F_1 = 0.42Z_1 - 0.42Z_2 + 0.43Z_3 + 0.27Z_4 - 0.44Z_5 + 0.01Z_6 + 0.45Z_7 \tag{5-46}$$

$$F_2 = -0.1Z_1 + 0.27Z_2 + 0.07Z_3 + 0.61Z_4 + 0.25Z_5 + 0.68Z_6 + 0.15Z_7 \tag{5-47}$$

$$F_3 = 0.03Z_1 + 0.46Z_2 + 0.48Z_3 - 0.02Z_4 + 0.43Z_5 - 0.47Z_6 + 0.39Z_7 \tag{5-48}$$

综合评价值

$$F = 0.607F_1 + 0.245F_2 + 0.148F_3 \tag{5-49}$$

依次计算 144 个配置方案的综合评价值，并按照评价值从大到小的顺序排序，得到表 5-9。从表 5-9 可知，综合得分排名前 3 位的配置方案编号为 1311、2311 和 3311，综合得分分别为 2. 292、2. 288 和 2. 183；综合排名后 3 位的配置方案编号为 1143、3143 和 2143，综合得分分别为-2. 357、-2. 274 和-2. 266。

表 5-9　各配置方案综合得分

编号	得分	编号	得分	编号	得分	编号	得分	编号	得分	编号	得分
1311	2.292	1221	1.171	1231	0.633	2232	0.176	4111	-0.697	3113	-1.541
2311	2.288	2221	1.167	2333	0.630	1232	0.167	2111	-0.724	2113	-1.544
3311	2.183	3221	1.090	2231	0.628	2343	0.162	3111	-0.745	3141	-1.575
4311	2.175	4221	1.078	1333	0.609	1343	0.140	1111	-0.792	2132	-1.579
2312	1.859	2332	1.065	2212	0.590	4232	0.136	4121	-0.967	3132	-1.586
1312	1.851	1211	1.057	2342	0.588	2213	0.131	2121	-0.977	1141	-1.605
4312	1.779	2211	1.057	1212	0.581	4213	0.116	3121	-1.000	1113	-1.623
3312	1.770	1332	1.056	1342	0.579	3232	0.115	1121	-1.048	1132	-1.655
1321	1.707	1341	1.005	4333	0.577	1213	0.112	4131	-1.120	4123	-1.705
2321	1.687	2341	0.999	3333	0.554	2242	0.108	4112	-1.124	3123	-1.766
3321	1.597	4332	0.985	4231	0.553	4343	0.097	2131	-1.146	2123	-1.769
4321	1.589	4211	0.983	2241	0.552	3213	0.082	3131	-1.168	4133	-1.828
1331	1.489	3211	0.980	3231	0.551	1242	0.082	2112	-1.181	1123	-1.853
2331	1.484	3332	0.976	4212	0.550	3343	0.073	3112	-1.189	3133	-1.906
2313	1.409	3341	0.878	1241	0.541	4242	0.054	1131	-1.205	4142	-1.911
1313	1.391	4341	0.870	3212	0.529	3242	0.033	1112	-1.254	2133	-1.911
3331	1.378	2323	0.821	4342	0.492	2233	-0.263	4122	-1.381	2142	-1.953
4331	1.370	1323	0.818	3342	0.484	4233	-0.273	2122	-1.422	3142	-1.975
4313	1.353	4323	0.782	4241	0.462	1233	-0.286	3122	-1.429	1133	-1.999
3313	1.331	3323	0.760	3241	0.459	3233	-0.308	4113	-1.466	1142	-2.030
1322	1.271	2222	0.706	2223	0.255	2243	-0.319	1122	-1.497	4143	-2.196
2322	1.264	1222	0.696	1223	0.234	4243	-0.340	4132	-1.522	2143	-2.266
4322	1.198	4222	0.651	4223	0.228	1243	-0.361	4141	-1.528	3143	-2.274
3322	1.189	3222	0.645	3223	0.208	3243	-0.377	2141	-1.536	1143	-2.357

绘制上述 6 个配置方案的评价指标雷达图，如图 5-9 所示。从图 5-9 可知，排名前 3 位的配置方案评价指标的共同特点为较低的初始投资、喷灌强度、劳动强度和较高的喷洒均匀度及单位时间生产率，但均在机组能耗和年运行费上表现不理想。排名后 3 位的配置方案所输出的评价指标刚好与其相反，机组能耗与年运行费较低，而其余 5 项评价指标则表现不佳。分析上述配置所对应的实际意义，排名前 3 位的配置方案对应的喷枪工作压力为 0.45MPa，相邻机组叠加距离为 0.2R，PE 软管外径为 65mm；而排名后 3 位的配置方案对应喷枪工作压力为

0.25MPa，相邻机组叠加距离为0.8R，PE 软管外径为90mm，说明针对本案例所要灌溉土地面积与灌溉制度，适宜选用高工作压力、小相邻机组叠加距离、小PE 软管外径以及小 PE 软管管长的喷灌机组，案例中所提供的144 个备选方案中的最优配置为 PE 软管管长200m，PE 软管外径65mm，相邻机组叠加距离0.2R，喷枪工作压力0.45MPa。

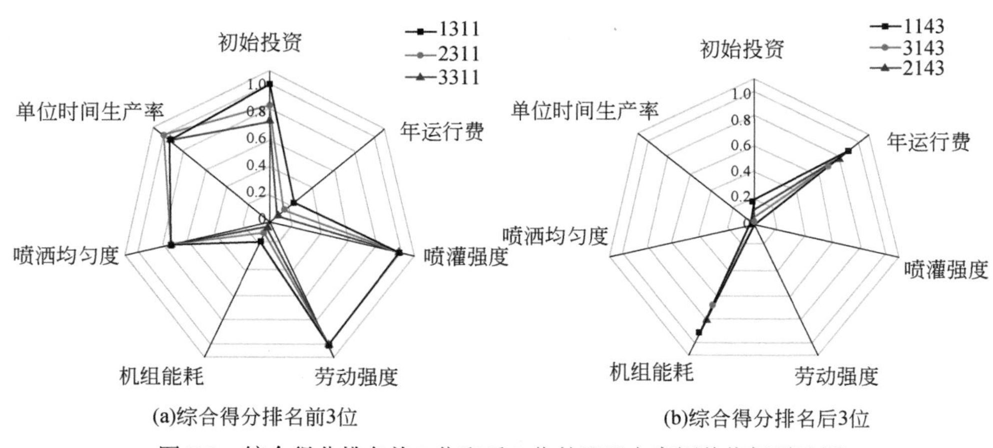

图 5-9　综合得分排名前 3 位和后 3 位的配置方案评价指标雷达图

5.4.2　数据包络分析

由表5-7 可知，全部144 个决策单元中，初始投资为68 235 ~213 101 元，平均值为114 239.6 元；年运行费为51.6 ~145.5 元/(年·亩)，平均值为82.3 元/(年·亩)；喷灌均匀度为63% ~86.7%，平均值为75.5%；喷灌强度为9.7 ~11mm/h，平均值为10.1mm/h；劳动强度为6.1 ~12.7h，平均值为9.4h；单位时间生产率为1.7 ~2.4 亩/h，平均值为2.1 亩/h；机组能耗为1.6 ~6.6kW·h/亩，平均值为3.2kW·h/亩。其中喷洒均匀度为63% ~86.7%，部分方案喷洒均匀度明显低于喷灌工程技术规范中对移动式喷灌喷洒均匀度的要求，故将喷洒均匀度低于80%的 DMU 剔除，则剩余待评价 DMU 的个数为48，投入和产出指标的个数之和为11，不超过 DMU 个数的三分之一，符合拇指定律的要求。遵循产出指标越大越好的原则，对逆指标初始投资、年运行费、喷灌强度、劳动强度和机组能耗取倒数。

5.4.2.1　CCR 模型和 BCC 模型

将48 组 DMU 的输入与输出指标带入 CCR 模型，得到不同配置与运行参数下的卷盘式喷灌机组综合评价效率，如表 5-10 所示。表 5-10 中的 48 组决策单元中，有效个数为 34 个，占决策单元总数的 70.8%；非有效决策单元个数为 14 个，其中综合评价效率最低的决策单元为 3323，对应的机组配置为 PE 软管管长 300m，喷枪工作压力 0.45MPa，相邻机组叠加距离 0.4R，PE 软管外径 90mm，其综合评价效率值为 0.867。结合 BCC 模型，将综合评价效率进一步分解为纯技术效率和规模效率，鉴于有效决策单元的纯技术效率与规模效率均为 1，此处仅统计非有效决策单元的纯技术效率与规模效率，如表 5-11 所示。

表 5-10　各 DMU 综合评价效率

DMU 编号	综合评价效率	DMU 编号	综合评价效率	DMU 编号	综合评价效率
1121	1	2222	0.952	3313	1
1122	1	2223	0.948	3321	0.999
1123	1	2311	1	3322	0.923
1221	1	2312	1	3323	0.867
1222	1	2313	1	4121	1
1223	1	2321	1	4122	1
1311	1	2322	0.946	4123	1
1312	1	2323	0.903	4221	1
1313	1	3121	1	4222	0.948
1321	1	3122	1	4223	0.948
1322	1	3123	1	4311	1
1323	1	3221	1	4312	1
2121	1	3222	0.948	4313	1
2122	1	3223	0.948	4321	0.999
2123	1	3311	1	4322	0.925
2221	1	3312	1	4323	0.871

由表 5-11 可知，非有效 DMU 一般表现为规模效率无效（规模效率<1）和规模收益递减，而其纯技术效率一般为 1 或非常接近于 1。决策单元规模收益递减表明当前机组配置条件下，各投入指标的取值以相同的百分数增加，带来的产出指标（即机组性能指标）的增加量将小于该百分数，这也反映出卷盘式喷灌机组的配置参数存在冗余，可通过减小生产规模，即减小各投入指标的值以提高机组的生产效率。

表 5-11　非有效 DMU 的纯技术效率和规模效率

DMU 编号	综合效率	纯技术效率	规模效率	规模收益
2222	0. 952	1	0. 952	-
2223	0. 948	1	0. 948	-
2322	0. 946	1	0. 946	-
2323	0. 903	1	0. 903	-
3222	0. 948	1	0. 948	-
3223	0. 948	1	0. 948	-
3321	0. 999	1	0. 999	+
3322	0. 923	0. 994	0. 929	-
3323	0. 867	0. 994	0. 872	-
4222	0. 948	1	0. 948	-
4223	0. 948	1	0. 948	-
4321	0. 999	1	0. 999	+
4322	0. 925	0. 998	0. 927	-
4323	0. 871	0. 998	0. 873	-

注：表中“-”表示规模收益递减，“+”表示规模收益递增。

对非有效 DMU，将其在相对有效平面上进行投影，得到各非有效 DMU 的投入指标优化后的调整量与调整幅度，如图 5-10 所示，（a）、（b）、（c）、（d）分别为 PE 软管管长、喷枪工作压力、相邻机组叠加距离及 PE 软管外径优化前后对比。从图 5-10 可知，优化后 14 个决策单元各输入指标均有明显降低：PE 软管管长的降低幅度为 5. 2% ~37. 5%，编号为 4223 的 DMU 降幅最大，由 350m 降低至 218. 7m；喷枪工作压力的降低幅度为 2. 4% ~13. 3%，编号为 3323 的 DMU 喷枪工作压力降低幅度最大，由 0. 45MPa 降低至 0. 39MPa；相邻机组叠加距离的降低幅度为 0 ~30. 9%，编号为 2322 的 DMU 叠加距离的降低幅度最大，由 0. 4R 降低至 0. 28R；PE 软管管径的降低幅度为 0 ~13. 3%，编号为 3323 的 DMU PE 软管管径降低幅度最大，由 90mm 降低至 78mm。整体来看，PE 软管管长这一生产要素存在较大冗余量；此外需要注意的是由于市场上可获取的 PE 软管外径是离散的，实际应用中可选取最接近的 PE 软管外径。

从 14 个非有效 DMU 中任意选取两个，将其优化后的投入指标代入卷盘式喷灌机性能指标公式，计算其改善后的各产出指标，并与优化前各指标进行对比，验证其综合性能优化效果。随机选取 2 个被优化 DMU3322 和 4321，其中 3322 方案由 300m-0. 45MPa-0. 4R-75mm 改变为 220. 4m-0. 42MPa-0. 34R-69mm，4321 方案由 350m-0. 45MPa-0. 4R-65mm 改变为 250m-0. 446MPa-0. 4R-65mm。为了

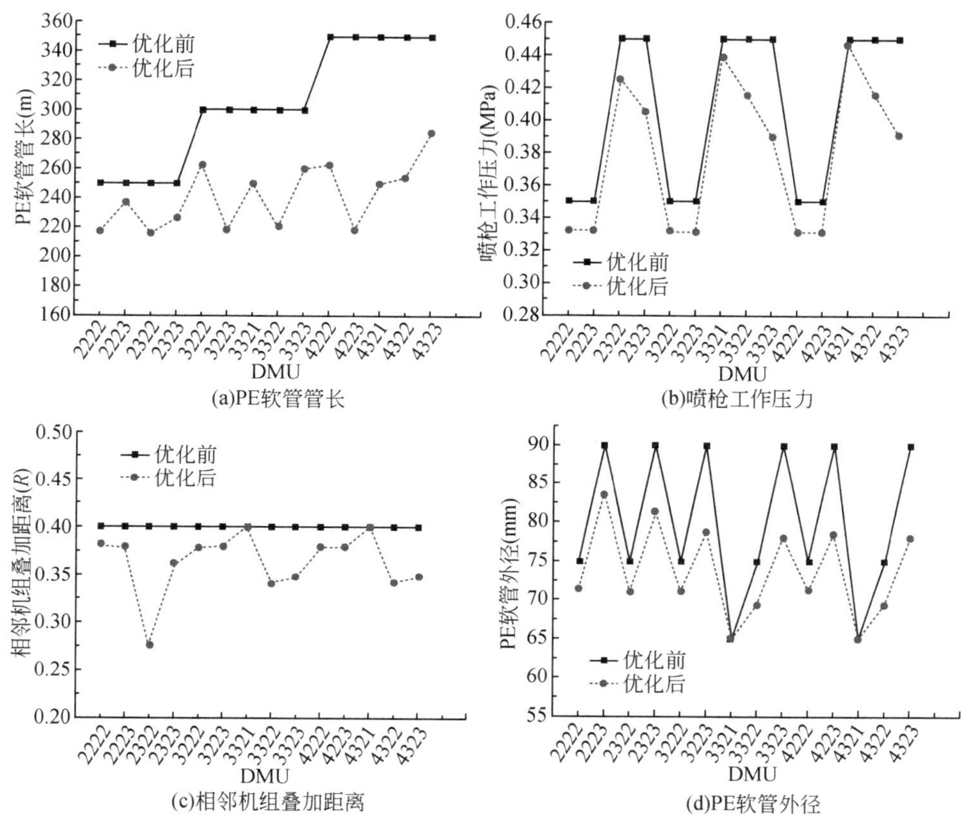

图 5-10　非有效 DMU 优化前后各输入变量对比

对优化前后各指标的变化有较直观的认识，采用雷达图（图 5-11）对各产出指标数据进行汇总，雷达图中每一条径向线代表一个评价指标，测量尺度被设定为距离圆心处越远该指标得分越高。

由图 5-11 可知，编号为 3322 的方案优化后，机组初始投资、年运行费、机组能耗及单位时间生产率得到改善，喷洒均匀度和喷灌强度性能变差，劳动强度基本维持不变。其中初始投资由 96 005. 8 元降低为 72 909. 1 元，年运行费由 90. 3 元/(年・亩) 降低为 86. 8 元/(年・亩)，机组能耗由 3. 68kW・h/亩降低为 3. 52kW・h/亩，单位时间生产率由 2. 34 亩/h 增加至 2. 43 亩/h；喷洒均匀度由 84. 8% 降低到 81. 12%，平均喷灌强度由 9. 74mm/h 提高到 10. 81mm/h。编号为 4321 的方案优化后，机组初始投资、年运行费、机组能耗及单位时间生产率得到改善，喷洒均匀度、喷灌强度及劳动强度性能变差。其中初始投资由 91 367. 4 元降低为 70 315. 4 元，年运行费由 143. 2 元/(年・亩) 降低为 111. 8 元/(年・亩)，

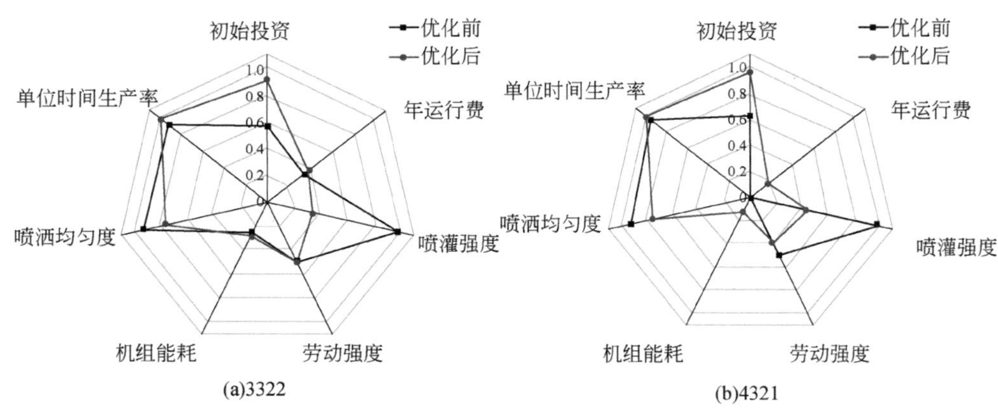

图 5-11 编号为 3322 和 4321 的决策单元优化前后输出指标雷达图

机组能耗由 6. 47kW · h/亩减小为 4. 83kW · h/亩，单位时间生产率由 2. 36 亩/h 增加至 2. 43 亩/h；喷洒均匀度由 84. 8% 降低到 80. 96%，平均喷灌强度由 9. 74mm/h 提高到 10. 64mm/h。

由图 5-11 可知，对于一个复杂的多指标综合评价体系，各指标间相互影响，不太可能使得优化后的各项性能指标同时得到改善。本例采用数据包络分析方法对非有效的决策单元在生产前沿进行投影的方法，使卷盘式喷灌机组在优化后的初始投资、年运行费和机组能耗降低，机组在单位时间内可以完成更大面积的灌溉作业，从经济指标和社会环境角度来看均有所完善，机组整体性能的提高是显而易见的；对于优化后评价指标中喷灌强度略有升高的现象，考虑到卷盘式喷灌机这类行走式灌溉机械的灌水历时较短，喷灌强度可适当取高些；机组的喷洒均匀度虽然在优化后降低了 4% 左右，但在 DMU 的预处理过程中已预先对喷洒均匀度不满足规范要求的方案进行了剔除，80% 以上的喷洒均匀度是可以接受的。

5. 4. 2. 2 对抗型交叉评价

传统 CCR 模型和 BCC 模型无法实现对有效 DMU 的排序，这里采用交叉评价的手段进行有效决策单元的排序，交叉效率计算过程采用 MATLAB 编程进行，34 个有效 DMU 的交叉评价效率值如图 5-12 所示，对各决策单元的交叉效率按照从大到小的顺序排列，即可得到各决策单元的综合排名。其中交叉效率最大值为 0. 76，对应决策单元为 1311，交叉效率最小值为 0. 516，对应决策单元为 4123。

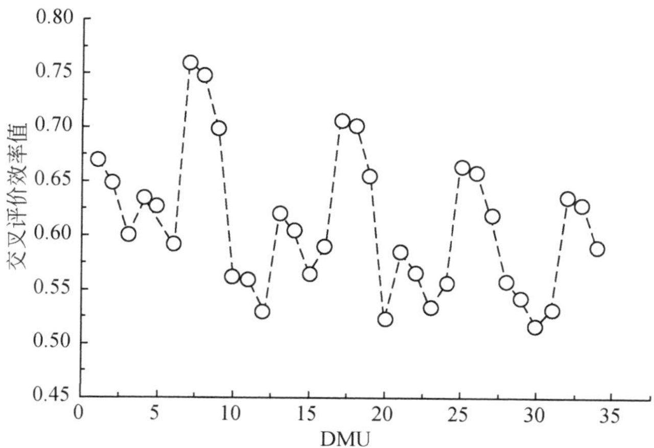

图 5-12　34 个有效 DMU 的交叉评价效率值

34 个有效 DMU 的编号从左向右依次为：1121、1122、1123、1221、1222、1223、1311、1312、1313、1321、1322、1323、2121、2122、2123、2221、2311、2312、2313、2321、3121、3122、3123、3221、3311、3312、3313、4121、4122、4123、4221、4311、4312 和 4313

5.4.3　优化结果

采用主成分分析法对多指标评价系统进行综合评价与排名是另一种较为常见的应用，朱兴业等（2010）曾将其应用在轻小型喷灌机组的技术性能综合评价中，对 4 种不同类型喷灌机组进行了排名。传统型主成分分析法的标准化过程抹杀了原始数据各指标变异程度的差异，不能准确反映原始数据包含的全部信息，这里采用改进的基于均值化的主成分分析法对 34 个有效 DMU 进行综合评价打分，并将评价结果与数据包络分析评价排名进行对比，结果如表 5-12 所示。

表 5-12　两种评价方法（PCA 和 DEA）34 个有效 DMU 排名对比

DMU 编号	PCA 排名	DEA 排名	DMU 编号	PCA 排名	DEA 排名
1121	26	22	1312	1	1
1122	30	28	1313	12	5
1123	34	24	1321	14	13
1221	19	16	1322	15	14
1222	21	21	1323	20	32
1223	22	18	2121	25	25
1311	2	2	2122	29	29

续表

DMU 编号	PCA 排名	DEA 排名	DMU 编号	PCA 排名	DEA 排名
2123	33	33	3311	4	6
2221	16	17	3312	8	7
2311	7	3	3313	11	12
2312	5	4	4121	23	26
2313	9	8	4122	27	30
2321	13	15	4123	31	34
3121	24	19	4221	17	20
3122	28	23	4311	3	9
3123	32	31	4312	6	10
3221	18	27	4313	10	11

从表 5-12 可知，两种评价方法下各决策单元的排名趋势总体一致，但也存在个别决策单元排名差异明显的情况。分析两种评价方法下的优选配置方案并进行对比，数据包络分析排在前 3 位的方案为 1312、1311 和 2311，而主成分分析排名前 3 位的方案为 1312、1311 和 4311，两种评价方法所推荐的机组配置几乎一致。两种评价方法中排名前 2 位的决策单元相同，为 1312 和 1311，其所对应配置分别为 200m 管长，0. 45MPa 工作压力，0. 2R 叠加距离，75mm 管径和 200m 管长，0. 45MPa 工作压力，0. 2R 叠加距离，65mm 管径，可知当前喷洒区域面积以及灌溉制度条件下的适宜机组配置为较小的管长与管径和较大的工作压力。采用数据包络分析进行评价排名位于后 3 位的配置方案为 4123、2123 和 1323，主成分分析排名后 3 位的配置方案为 1123、2123 和 3123，两种评价方法下的不利方案存在一定区别，但仍可看出上述 5 个不利方案具有明显的共同特征，均选取相对较小的组合间距和较大的 PE 管径。两种评价方法优选出的配置方案均在机组投资、喷灌强度、劳动强度、喷洒均匀度及单位生产率表现良好，在机组能耗和年运行费用表现欠佳。主成分分析方法下排名第 3 位的 4311 方案，在年运行费和能耗方面的表现尤为不理想，在 34 个待选方案中处于最低水平，而数据包络分析方法则规避了该方案，转而寻求并筛选出方案 2311，这也反映出数据包络分析法相对于主成分分析法在进行多指标综合评价时表现出更强的包容性和全域搜索能力。综合来看，两种评价方法下的最优配置方案均为 1312。目前市场上关于单喷枪卷盘式喷灌机的常见机型为 75-300 型，即管径 75mm，管长 300mm，喷枪匹配工作压力一般为 0. 35MPa 或以上，而 1312 对应技术方案为 75mm 管径，200m 管长以及 0. 45MPa 工作压力，该方案与传统相比，在年运行费和机组能耗

方面略有牺牲，但在初始投资和单位生产率的表现得到显著改善，同时可有效提升机组综合管理和运行水平。因此该技术参数可在单喷枪多能源联合驱动卷盘式喷灌机组研发和生产实践中参考应用。

参考文献

葛茂生，吴普特，朱德兰，等 . 2016. 卷盘式喷灌机移动喷洒均匀度计算模型构建与应用 . 农业工程学报，32（11）：130-137.

林海明，杜子芳 . 2013. 主成分分析综合评价应该注意的问题 . 统计研究，30（8）：25-31.

朱兴业，袁寿其，刘建瑞，等 . 2010. 轻小型喷灌机组技术评价主成分模型及应用 . 农业工程学报，26（11）：98-102.

Burt C M，Clemmens A J，Strelkoff T S，et al. 1997. Irrigation performance measures：efficiency and uniformity. Journal of Irrigation and Drainage Engineering，123（6）：423-442.

Carrión F，Tarjuelo J M，Hernández D，et al. 2013. Design of microirrigation subunit of minimum cost with proper operation. Irrigation Science，31（5）：1199-1211.

Dechmi F，Playán E，Cavero J，et al. 2003. Wind effects on solid set sprinkler irrigation depth and yield of maize（*Zea mays*）. Irrigation Science，22（2）：67-77.

Doyle J，Green R. 1994. Strategic choice and data envelopment analysis：comparing computers across many attributes. Journal of Information Technology，9（1）：61-69.

Jain Y K，Bhandare S K. 2011. Min max normalization based data perturbation method for privacy protection. International Journal of Computer & Communication Technology，2（8）：45-50.

Keller J，Bliesner R D. 1990. Sprinkle and Trickle Irrigation. West Caldwell：The Blackbum Press.

Playán E，Salvador R，Faci J M. 2005. Day and night wind drift and evaporation losses in sprinkler solid-sets and moving laterals. Agricultural Water Management，76（3）：136-159.

Wang J，Zhu D，Zhang L，et al. 2015. Economic analysis approach for identifying optimal microirrigation uniformity. Journal of Irrigation and Drainage Engineering，141（8）：04015002.

第6章 机组桁架轻量化设计

由于桁架在喷头车自重中占比较大，因此桁架轻量化设计对于移动式喷灌机组节能降耗具有重要作用。本章重点研究多能源互补驱动移动式喷灌机组双喷枪支撑桁架和多喷头桁架的结构优化设计问题，以期为多能源互补驱动移动式喷灌机组研发奠定基础。

6.1 双喷枪支撑桁架结构优化设计

传统卷盘式喷灌机一般使用单喷枪进行喷灌，所需的水头压力较大（陈亚新，1982），喷灌机进口水头高达 80m，能耗较高，限制了其大面积应用（Smith et al.，2002）。利用双喷枪灌溉，可降低喷枪工作压力，减小喷灌打击强度（喻黎明等，2002）。目前市场上的卷盘式喷灌机普遍为单喷枪配置，也有一些生产厂家（例如安徽艾瑞德农业装备股份有限公司）尝试将两个大流量喷枪组合灌溉，但由于缺乏双喷枪支撑桁架结构的合理设计，导致在生产实际中的双喷枪的间距过小，降低了喷洒宽度和灌水均匀性。为此，有必要开展双喷枪支撑桁架结构的研究。本节对双喷枪支撑桁架结构进行设计，利用 ANSYS 软件构建有限元模型模拟双喷枪支撑桁架结构实际工作中的使用情况（任重，2003），在满足刚度与强度的前提下，设计出安装方便、结构合理的适于卷盘式喷灌机的双喷枪支撑桁架结构。

6.1.1 悬臂梁式双喷枪支撑桁架结构分析

双喷枪卷盘式喷灌机组主要由卷盘车和喷头车构成，喷头车上配置两个喷枪进行移动式喷灌（丁强，2013）。双喷枪支撑桁架结构采用悬臂式，主要由左、右悬臂梁和中部刚性支座、进水口法兰盘组成；悬臂梁同时为过水管道，承担配水任务，其两端各配置一个直角弯头，用以连接喷枪（图 6-1）。

（1）结构型式及尺寸

现取市面常见悬臂梁式双喷枪支撑结构进行分析，悬臂梁结构如图 6-2 所示，两个喷枪安装在输水管上，输水管与喷头车以法兰盘刚性连接。因此，带有

图 6-1　双悬臂梁式喷灌机组

双喷枪的输水管称为双悬臂梁。悬臂梁兼过水管道（长度为 b），采用外径为 60mm、壁厚 3mm 的 Q235 无缝钢管，其弹性模量 E 为 210GPa，泊松比 μ 为 0，密度 ρ 为 7850kg/m^3，喷枪支撑点距过水管道的距离为 15cm。

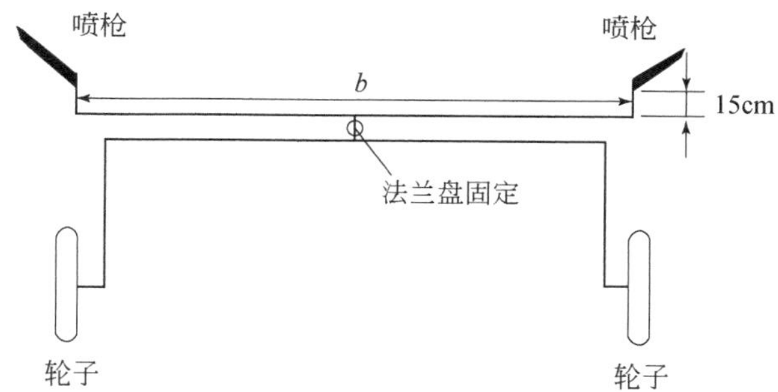

图 6-2　悬臂梁结构尺寸示意图

（2）基于有限元模型的结构分析

采用 ANSYS Workbench 软件构建有限元模型，单元类型为 Line body，选择 static structural 分析模块。梁与支座连接处无相对位移全约束。荷载为结构自重、满管水重及喷枪重量，喷枪重量为 75N。以 $b=2$m 为例，输出单元应力云图（图 6-3）和节点位移云图（图 6-4）。

由图 6-3 可知，应力值由中部向两端逐渐减小，最大应力为 10.254MPa。由图 6-4 可知，结构位移由支座处向桁架两端逐渐增大，两端最大值位移为 0.591mm。

根据有限元模型计算结果对杆件进行基于材料力学的强度与刚度验算。Q235 钢的许用应力为 215MPa，对于试验系统，选择较高的力学性能，取安全系数 $n=2.5$，则材料的许用应力为 86MPa 。喷灌系统对悬臂梁的刚度要求较高，本书悬臂梁的许用挠度按有轻轨轨道的工作平台梁许用挠度计算，取［δ］ =l/600，从而在 1m 悬臂处许用挠度不超过 1.67mm。由 ANSYS 有限元模型分析结果可知，悬臂梁的最大应力在支座处，为 10.25MPa，小于 86MPa，满足强度要求。悬臂

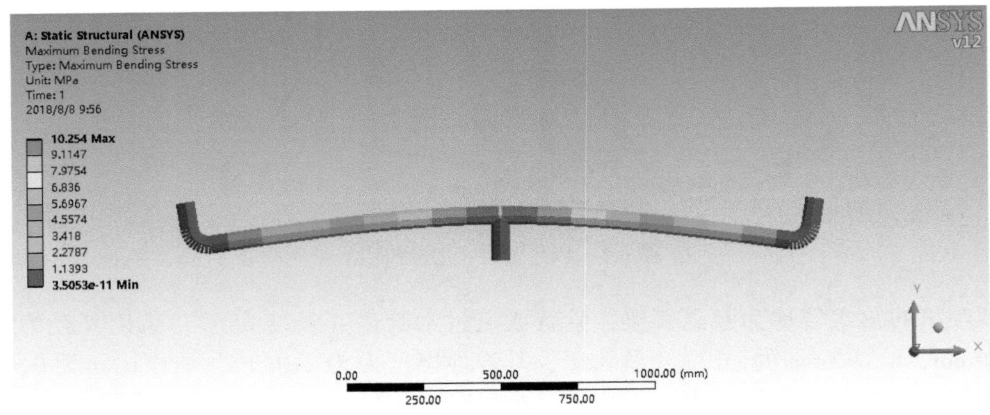

图 6-3　悬臂梁式结构单元应力云图

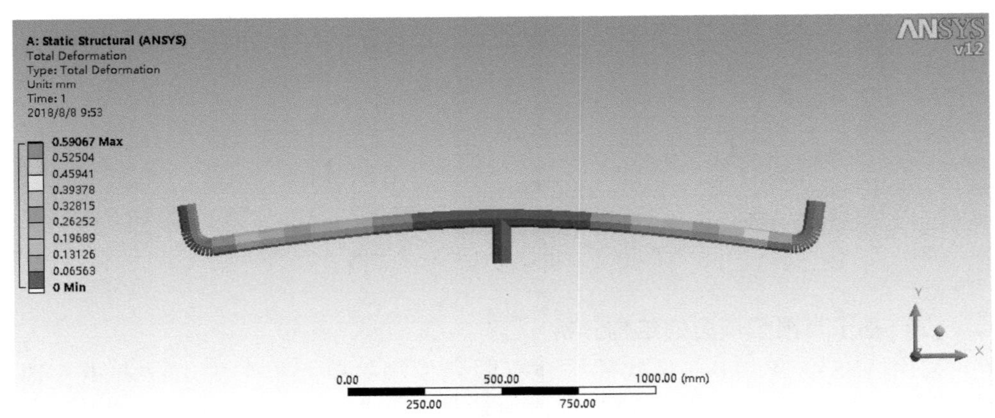

图 6-4　悬臂梁式结构节点位移云图

梁的最大位移点在最外端节点处，变形量为 0. 59mm，小于 1. 67mm。对不同双喷枪间距进行结构计算，结果见表 6-1。由表 6-1 可以看出，当悬臂梁长度达到 3. 4m 时，最大挠度等于许用挠度。因此，该结构的悬臂最大长度为 3. 4m。

表 6-1　悬臂梁式双喷枪支撑桁架结构分析结果

管道长度 b（m）	最大应力 $\|\sigma_{max}\|$（MPa）	最大挠度 $\|\delta_{max}\|$（mm）	许用应力 $[\sigma]$（MPa）	许用挠度 $[\delta]$（mm）
2	10. 25	0. 59	86	1. 67
2. 5	12. 83	1. 14	86	2. 08

续表

管道长度 b (m)	最大应力 $\|\sigma_{max}\|$ (MPa)	最大挠度 $\|\delta_{max}\|$ (mm)	许用应力 $[\sigma]$ (MPa)	许用挠度 $[\delta]$ (mm)
3	15.41	1.96	86	2.5
3.4	17.47	2.83	86	2.83
3.5	17.98	3.1	86	2.92

6.1.2 改进的双喷枪支撑桁架结构分析

(1) 结构型式及尺寸设计

对卷盘式喷灌机双喷枪支撑桁架的外形构造、节点位置与杆件尺寸等进行设计，改进后的结构尺寸示意图如图 6-5 所示。该结构为跨度总长为 b 的桁架结构，该桁架主要由水平输水管构成的下弦梁 8，斜向拉杆 1、2 和腹杆 3、4、5、6、7 组成，相邻腹杆间距为 a，通过调整 a 的取值，来改变输水管长度 b；腹杆长度分别为 0.1m、0.2m、0.3m，具体标注见图 6-5，拉杆与下弦梁的夹角为 θ，以桁架中心为基面对称布置两个支座 ①、③，支座间距为 2.6m，限制竖向位移；桁架中心布置一个固定支撑 ②，为进水口与法兰盘接口；桁架根部距喷枪弯头处为 0.5m。

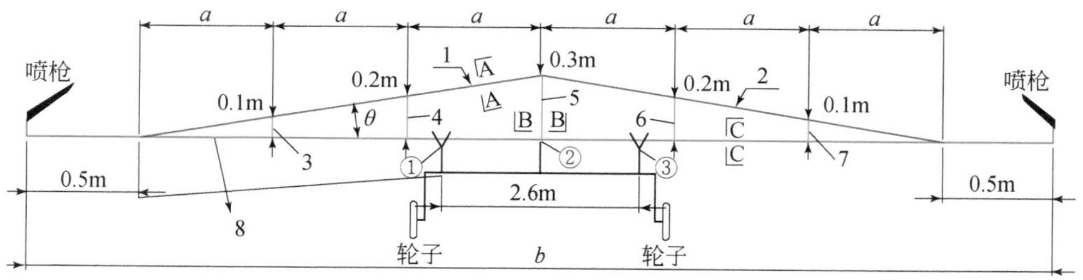

图 6-5　改进后的双喷枪支撑桁架结构尺寸示意图

改进后的双喷枪支撑桁架结构所用材料均为市场常见的 Q235 管道或型钢，图 6-5 中 A-A、B-B 和 C-C 分别为斜杆、腹杆和水平杆的截面，材料截面见表 6-2。

表 6-2　材料截面数据

A–A（mm）		B–B（mm）		C–C（mm）	
	$W_1=55$ $W_2=35$ $t_1=t_2=3$ $t_3=t_4=3$		$W_1=25$ $W_2=25$ $t_1=t_2=3$ $t_3=t_4=3$		$R_i=54$ $R_o=60$

(2) 基于有限元模型的结构分析

图 6-6 为双喷枪支撑桁架结构有限元模型示意图。

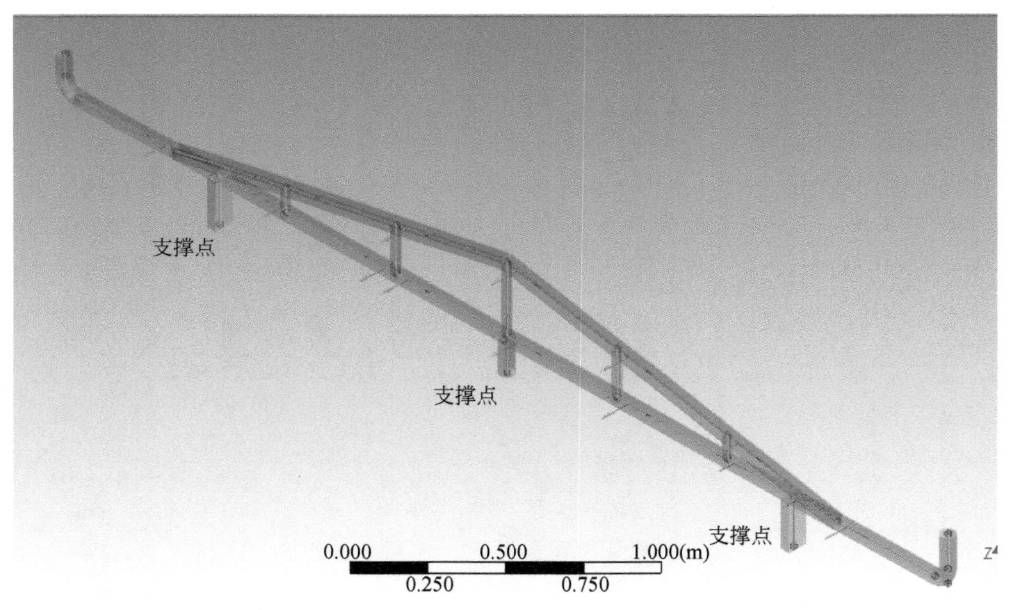

图 6-6　双喷枪支撑桁架结构有限元模型示意图

用 ANSYS 软件对有限元模型进行静力学计算，通过调整不同的腹杆间距来改变管道长度 b，腹杆间距 a 与 b 的关系如下。

$$b=1+6a \tag{6-1}$$

式中，b 为管道长度（m）；a 为腹杆间距（m）。

分析不同管道长度的强度和刚度，结果见表 6-3。由表 6-3 可以看出，$b=21.1$m 时挠度达到极限状态。

表 6-3　改进后结构静力学分析结果

腹杆间距 a (m)	θ 余切 $\cot\theta$	管道长度 b (m)	最大应力 $\|\sigma_{max}\|$ (MPa)	最大挠度 $\|\delta_{max}\|$ (mm)	许用应力 [σ] (MPa)	许用挠度 [δ] (mm)
0.5	5.0	4.0	4.8	0.3	86.0	3.3
1.0	10.0	7.0	4.7	0.9	86.0	5.8
1.5	15.0	10.0	4.7	2.2	86.0	8.3
2.0	20.0	13.0	5.1	4.4	86.0	10.8
2.5	25.0	16.0	7.8	7.9	86.0	13.3
3.0	30.0	19.0	10.6	12.9	86.0	15.8
3.2	32.0	20.2	11.7	15.4	86.0	16.8
3.3	33.0	20.8	12.3	16.8	86.0	17.3
3.4	33.5	21.1	12.6	17.5	86.0	17.6
3.4	34.0	21.4	12.8	18.2	86.0	17.8
3.5	35.0	22.0	13.4	19.7	86.0	18.3

图 6-7 和图 6-8 分别为改进后的双喷枪支撑桁架结构单元应力和节点位移云图。由图 6-7 可以看出，当 $b=13\text{m}$ 时，中部应力值分布较小，相对均匀，桁架根部应力最小，沿根部向两侧逐渐增大。由图 6-8 可以看出，支撑点间的位移为零，位移沿支座处向桁架两端逐渐增大。

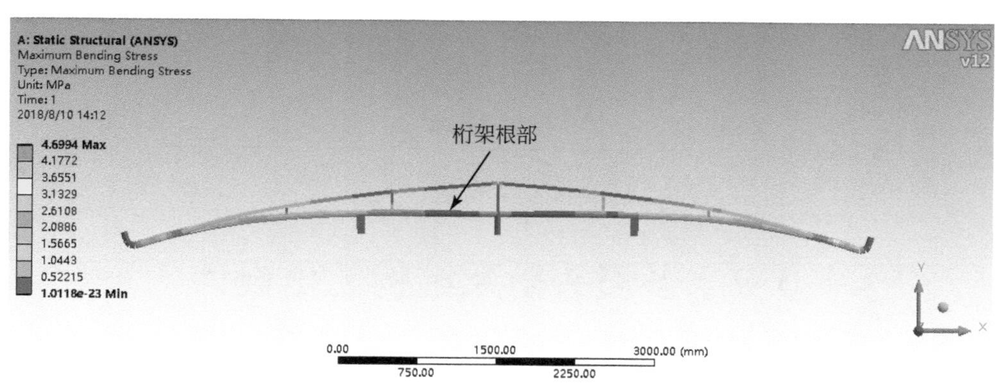

图 6-7　改进后双喷枪支撑桁架结构单元应力云图

(3) 设计结果应用

为验证改进后的双喷枪支撑桁架结构的稳定性，制作 12m 长实物模型（图 6-9），并进行最大挠度验证，验证结果显示，12m 时桁架结构最大挠度在喷枪处，经测量近似为 7mm，小于其对应的许用挠度 10mm，此结构完全满足使用条件。

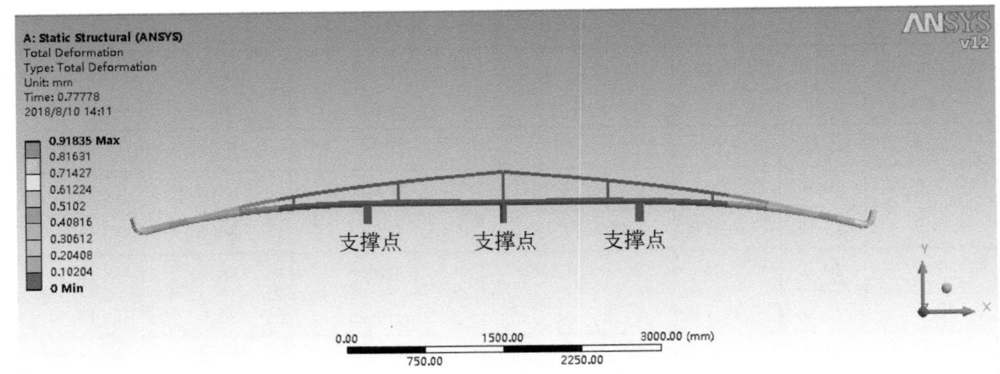

图 6-8　改进后双喷枪支撑桁架结构节点位移云图

图 6-9　12m 长桁架结构实物模型

6.2　多喷头桁架结构优化设计

6.2.1　双悬臂式桁架结构优化设计

6.2.1.1　结构整体设计

目前国内外常见的平移式喷灌机一般由多跨构成，单次灌溉面积较大（葛茂生等，2013），结合中国农村耕地分布不均、地块整合度不高等特点，研制的多能源互补驱动移动式喷灌机组多喷头桁架采用单跨双悬臂式刚性结构。苏联曾对双悬臂式喷灌机的桁架结构进行分析，给出悬臂桁架重量与其长度的变化关系图，如图 6-10 所示，悬臂桁架长度与其重量呈抛物线关系。因此，双悬臂式桁架长度选择要适中，不宜过长，否则重量显著上升；也不宜过短，否则灌溉面积太小，灌溉成本大幅提高。考虑到中国农村耕地田块小、分散不集中的现状，结合经济性和实用性，将桁架长度初选为 24m。

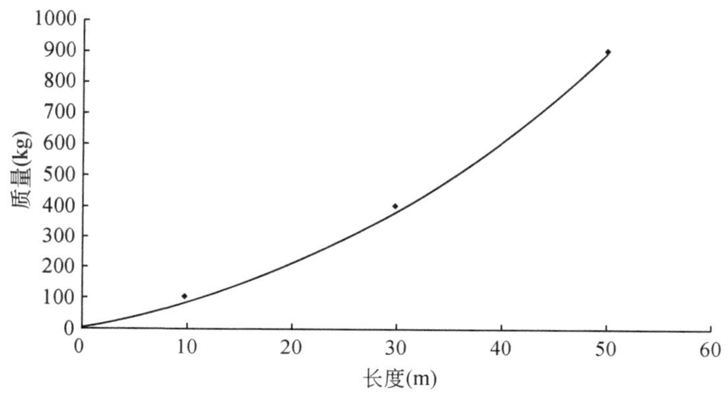

图 6-10　悬臂桁架重量与其长度的关系曲线

悬臂桁架结构是一个完全对称的空间结构，主要由管道、型钢构成，取上弦杆为供水管道，出于以下考虑，将供水管道定位抛物线形。

1）当桁架上弦节点位于二次抛物线上，可减少节间荷载产生的弯矩，但制造较为复杂。在均布荷载作用下，桁架外形和简支梁的弯矩图形相似，因而上下弦轴力分布均匀，腹杆轴力较小，用料最省，是工程中常用的一种桁架形式。

2）从供水管中部进水口到供水管两端，水量随着各喷头多孔出流而逐渐减少，同时沿程水头损失和局部水头损失逐渐增大，由中心向两侧的水头逐渐降低。桁架上弦供水管采用抛物线形，中间高两侧低，恰好产生一定的水力坡降，对于管内的水头损失进行了一定的正向补偿，对于灌溉均匀度的提升起到积极作用。

桁架为空间桁架，桁架应具有适当的中部高度 H 和端部高度 H_0。考虑到轻量化设计要求，暂取 $H=0.75\text{m}$，$H_0=0.25\text{m}$。

桁架沿跨度划分为若干等份（个别为非等分），每一份为一个节间。节间杆长不宜过大，一般为 1.5～4m，此处取 1.5m。

桁架支座简化为固定铰支座，暂取 $l=3\text{m}$。

综合以上因素，基本方案构思如下：双悬臂式桁架结构示意图如图 6-11 所示，整体钢架结构由上部桁架结构和支座部分组成，桁架结构系空间桁架；上弦梁呈抛物线形，为过水管道；腹杆设竖向等腰三角支架和斜向拉杆。

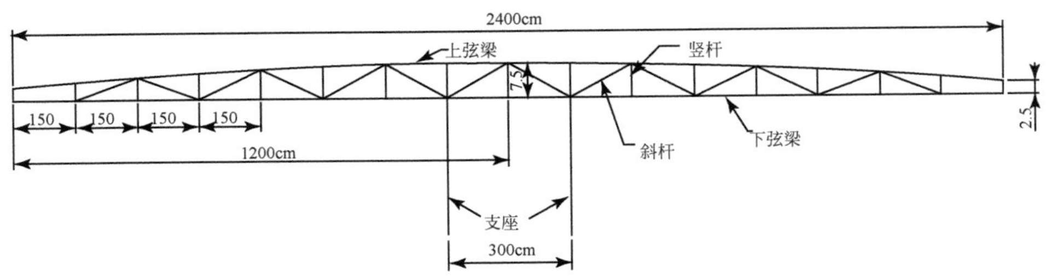

图 6-11 双悬臂式桁架结构示意图

6.2.1.2 材料选择

(1) 上弦梁材料选择

上弦梁为系统的过水支管，需要同时考虑结构强度和满足喷灌要求。

常用喷灌管种类有薄壁铝管、镀锌钢管和塑料管，其各自优缺点如下。

a. 薄壁铝管

优点：重量轻，能承受较高的工作压力，不易断裂，不锈蚀，内壁光滑，水力性能好，使用寿命长，一般可使用 15 年左右。

缺点：价格较高，铝材来源困难，受力易变形，不耐强碱性腐蚀。

b. 镀锌钢管

优点：强度高，不易断裂，价格比薄壁铝管、塑料管低。

缺点：重量比薄壁铝管、塑料管重。

c. 塑料管

优点：重量轻，耐腐蚀，硬塑管内壁光滑水力性能好。

缺点：冷脆，热变，易老化，耐压性差。

考虑到桁架上弦梁对强度的要求，上弦梁管采用薄壁镀锌钢管，管径暂定为 $\Phi 25$。

(2) 下弦梁材料选择

角钢具有良好的连接性能，得到了广泛的应用，如桁架的弦杆和腹杆、格构式输电塔架的承载肢和缀条杆件以及梁柱的侧向支撑等。单角钢构建几乎都是单肢通过螺栓或焊缝与其他构件连接，轴力传入构件时存在偏心，因此单面连接等边角钢受力后变形与轴心受压并不相同。康强文和童根树（2006）的研究表明：①单面连接角钢压杆，以绕连接肢所在轴的弯曲变形为主，扭转变形较小，对承载力起控制作用的是弯曲变形，因此单面连接角钢压杆承载能力计算时可不考虑弯扭失稳的影响。采用《钢结构设计规划》（GB 50017—2003）（下文简称“规范”）对单面连接角钢压杆进行设计，在长细比较大时，“规范”过于保守，可适当放开。②当角钢宽厚比满足“规范”局部屈曲的限值后，角钢宽厚比的变化对其稳定系数影响非常有限。

综合考虑角钢的性能，双下弦杆选用3.6号等边角钢。

（3）腹杆材料选择

三角形腹杆选用Φ20无缝钢管，斜向拉杆选用Φ10圆钢。

6.2.1.3 梁的设计

（1）桁架梁的外形设计

综合荷载和跨度等方面考虑，桁架制成轻型，杆件多为单腹式等截面杆，弦杆为等截面的连续杆。桁架制造和组装时采用焊接连接，同时为了便于拆装，在三角形腹杆的单向接头处采用螺栓连接。桁架外形取决于弦杆布置，而弦杆主要承受桁架的弯矩，因此桁架外形最好和弯矩图的形状一致，即满足合理拱轴线分布。由于该桁架内力分布较复杂，暂不能得到桁架的弯矩图，因此根据桁架的几个关键点自行拟合一条二次抛物线 $y=-0.003\,472x^2+0.75$。桁架空间结构示意图如图6-12所示。

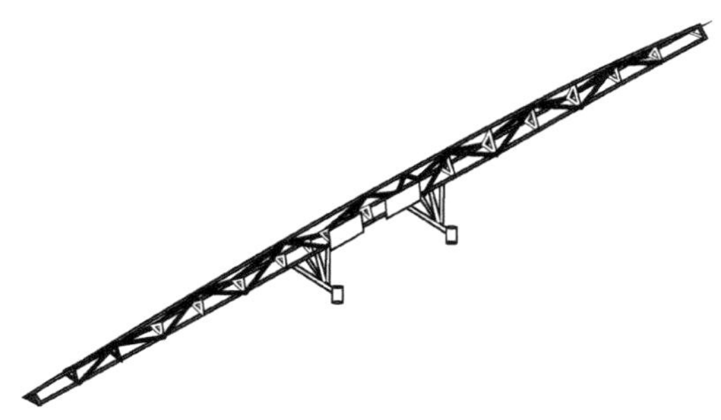

图6-12 桁架空间结构示意图

（2）实体构建

实体构建采用的供水管为标准镀锌钢管，长度为6m/根，因此实体的构建分四段进行，然后将各段连接成总长为24m的整体桁架，如图6-13所示，角钢的连接采用螺栓连接，连接处加设夹板；镀锌钢管的连接处采用标准Φ40套管，三角形腹杆支架上端通过套环与供水管连接，下端焊接于等边角钢上；斜向腹杆上端螺栓连接于套环，下端焊接于等边角钢上。

利用ANSYS软件对实体进行建模，并计算模型变形情况，由结果可知，外端节点发生位移最大，最大拉力为6741.4N，最大压力为2568.5N；最大位移节点位移为0.83cm。

图 6-13　双悬臂式桁架实体构建

1）截面验算：通过计算可知，角钢、供水管、三角腹架和腹杆方形钢管所受最大应力分别为 12.18MPa、11.7MPa、5.97MPa 和 17.67MPa，均小于材料许用应力 86MPa，满足强度要求。

2）挠度验算：由 ANSYS 有限元模型分析结果可知，悬臂梁的最大挠度在 18 号节点处，变形量为 8.29mm，小于允许值 20mm，满足使用要求。

根据初步构建实体暴露出的问题及有限元模型分析计算结构反映的问题，对设计方案做出以下两点改善：将 Φ25 供水管道调整为 Φ40 镀锌钢管。由于斜向杆拉压交替的缘故，将 Φ10 圆钢调整为壁厚 1mm、宽度 2cm 的无缝方形钢管。根据新的设计方案再次进行实体构建，如图 6-14 所示，新建实体力学性能良好，同时较好满足轻小型的要求，基本满足设计任务。

图 6-14　改进后的桁架结构实体构建

对构建实体的部分节点进行测量，统计其在竖直方向的实际位移，然后与有限元模型分析的位移结果进行对比，结果见表 6-4。

表 6-4　有限元模型分析结果与实测结果比较

节点编号	模拟位移值（cm）	实测位移值（cm）	位移偏差（cm）	偏差率（%）
18	0. 829	0. 95	0. 121	14. 60
20	0. 503	0. 6	0. 097	19. 28
23	0. 146	0. 15	0. 004	2. 74
25	0	0	0	0. 00
27	0	0	0	0. 00
29	0. 146	0. 15	0. 004	2. 74
32	0. 503	0. 65	0. 147	29. 22
34	0. 829	1. 1	0. 271	32. 69

由比较结果可知，通过 ANSYS 有限元模型分析计算出的桁架节点在竖直方向的位移与实测位移值基本吻合，偏差率小于 33%，处于可接受的范围之内。通过 ANSYS 进行模拟计算对于实体的构建可起到一定的指导作用。

6. 2. 1. 4　优化设计

优化设计是从多种方案中选择最佳方案的设计方法。它以最优化理论为基础，以计算机为手段，根据设计所追求的性能为目标建立目标函数，在满足各种约束条件下，寻求最优的设计方案。利用 ANSYS 进行优化时，算法的实现为一系列的“分析—评估—修正”的循环过程，这一循环过程重复进行到所有的设计要求均被满足为止。

(1) 数学模型建立

桁架结构设计的主要目标是在满足结构强度、刚度和稳定的前提下，使得杆件用料最省，以降低成本。因此，以杆件横截面参数为设计变量，以杆件总质量最小为目标函数进行优化设计。以杆件横截面 A_i 为基本变量，是优化设计中的设计变量，用矩阵表示即为

$$\boldsymbol{x}=\begin{Bmatrix}A_1\\A_2\\\vdots\\A_n\end{Bmatrix} \tag{6-2}$$

本章桁架结构的状态变量为强度、刚度和挠度约束条件，总体表达式为

$$\begin{cases} \sigma_i = \dfrac{N_i}{A_i} \leqslant [\sigma],\ i=1,\ 2,\ \cdots,\ n \\ \lambda_i \leqslant [\lambda],\ i=1,\ 2,\ \cdots,\ n \\ \delta_{\max} \leqslant [\delta] \end{cases} \tag{6-3}$$

式中，n 为杆件的总数目；$[\sigma]$ 为许用应力；$[\lambda]$ 为许用长细比；$[\delta]$ 为许用挠度值；$\delta_{\max}$ 为最大挠度值。目标函数要尽量取最小值，在状态变量确定的情况下，目标函数只是设计变量的函数。以杆件总质量为目标函数，目标函数可以写为

$$W_{\min} = \rho \sum_{i=1}^{n} A_i l_i \quad (i=1,\ 2,\ \cdots,\ n) \tag{6-4}$$

式中，l_i 为第 i 个杆件长度；ρ 为钢材密度。

(2) 实例分析

该空间桁架前后对称、左右对称，为简化计算，取一个由 9 根单元杆组成的桁架结构进行优化设计，该桁架结构承受自重和左右省略的杆件对它的轴向作用力，求该桁架的最小重量。默认允差为初始重量的 2%。弹性模量为 210GPa，泊松比为 0.3，密度为 7850kg/m³。优化分析桁架模型如图 6-15 所示。

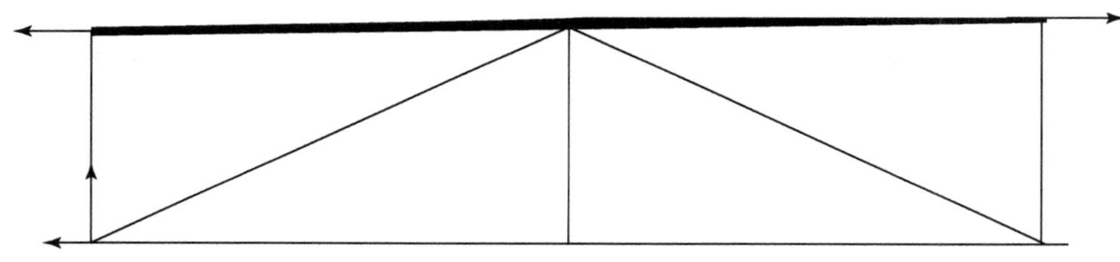

图 6-15　优化分析桁架模型

各单元杆根据实体结构横截面积及市场上常用杆件截面面积确定截面尺寸的范围，状态变量根据设计要求确定，选取桁架结构的总用钢材质量 W 为目标函数，各优化参数见表 6-5。

表 6-5　优化设计参数

分类		参数	范围	单位
设计变量	截面尺寸	A_1	50～400	mm^2
		A_2	20～200	
		A_3	200～800	
		A_4	20～200	

续表

分类		参数	范围	单位
状态变量	结构应力	$\sigma_{1\max}$	≤86	MPa
		$\sigma_{2\max}$	≤86	
		$\sigma_{3\max}$	≤10	
状态变量	结构应力	$\sigma_{4\max}$	≤10	MPa
		$\sigma_{5\max}$	≤10	
		$\sigma_{6\max}$	≤86	
		$\sigma_{7\max}$	≤86	
		$\sigma_{8\max}$	≤50	
		$\sigma_{9\max}$	≤50	
	最大挠度	$\delta_{\max}$	≤3.75	mm
目标函数	桁架质量	W		kg

设计变量与目标函数优化数据如表 6-6 所示。

表 6-6　设计变量及目标函数优化数据表

循环次数	截面面积 A_i（mm^2）				桁架质量 W（kg）
	A_1	A_2	A_3	A_4	
1	207.000	66.000	576.000	76.000	215.370
2	79.084	41.866	200.000	38.472	82.818
3	50.000	36.379	200.000	29.939	72.818
4	50.000	29.987	200.000	20.000	69.148
5	50.000	20.000	200.000	20.000	67.470
6	50.000	20.000	200.000	20.000	67.470

重量变化规律如图 6-16 所示。

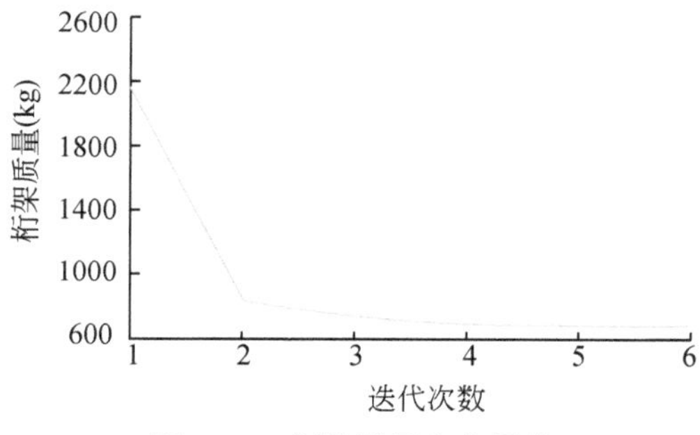

图 6-16　桁架质量变化规律

截面变化规律如图 6-17 所示。

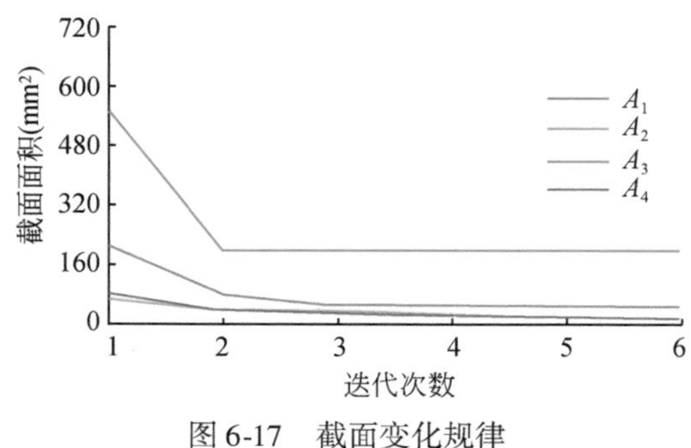

图 6-17　截面变化规律

挠度变化规律如图 6-18 所示。

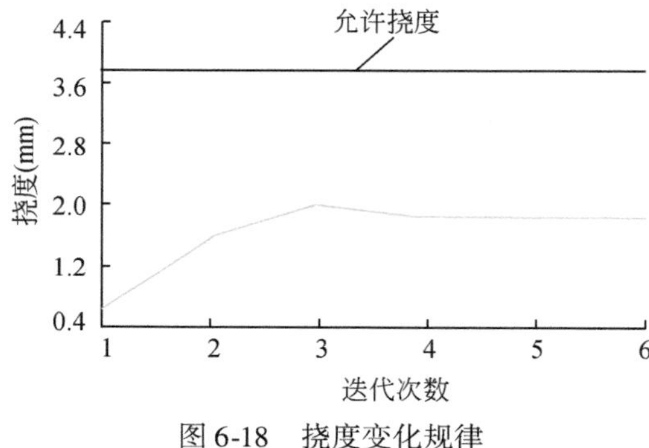

图 6-18　挠度变化规律

优化结果表明，优化后的总质量由最初的 215. 370kg 下降到 67. 470kg，减少了 68. 67%，优化效果明显，优化后的强度仍满足要求。

6. 2. 2　拱形桁架结构优化设计

6. 2. 2. 1　桁架结构尺寸确定

对维蒙特和沃达尔喷灌机的结构位移与各杆件受力情况分析，可以发现维蒙特喷灌机桁架结构在最不利工况下，强度、刚度和稳定性表现更好。本章便以维蒙特喷灌机桁架的尺寸结构为基础，结合目标跨度按比例缩小其余各杆件结构尺寸，初步构建出一款简支式桁架结构模型，如图 6-19 所示，其桁架长度为 50m，具体为中间跨度 38m，两端悬臂长度各 6m。为使桁架结构更稳定，设计矢高比为 0. 45，高跨比为 0. 035，撑杆组数为 5 组，因此，桁架高度为 1. 33m，其中矢

高 $f_1=0.6\text{m}$，垂度 $f_2=0.73\text{m}$；供水管直径为 80 ~ 110mm。根据参考文献（李鸿明等，1980），上弦根据合理拱轴线等一般采用二次抛物线型，下弦采用鱼腹型，其节点也在某二次抛物线上。其拱轴方程根据结构力学推荐为

$$Y=\frac{4fx}{L^2}(L-x) \tag{6-5}$$

式中，Y 为拱高；x 为距支架距离；f 为矢高；L 为中间跨长。

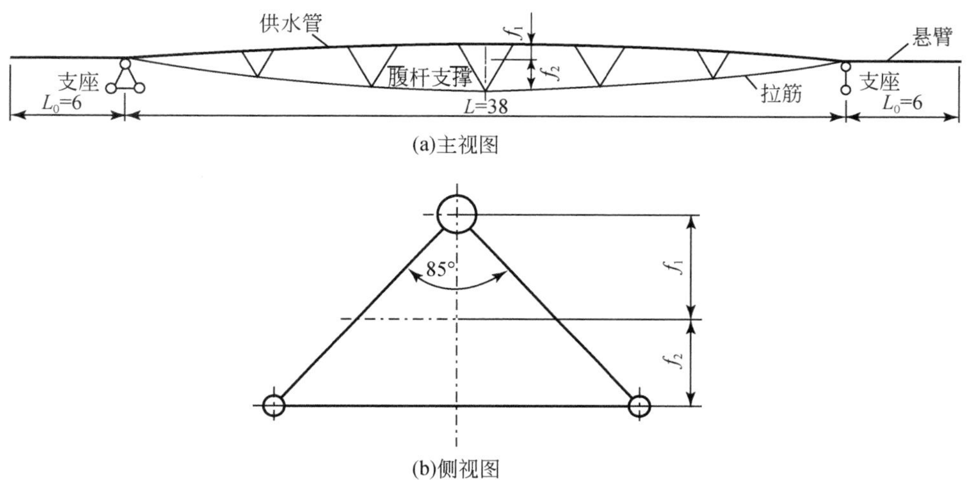

图 6-19　简支式桁架结构示意图

根据拱轴方程可计算出各节点坐标，根据以上数据确定出喷灌机桁架具体结构。后面各小节的各个计算模型若无特殊说明，均是以此为基础的桁架结构计算模型，随之改变相应的杆件参数而得。

桁架所用材料属性见表 6-7。

表 6-7　简支式桁架所用材料属性

杆件	尺寸 D (mm)	厚度 t (mm)	截面面积 A (mm^2)	截面惯性矩 I_x、I_y (mm^4)	截面惯性半径 i (mm)	弹性模量 E (MPa)	密度 ρ (kg/m^3)
输水管	ϕ95	2.5	726.5	7.7×10^5	32.6	2.06×10^{11}	7850
角钢	50×50	5.0	428.8	1.1×10^5	16.0	2.06×10^{11}	7850
拉筋	ϕ10	/	78.5	/	/	/	7850

6.2.2.2　桁架结构有限元模型构建

根据水力性能计算确定输水管杆件尺寸如表 6-8 所示。

表 6-8　各杆件截面特性

输水管（m）		拉筋（m）		角钢（m）	
R_i R_o	$R_i=0.0450$ $R_o=0.0475$	R	$R=0.01$	t_2 W_2 t_1 W_1	$W_1=0.05$ $W_2=0.05$ $t_1=0.005$ $t_2=0.005$

喷灌机组桁架承受荷载主要为自重、水重及风荷载。该桁架承受的主要荷载为自重和水重，若将其简化为平面结构，可发现其结构左右对称、荷载对称，且荷载都是均匀分布。对其施加相应荷载，仍分为三种工况：①结构自重；②结构自重+水重；③结构自重+水重+风荷载。

风荷载属于侧向水平荷载，标准风压公式为

$$W_p=\frac{v^2}{1600} \tag{6-6}$$

式中，W_p为风压（kN/m^2）；v 为风速。根据《建筑结构荷载规范》，陕西西安地区 50 年一遇的基本风压值为 0. 35kN/m^2。

该模型经网格划分后共 124 个节点，50 个单元。其中，1 ~ 11 号杆件为供水管单元，12、13 号杆件为悬臂单元，14 ~ 25 号杆件为拉筋单元，26 ~ 50 号杆件为角钢单元。桁架结构有限元模型及杆件单元编号如图 6-20 所示。

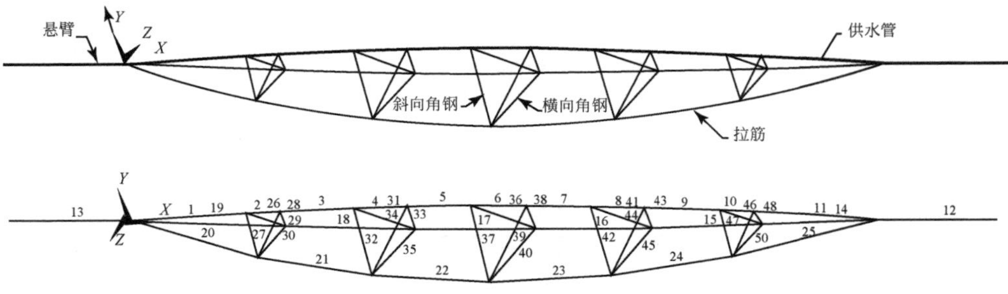

图 6-20　桁架结构有限元模型及杆件单元编号

6. 2. 2. 3　力学性能分析与杆件验算

对有限元模型施加相应荷载，获得三种工况下桁架结构的受力特性与变形情况，如表 6-9 所示。

表 6-9　三种工况下桁架结构受力特性与变形情况

工况	中点位移（m）	最大轴力（N）	支座反力（N）	支座弯矩（N·m）	最大应力（N）	最大弯矩（N·m）
①	0.057	20 752	3 177.2	620.8	3.27×10^7	130.5
②	0.079	28 647	4 723.3	125.1	4.08×10^7	188.6
③	0.105	28 649	4 723.0	400.9	4.08×10^7	209.6

三种工况下，桁架结构最大位移均为中点位移，其次较大位移为悬臂两端位移，且最大轴力均发生在供水管 5 号杆件上。工况②与工况③支座反力数值相近，可见风荷载对于支座反力并无影响。杆件最大应力发生在 5 号杆件上，风荷载对于最大应力的影响较小。工况①与工况②最大弯矩相差不大，均发生在 17 号杆件，工况③的最大弯矩发生在 12 号杆件，可见施加风荷载后对于结构的弯矩变化影响明显。

输出工况③，即自重+水重+风荷载情况下的应力应变云图与结构位移图见图 6-21。为方便观察桁架结构的变形情况，增加了整体位移的放大倍数。黑色杆件为施加荷载前桁架，为主视图方向；彩色杆件为施加荷载后桁架变形情况。如图 6-21 所示，由于自重+水重造成了整体桁架结构向下位移，因风荷载作用桁架整体倾斜，使得一边拉筋向下位移较大，中间部分为结构的最大位移（0.05m）；由于两边有支座固定，故变形情况是中间最大、依次向两边递减；由于悬臂长度较长，加之自重和水重的影响，两端悬臂刚度变化也较为明显。分析发现桁架结构各杆件的变形情况符合实际情形。

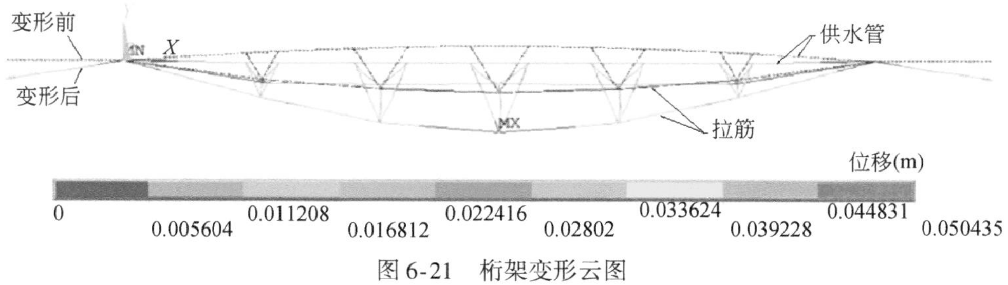

图 6-21　桁架变形云图

由 ANSYS 可输出各杆件轴力数值，能了解不同杆件类型的受力情况，观察最大拉（压）力所属杆件，以便于后续的截面验算。供水管均受压力，其中 5 号杆件承受压力最大；拉筋均受拉力，16 号、17 号杆件承受拉力最大；横向角钢仅承受压力，受力最大为 45 号杆件；斜向角钢既承受拉力也承受压力，拉力最大为 26 号杆件，压力最大为 28 号杆件。

对于工况③的桁架结构进行截面验算，检验其是否满足刚度、强度与稳定性的要求。根据许用应力公式 $[\sigma]=\sigma_n/n$，Q235 钢的应力值为 215 MPa，此处安全系数取较高数值为 2.5，可得许用应力为 86MPa。桁架杆件的刚度用容许长细比来衡量，受压杆件的容许长细比为 200。具体验算结果如表 6-10 所示。

表 6-10 工况③下桁架各杆件截面验算

杆件类型	最大轴力（N）	许用应力（MPa）	容许长细比	强度验算（MPa）	稳定验算（MPa）	刚度验算
供水管	31 384（压力）	86	/	20.85	/	/
拉筋	16 199（拉力）	86	/	50.49	/	/
斜向角钢	3 001（拉力）	86	200	6.32	13.44	$\lambda_{x0}=58.3\lambda_{y0}=114.3$
	3 390（压力）	86	200	7.13	15.75	$\lambda_{x0}=59.9\lambda_{y0}=117.35$
横向角钢	693（压力）	86	200	1.30	6.64	$\lambda_{x0}=98.6\lambda_{y0}=194.5$

根据验算结果可知，各个杆件强度、刚度、稳定性验算值均满足要求，并远小于许用应力及容许长细比，表明杆件尺寸存在很大冗余量，材料未得到充分的利用，故有必要进行尺寸优化分析以保证结构的经济性。

6.2.2.4 桁架结构优化设计

喷灌机组桁架结构模型经过验算后发现，在满足刚度、强度、稳定性的基础上杆件用料有较大冗余，因此本书以整体结构质量最轻为优化目标对桁架结构进行优化设计，在满足桁架结构中最大应力和最大位移要求的条件下使成本最小，即整体桁架结构质量最轻。采用 ANSYS 自带的零阶方法中的子问题法进行优化分析（Luh and Lin，2008）。零阶方法是通过对目标函数不断逼近，将约束转换为非约束的优化问题，子问题法即是在确定次数的抽样基础上，拟合设计变量、状态变量和目标函数的响应函数，从而寻求最优解。优化设计分析过程利用 APDL 语言实现。

（1）建立优化数学模型

以整个桁架结构质量最轻为目标函数，以杆件截面尺寸作为设计变量，以杆件强度、桁架变形量和稳定性为约束条件构建优化模型如下。

尺寸设计变量：

$$X=[x_1, x_2, \cdots, x_n]^{T} \tag{6-7}$$

$$A=[A_1, A_2, \cdots, A_n]^{T} \tag{6-8}$$

目标函数：

$$\min W(X)=\sum_{i=1}^{n}\rho_i A_i L_i \tag{6-9}$$

约束条件：

$$\sigma_i \leqslant [\sigma]\ (i=1,2,\cdots,n) \tag{6-10}$$

$$\delta_i \leqslant [\delta]\ (i=1,2,\cdots,n) \tag{6-11}$$

$$M_i^L \leqslant M_i \leqslant M_i^U\ (i=1,2,\cdots,n) \tag{6-12}$$

式中，X 为设计变量；n 为设计变量数；x_i 为各尺寸变量；x_n 为 A_n 的函数；W 为杆件结构重量；ρ_i 为各杆件密度；A_i 为杆件截面；L_i 为各杆件长度；σ_i 为各杆件应力；$[\sigma]$ 为许用应力；δ_i 为各节点位移；$[\delta]$ 为节点许用位移；M_i 为侧向弯矩。

（2）确定尺寸优化变量

为使喷灌机组桁架结构达到轻量化的目的，同时满足强度、刚度的要求，根据市场现有杆件尺寸标准，给出相应 9 个设计变量和状态变量的取值范围，如表 6-11 所示。

表 6-11　尺寸优化变量列表

分类	输入参数（x_i）	范围
目标函数	桁架结构总质量 WT	
设计变量（mm）	供水管外半径 R_1	39～55
	供水管内半径 R_2	38～55
	斜腹杆型钢尺寸 S_1（长度）	45～60
	斜腹杆型钢尺寸 S_2（宽度）	4～6
	水平腹杆型钢尺寸 S_3（长度）	40～50
	水平腹杆型钢尺寸 S_4（宽度）	4～6
	拉筋半径 R_3	8～15
	悬臂梁外半径 R_4	38～55
	悬臂梁内半径 R_5	38～55
状态变量	最大应力 S_{max}（MPa）	≤41
	最大挠度 D_{max}（mm）	≤105

（3）优化结果分析

采取零阶方法优化模型，进行 30 次优化循环。实际优化序列次数为 126 次，其中有效序列为 32 次，分别列出各杆件横截面积随有效优化循环次数的变化曲线。优化前后，各杆件尺寸与桁架结构总质量变化情况如表 6-12 所示。

表 6-12　优化前后杆件尺寸与桁架结构总质量变化情况

变量	R_1 (mm)	R_2 (mm)	S_1 (mm)	S_2 (mm)	S_3 (mm)	S_4 (mm)	R_3 (mm)	R_4 (mm)	R_5 (mm)	WT (kg)
初始数值	45	47.5	50	5	50	5	10	45	47.5	648.35
优化数值	45	47.2	45	4	40	4	8	38	42.0	476.67
缩减比例（%）	0	0.6	10	20	20	20	20	15.5	11.6	26.5

如表 6-12 所示，供水管的尺寸变化较小，仅壁厚减小了 0.3mm；悬臂尺寸变化较大，悬臂的内、外半径尺寸缩减比例分别为 15.5% 和 11.6%。桁架结构中主要靠拉筋来承受结构内部的拉力，在保证其刚度、强度符合要求的前提下，拉筋直径在优化过程中减小了 2mm，优化程度较大。横向和斜向角钢是结构的主要支撑体系，横向角钢的长度（S_1）、宽度（S_2）分别缩减 10% 和 20%，斜向角钢尺寸（S_3 和 S_4）缩减了 20%，优化效果较好，即其尺寸分别由 45mm×5mm 优化到 45mm×4mm，适用于市场通用型钢尺寸规格。

由图 6-22 可以看出，优化模型桁架结构质量变化曲线呈曲折下降至稳定持平的趋势，结构总质量由 648.35kg 开始降低，到 476.67kg 左右稳定下来，桁架结构总质量缩减比例为 26.5%，优化效果较为明显。

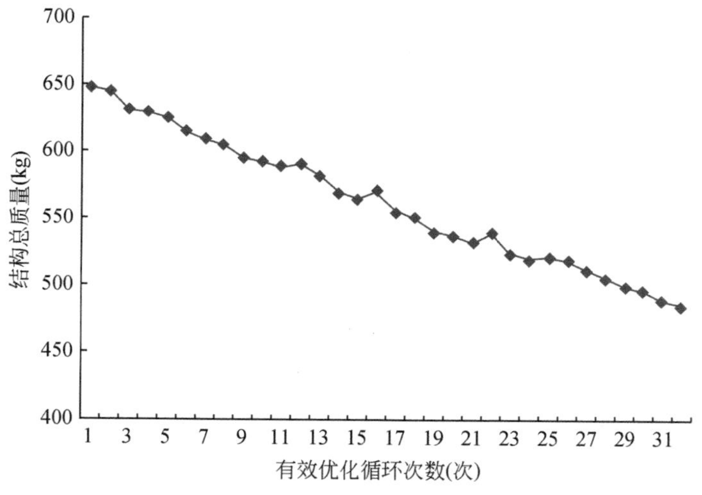

图 6-22　优化模型桁架质量变化过程曲线

供水管与角钢尺寸是影响桁架结构质量的主要因素，图 6-23 显示了供水管与横向、斜向角钢的横截面积分别随有效优化循环次数的变化情况，横向角钢横截面面积随有效优化循环次数增多呈现缓慢下降的趋势，循环末端出现面积陡降后又上升至稳定水平；斜向角钢横截面面积随有效优化循环次数的增多呈现先快速下降，后曲折中不断降低的变化趋势；供水管横截面积在优化初期出现面积的陡升，后逐渐减小至较优水平。

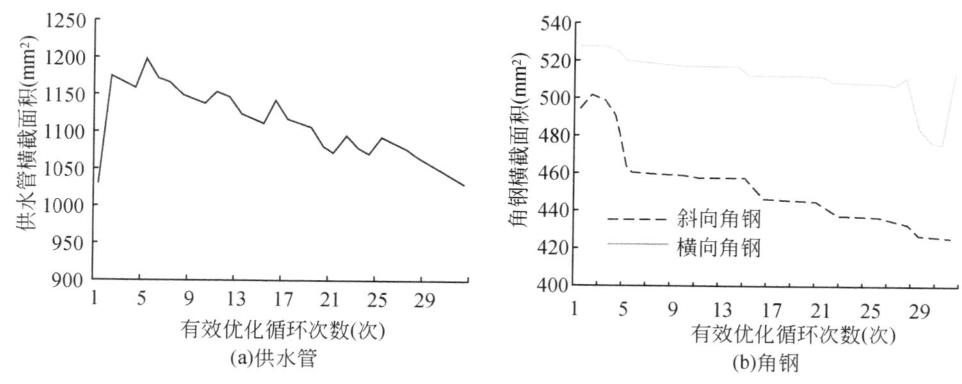

图 6-23　供水管和角钢横截面积随优化次数变化情况

表 6-13 为优化后各杆件截面数据，经过对轻小型喷灌机桁架结构尺寸优化分析，可发现各杆件截面尺寸比之前均有所减小，优化效果较为明显。对杆件截面的优化设计使得该桁架结构的用钢量大幅减小，成本造价也随之降低。通过表 6-13 所示各截面数据，结合本书对于桁架结构型式的确定，可以最终构建出同时满足稳定性与经济性的喷灌机桁架结构型式。

表 6-13　优化后各杆件截面特性

输水管横截面	输水管	悬臂	拉筋横截面	拉筋	角钢横截面	横向角钢	斜向角钢
R_i R_o	$R_i=0.045$ $R_o=0.047$	$R_i=0.038$ $R_o=0.040$	R	$R=0.008$	t_2 W_2 t_1 W_1	$W_1=0.045$ $W_2=0.045$ $t_1=0.004$ $t_2=0.004$	$W_1=0.04$ $W_2=0.04$ $t_1=0.004$ $t_2=0.004$

参考文献

陈亚新 . 1982. 引进的绞盘式喷灌机性能试验分析及对我国研制的意见 . 内蒙古农牧学院学报，(1)：179-194.

丁强 . 2013. 卷盘式喷灌机的使用技术 . 农机使用与维修，(1)：43-44.

葛茂生，吴普特，朱德兰，等 . 2013. 基于 ANSYS 的轻小型移动式喷灌机组桁架杆件优化研究 . 节水灌溉，(11)：62-65.

康强文，童根树．2006. 单肢连接的单角钢压杆承载力分析．钢结构，21（2）：7-11.
李鸿明，张国栋，邹向东，等．1980. 大型喷灌机桁架计算的探讨．灌溉技术，（4）：15-22.
任重．2003. ANSYS 实用分析教程．北京：北京大学出版社．
喻黎明，吴普特，牛文全．2002. 喷头组合间距、工作压力和布置形式对喷灌均匀系数的影响．水土保持研究，9（1）：154-157.
Luh G C，Lin C Y. 2008. Optimal design of struss structures using ant algorithm. Structural and Multidisciplinary Optimization，36（4）：365-379.
Smith R，Baillie C，Gordon G，et al. 2002. Performance of travelling gun irrigation machines. Gastroenterology，120（5）：235-240.

第7章 基于土壤含水率的精准灌溉控制技术

为了在提高灌溉效率的同时，尽可能减少以恒定频率运行时的高能耗、低精度问题。本章通过土壤墒情传感器采集数据与上位机设定参数对照，由PLC计算出参考转速，将参考转速与电机的实际转速结合做出预测控制，并将结果输出至变频器，变频器带动永磁同步电机（permanent magnet synchronous motor，PMSM）水泵，从而实现水泵压力和流量更加精量、快速的控制；并进行相应软硬件设计和上位机界面设计，为节水灌溉系统设计提供借鉴。

7.1 系统总体设计

永磁同步电机具有体积小、重量轻、反应快、效率高等优点。随着电力电子技术和控制技术的发展，永磁同步电动机伺服系统已经在现代高性能伺服系统中得到极广泛的应用（张波等，2001；Jing et al.，2004）。相关学者已提出大量算法用于永磁同步电机水泵的稳定控制，包括滑模控制、模糊控制、线性反馈控制、自适应控制等（Ren et al.，2015；Zhou et al.，2015；牛里等，2014；Wei et al.，2007），但预测控制在水泵变频调速的应用很少。

图7-1为基于土壤墒情的永磁同步电机水泵变频调速预测控制系统的总体设计框图。该系统以下位机（PLC）为核心，PLC是整个系统的枢纽，用于配合传感器、水泵、触摸屏和上位机之间的有序工作。下位机能够对土壤墒情传感器实时采样，接收土壤温度和湿度数据，并经过逻辑运算计算出一个合理的浇灌频率发送给变频器。当变频器工作时，它会带动水泵旋转，经输水管道流向喷头实现灌溉。变频器会实时监测水泵的转速，判断水泵是否达到参考转速，若达到参考转速则稳定在该频率；若未达到参考转速，频率则继续升高，直至达到参考值。在运行过程中可人为修改水泵频率（转速），也可在土壤湿度变化超过阈值时自动根据当前土壤湿度改变灌溉频率，湿度阈值可手动设置。上位机和触摸屏可以接收下位机发来的传感器、变频器和错误报警等数据，实现参数的实时监控，也可给下位机发送指令，用以水泵频率的调节、定时、功能选择。上位机还能和Access数据库连通，在传感器打开和水泵运行时同步导出当前土壤温度和湿度、

设定频率、实际转速、功率、流量、扬程等信息。

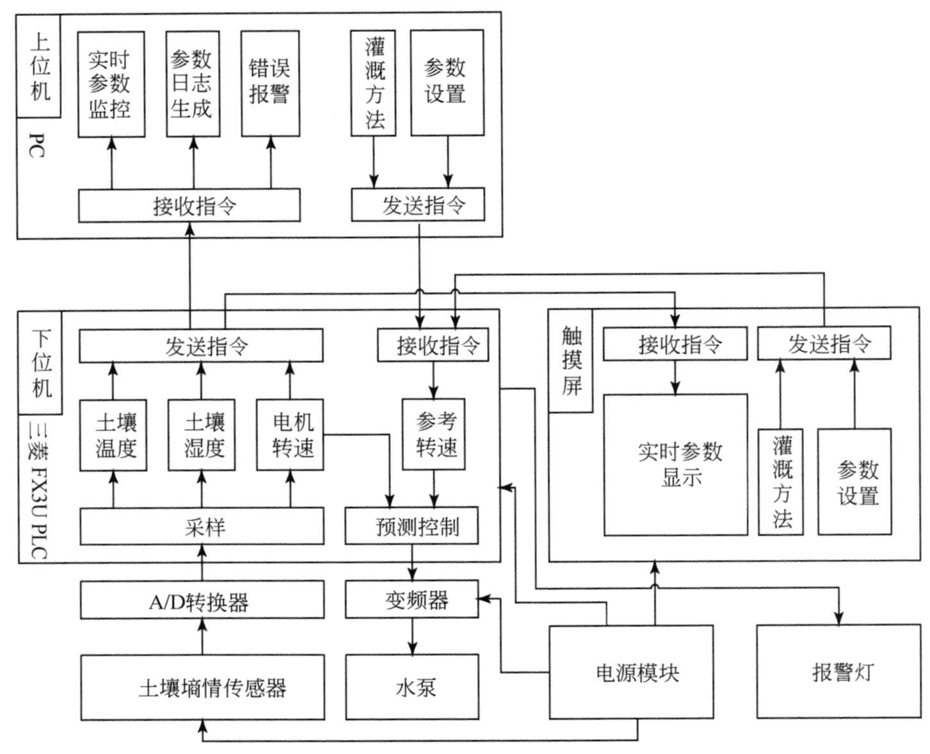

图 7-1　系统总体设计框图

本系统下位机采用三菱电机生产的 FX3U 系列 PLC，该系列 PLC 除去自带的 RS422 编程通信接口外，还可以扩展两个通信模块，相较早前只能额外扩展一个通信模块的 FX2N 系列 PLC，在多设备协同工作时性能有明显提高。图 7-2 给出了各设备的接线图，其中 PLC 扩展的 FX3U-232BD 通信模块用于连接土壤墒情传感器的无线接收模块，无线接收模块与无线发送模块配合实现土壤温度和湿度信息的采集。PLC 扩展的另一个通信模块 FX3U-485ADP-MB 与变频器连接，变频器再与水泵连接以带动水泵进行灌溉。由于需要通信的设备有 4 个而 PLC 总共只能提供 3 个通信接口，所以必须有两个设备共用一个通信接口。考虑到触摸屏和上位机同属于一类监控设备，所以在系统中加入了串口切换器，串口切换器的 IN/OUT 接口与 PLC 的 422 编程口连接，A、B 切换口分别与上位机、触摸屏连接，可通过改变串口切换器上 A、B 按钮的状态，实现 PLC 与触摸屏、上位机之间信道的切换。

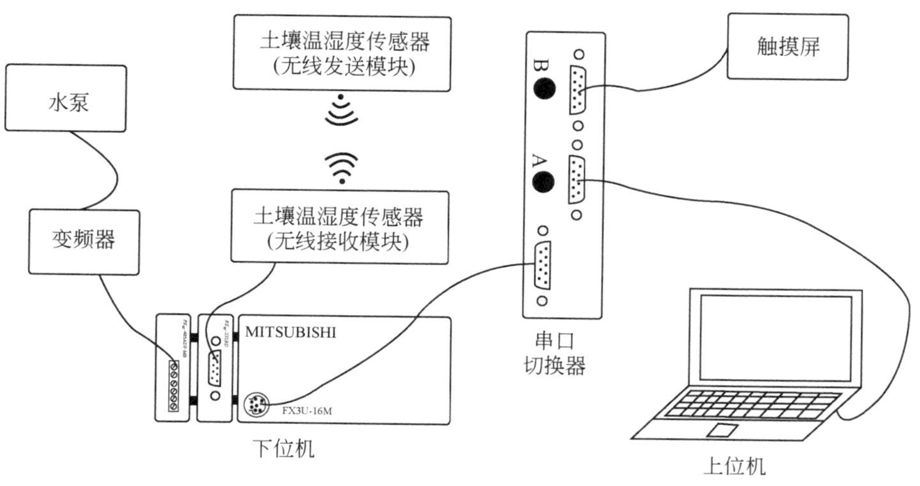

图 7-2　设备接线图

7.2　水泵变频调压原理

(1) 根据实测土壤含水量确定灌水定额

实测田间土壤体积含水量，灌水至 90% 的田间持水量，灌水定额计算公式为

$$m=H\left(0.9\theta_{\mathrm{f}}-\theta_{0}\right) \tag{7-1}$$

式中，m 为灌水定额（m）；H 为计划湿润层深度（m）；θ_{f} 为田间持水量；θ_0 为土壤实测含水量。

(2) 根据灌水定额和行走速度确定喷灌机流量

喷灌机流量计算公式为

$$Q=mSV \tag{7-2}$$

式中，Q 为喷灌机流量（m^3/h）；S 为有效喷灌宽度（m）；V 为喷灌机行走速度（m/h）。

(3) 根据喷灌机流量确定喷灌机压力

喷灌机压力计算公式为

$$H=\frac{Q^2}{2g\mu^2A^2} \tag{7-3}$$

式中，H 为喷灌机压力（m）；μ 为流量系数；g 为重力加速度；A 为孔口面积。

(4) 根据喷灌机要求压力调节水泵转速

叶片泵的相似律表达式为

$$\frac{H_1}{H_0}=\left(\frac{n_1}{n_0}\right)^2 \tag{7-4}$$

式中，n_1、n_0 为水泵转速；H_1、H_0 为转速为 n_1 和 n_0 时的扬程。式（7-4）变形可得 $n_1=n_0\sqrt{\frac{H_1}{H_0}}$，当水泵扬程需要调整时（由 H_0 变为 H_1），相应水泵转速则由 n_0 变为 n_1。

（5）根据水泵转速调节变频器频率

水泵的频率和转速之间的关系为

$$n=\frac{60f}{P} \tag{7-5}$$

式中，P 为电机旋转磁场的极对数；f 为水泵的频率。

从式（7-5）可以看出，通过改变输出电压的频率即可改变水泵负载的转速，进而改变水泵输出压力和流量。

根据上述步骤（1）至（5），相应的精准灌溉控制系统参数如表 7-1 所示。

表 7-1　精准灌溉控制系统参数

土壤水分（%）	灌水定额（mm）	行走速度（m/h）	流量（m^3/h）	压力（m）	水泵转速（r/min）	水泵频率（Hz）
6	30	30	27.0	19.3	3678	61.3
12	24	30	21.6	12.4	2942	49.0
18	18	30	16.2	6.9	2206	36.8
24	12	30	10.8	3.1	1471	24.5
30	6	30	5.4	0.8	735	12.3

7.3　卷管层间差速补偿技术

太阳能是一种清洁无污染的能源，其蕴藏丰富，将太阳能发电装置应用于卷盘式喷灌机，为喷灌机提供动力，可实现通过电机和电气装置控制喷灌机行走系统，进而实现喷灌的自动化和精准化。根据喷灌机的运行特性不难看出，影响机组喷洒质量的关键是保持喷头车匀速行进，而影响行进速度最主要的因素是卷盘上软管缠绕直径的变化及卷盘上软管和其中水体重量的变化。目前较为常用的是单喷枪卷盘式喷灌机，而卷盘式喷灌机在灌溉回收时，随着 PE 软管层数的增加，PE 软管的回收速度越来越快，最终导致灌溉均匀性差，所以，喷灌机灌溉作业时需要用到速度控制装置。

卷盘式喷灌机结构图如图 7-3 所示。市场上由水涡轮驱动收管的喷灌机，其速度补偿装置是使用连杆机构来感应 PE 软管层数，并通过连杆机构的连锁反应自动调整水涡轮手柄，以达到通过调整水涡轮转速最终使 PE 软管回收速度均匀的目的。该种调速方式结构复杂，误差大，速度补偿性能差，移动式喷灌一般要求喷洒均匀系数不得低于 85%。对于采取直流电机驱动收管的喷灌机组，现有技术中利用微型步进电机连接小齿轮，小齿轮与扇形齿轮轮齿咬合，扇形齿轮安装在水涡轮的调速杆上，通过微型步进电机带动小齿轮，小齿轮带动扇形齿轮再进一步带动水涡轮调速杆的转动，以改变进入水涡轮的水流量进而实现水涡轮的调速。而对于太阳能卷盘式喷灌机，现有技术中尚无较为成熟的速度调节、控制

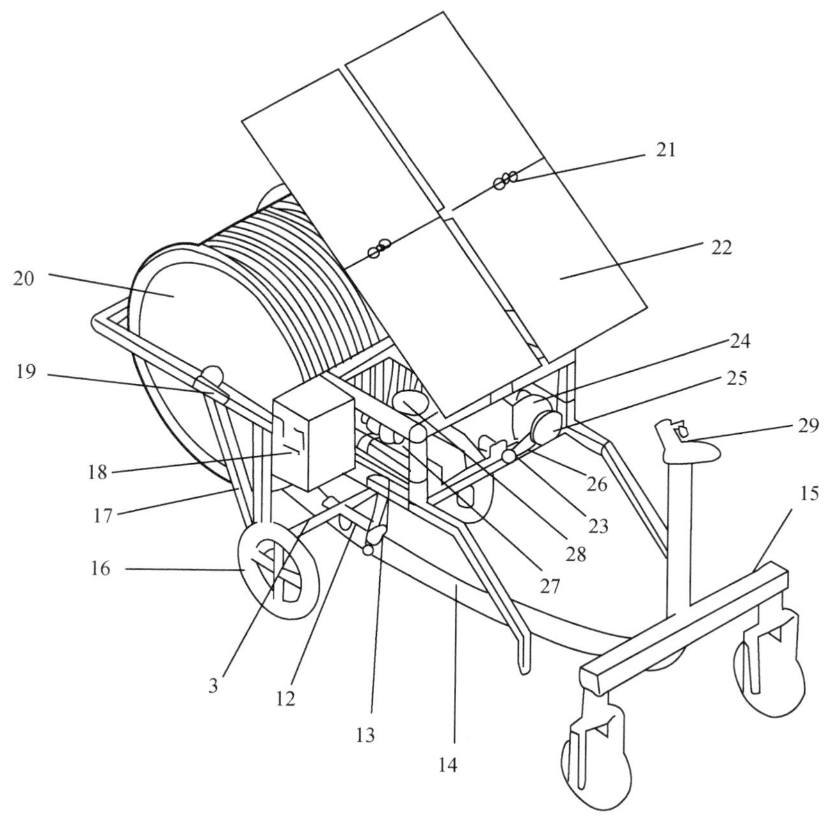

图 7-3 卷盘式喷灌机结构图

3. 车桥；12. 转速采集装置；13. 排管机构；14. 牵引环；15. 喷头车；16. 车轮；17. 车架；18. 控制箱；19. 进水管接口；20. 卷盘；21. 光照传感器；22. 太阳能板；23. 第一驱动电机；24. 第一减速箱；25. 链轮；26. 传动链条；27. 第二驱动电机；28. 第二减速箱；29. 喷枪

系统，不利于太阳能卷盘式喷灌机的广泛应用。

为了解决传统卷盘式喷灌机速度控制系统结构复杂、调速性能差及不能应用于新型太阳能卷盘式喷灌机上等问题，本书提出一种太阳能卷盘式喷灌机速度控制系统，能有效解决现有卷盘式喷灌机工作过程中运行速度变化不均匀导致灌溉喷洒均匀度偏低的弱点，提高卷盘式喷灌机软管匀速运动性，使喷灌机组的喷洒均匀系数增大，喷洒质量提高。该系统包括转速采集装置和调速控制系统。转速采集装置如图 7-4 所示，包括一对水平连杆，两个水平连杆之间设置一对轴心线与水平连杆垂直的滚轮，卷盘式喷灌机的车桥被夹持在滚轮之间，并且滚轮位于水平连杆的一个端部；在两个水平连杆上对称安装金属感应测速轮和托管轮，金属感应测速轮和托管轮位于水平连杆的另一个端部，且两者之间通过竖直连杆连接；在金属感应测速轮上均匀分布多个金属感应点，竖直连杆上安装有与金属感应点配合的转速传感器；喷灌机的 PE 软管夹持在金属感应测速轮和托管轮之间，PE 软管与喷灌机喷头车上的喷枪连接，竖直连杆连接在卷盘车排管机构的移动滑块上。调速控制系统包括安装在卷盘车车架上的控制箱、第一驱动电机和第一减速箱，第一驱动电机通过链轮和传动链条连接第一减速箱，第一减速箱驱动喷灌机的卷盘转动实现 PE 软管的回收，转速传感器、第一驱动电机与控制箱连接，根据转速传感器采集的转速，对 PE 软管回收速度进行闭环控制。卷盘式喷灌机的车架后端安装有卷盘，卷盘上环绕设置有 PE 软管，在卷盘的侧面设置有与 PE 软管连接的进水管接口；卷盘下方的车架底部设置上述车桥，车桥端部安装车轮；车架上安装蓄电池、太阳能控制器，车架前部顶端安装与太阳能控制器、蓄电池连接的太阳能板，太阳能板上安装光照传感器，太阳能板底端安装在设置于车架上的水平转轴上，可实现 360°旋转，而水平转轴的转动是由安装在车架上的第二驱动电机经过链轮链条驱动第二减速箱来控制的；排管机构安装在车架上，

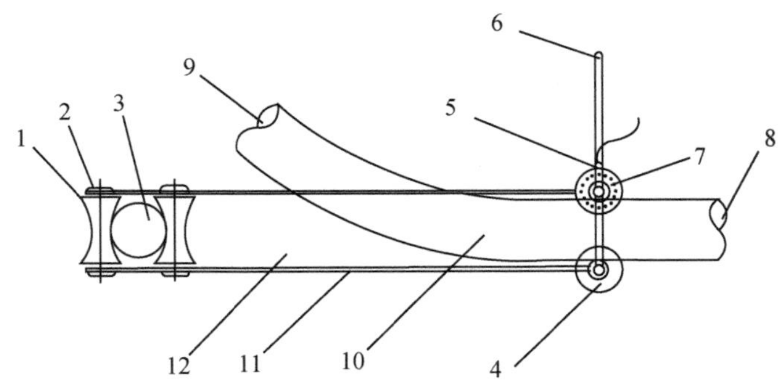

图 7-4　转速采集装置结构示意图

1. 滚轮；2. 连接螺母；3. 车桥；4. 托管轮；5. 转速传感器；6. 竖直连杆；7. 金属感应测速轮；8. PE 软管出水口；9. PE 软管进水口；10. PE 软管；11. 水平连杆；12. 转速采集装置

并与 PE 软管接触，第一减速箱、第一驱动电机安装在车架的前端，控制箱安装在车架侧面；车架的前方设置喷头车，喷头车上的喷头通过牵引环与 PE 软管连接；太阳能控制器、光照传感器、第二驱动电机与控制箱连接；第一驱动电机、第二驱动电机由蓄电池供电。

控制箱中设置控制电路，其电路连接图如图 7-5 所示。该控制电路包括数字信号处理器、连接在数字信号处理器上的转速传感器、PWM 驱动电路、保护信号检测电路、电流检测电路、电机转速检测电路、键盘电路和显示电路；其中 PWM 驱动电路和保护信号检测电路连接至 IPM 模块，IPM 模块上连接第一驱动电机和电感器，电流检测电路连接在电感器和第一驱动电机之间，电机转速检测电路连接第一驱动电机。太阳能控制器和蓄电池串联后与太阳能板并联设置，共同构成供电电路，该供电电路通过直流 EMI 滤波器连接控制电路中的 IPM 模块；在太阳能控制器和直流 EMI 滤波器之间设置时间继电器，在太阳能控制器和太阳能板之间设置防反充二极管。IPM 模块包括 Q1、Q2、Q3 和 Q4 这四个开关管，其中 Q1、Q2 串联，Q3、Q4 串联，Q1、Q3 的上端连接，Q2、Q4 的下端连接；第一驱动电机的两端分别连接在 Q1、Q2 之间及 Q3、Q4 之间。

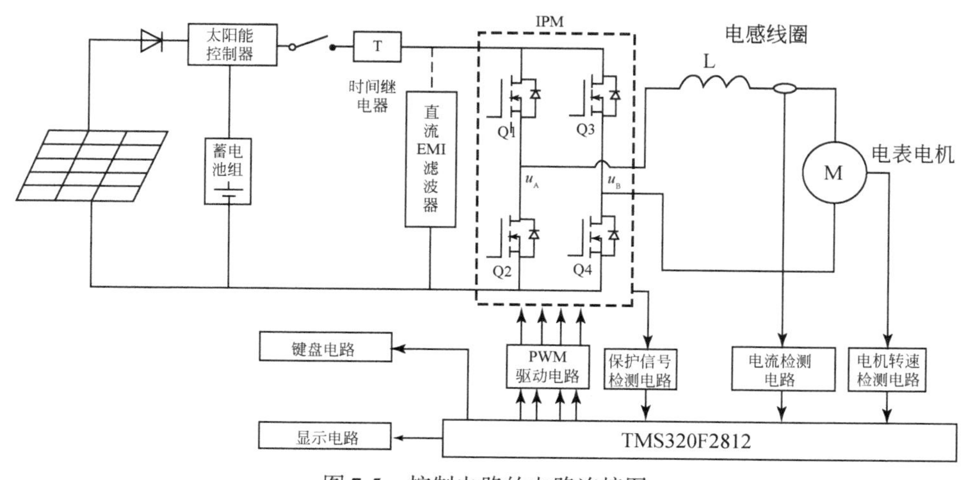

图 7-5 控制电路的电路连接图

该系统弥补了当前的速度控制装置不能很好地应用于太阳能卷盘式喷灌机的不足，核心控制采用高性能的数字信号处理器，其原理是基于直流伺服电机调速特性采用一种转速-电流双闭环受限单级式可逆脉宽调速控制方式，实现对喷灌机 PE 软管实时运行速度的闭环精确控制。该装置的最大优点是系统动态响应快，调速平稳，可满足卷盘式喷灌机 PE 软管匀速运动和精确灌溉要求，使喷灌机组的喷洒均匀系数增大，喷洒质量提高，促进卷盘式喷灌机技术的发展。

卷管层间差速补偿原理如下。

(1) 根据实测土壤含水量确定灌水定额

灌水定额计算公式为

$$m=H\ (0.9\theta_f-\theta_0) \tag{7-6}$$

式中，m 为灌水定额（m）；H 为计划湿润层深度（m）；θ_f 为田间持水量；θ_0 为土壤实测含水量。

(2) 根据灌水定额和喷灌机流量确定喷灌机行走速度

喷灌机流量计算公式为

$$Q=vmL \tag{7-7}$$

式中，Q 为喷灌机流量（m^3/h）；L 为有效喷灌宽度（m）；v 为喷灌机行走速度（m/h）。

(3) 根据卷管层数确定电机转速

喷灌机压力计算公式为

$$v=\omega r \tag{7-8}$$

$$\omega_n=\frac{\omega_0 r_0}{r_{n-1}+kd} \tag{7-9}$$

式中，ω 为电机转速；r 为卷盘半径；r_0 为卷盘初始半径；r_{n-1} 为卷至第 $n-1$ 层的卷盘半径；ω_n 为第 n 层的电机转速；d 为卷盘直径；k 为补偿系数。

7.4 系统硬件设计

(1) 下位机

该系统下位机由 PLC 构成。PLC 是运用在工业生产中的一类工控设备，它与单片机相比具有更高的可靠性和稳定性。PLC 在硬件上由中央处理单元、存储器、输入/输出触点、通信接口、电源等组成，此外还可通过扩展坞连接扩展模块，对触点和通信模块进行扩展。PLC 内部还具有很多软元件寄存器，如辅助寄存器、时间寄存器、计数器等。在硬件与软元件的配合下，通过实际需求对 PLC 进行程序的编写，在工控领域能够实现很多复杂功能。

三菱 FX3U 系列 PLC 有继电器输出型 PLC 和晶体管输出型 PLC 之分。相比继电器输出型的 PLC，晶体管输出型 PLC 有更长的寿命和更短的响应时间，能够快速对各输出触点信息进行响应，缺点是输入、输出之间没有电气隔离，耐压水平不高。考虑到系统在下位机上主要作用是协同各设备的正常运行和逻辑运算，要求能够实现长时间稳定运行，因此对输入、输出触点数量要求不高，所以本系统下位机采用的三菱 PLC 具体型号为 FX3U-16MT/ES-A，如图 7-6 所示，该型号 PLC 属于晶体管输出型，输入（X0 ~ X7）、输出（Y0 ~ Y7）共 16 个触点。

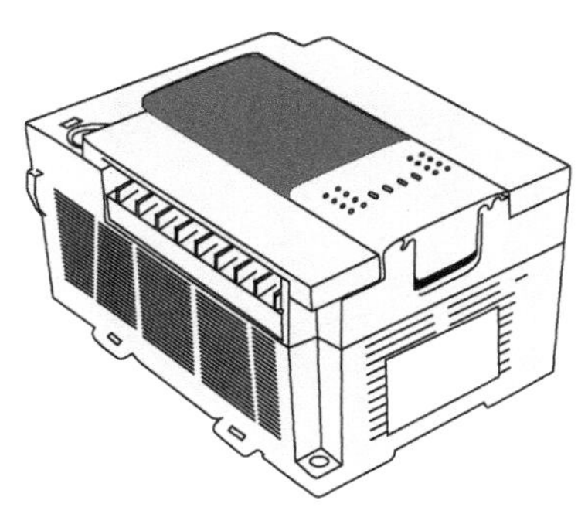

图 7-6　三菱 FX3U PLC

（2）土壤墒情传感器

土壤墒情传感器可以定时测量土壤的温度和湿度。由于监测土壤墒情的地点和下位机之间有很长一段距离，若采用有线的方法将传感器和下位机连接，对通信线缆的长度和质量都有很高要求，增加投入成本，将线缆裸露放在土壤表面，不仅会影响美观，而且在灌溉过程中线缆经由路径很难均匀获得水分。所以在系统设计时将传感器与下位机之间的通信改为无线通信，解决了布线难和后期维护工作难的问题，也控制了成本。

本系统采用了石家庄龙腾伟业科技公司生产的土壤温度、土壤湿度测量二合一无线传感器，如图 7-7 所示，土壤温度测量范围为−55 ~ 125℃，测量误差为±0. 5℃；土壤湿度测量范围为 0 ~ 100%，测量误差为±3%，能够测量以中央探针为中心，直径为 7cm、高为 7cm 的圆柱体内的土壤墒情。传感器的发送模块与接收模块之间无线工作频段为 433MHz，默认通信速率为 2400bps，采用星型组网方式，在空旷的室外通信距离可达到 800m，可作为二级主站或从站。传感器无线发送模块由两节 5 号电池为其供电，为了使它工作时间更长，默认 15min 采样一次土壤的温度和湿度，后期可调整采样频率，最小采样频率为 1min。传感器无线接收模块由 24V 直流电源为其供电，无线发送与无线接收模块之间采用 MODBUS-RTU 通信协议进行通信。

（3）变频器

作为变频调速的关键设备，变频器承担着输出所需频率以改变水泵流量扬程的任务。变频器的变频方式可分为交−交变频和交−直−交变频，但由于前者所能输出的最高频率仅为电网频率的一半，因此交−交变频不是很常见；而后者在变频器中加入了电解电容能够存储并提供母线电压，使直流母线电压保持在一个稳定水平。交−直−交变频需要经历整流和逆变的过程才能实现变频，在逆变过程中通常采用三相 PWM 调制的方法，该方法能够提供比电网频率更高的频率，因

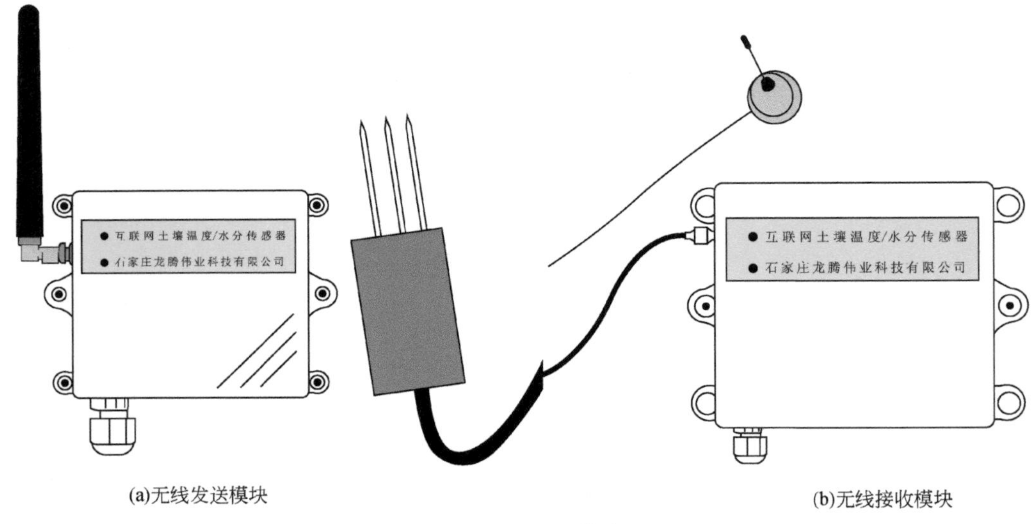

图 7-7　土壤墒情传感器

而得到广泛应用。

本系统使用上海精驱自动化设备有限公司生产的单相 220V 输入，三相 220V 输出，功率为 0.75kW 的变频器，如图 7-8 所示，具体型号为 VFD-V-2 T0007B。该型号变频器输出频率范围为 0～600Hz，采用优化空间电流矢量 SVPWM 的方法进行调制，调节频率精度达到了 0.01Hz，能够实现电机的 V/F 控制、矢量控制及永磁同步电机的无传感器控制，也可以对运行频率、直流母线侧电压、输出电压、输出电流和电机转速进行实时监测。单相 220V 输入的规格也能被一些不能提供三相电的场所使用，工作覆盖范围广，输出 220V 是相电压，若接 380V 电机可将电机的接线方法由星形变为三角形。此外，该变频器还可以通过自带的 485 接口实现 MODBUS 通信，方便和下位机连接。

（4）水泵

水泵的种类有很多，可分为自吸泵、增压泵、隔膜泵等。自吸泵是离心泵的一种，有较强的自吸能力；增压泵可以解决高楼水压低的问题；隔膜泵体积小、方便携带，可用于洗车。其中自吸泵在初次使用时需要在泵壳内部灌满水，否则泵壳内部无法形成真空的密闭环境，在水泵高速运转时也无法正常工作。

考虑水泵功率、流量、扬程、成本及运行的稳定性等因素，本系统采用了浙江利欧股份有限公司生产的 0.75kW 自吸喷射泵，如图 7-9 所示，输入电压为三相 380V，具体型号为 XKJ1104S。该水泵采用不锈钢壳体，具有过热保护功能，效率高、寿命长，最大扬程为 44m，最大流量为 $3m^3/h$，最大吸程为 9m。要使水

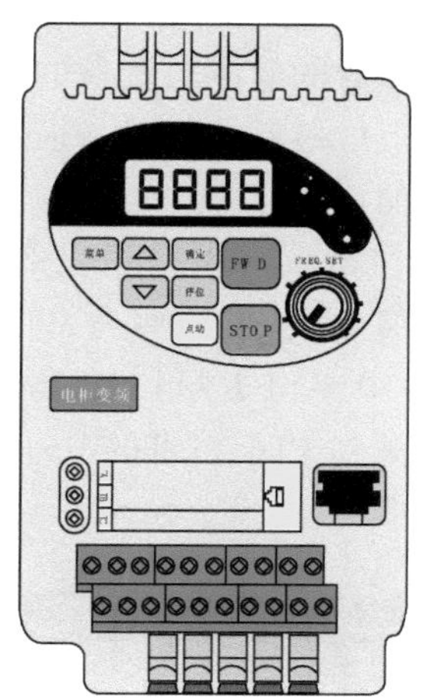

图 7-8　变频器

泵与变频器配合时正常工作，需要打开水泵的接线盒将星形接法改为三角形接法，这样输入水泵的电压就能达到 380V。使用该套系统时也可以根据自己的需求购买更大功率的水泵，可通过对下位机和变频器参数的修改实现更大功率水泵的支持。与水泵连接的喷头采用 360°旋转微喷头，工作压力为 0.15 ~ 0.25MPa，喷洒半径约为 3m。

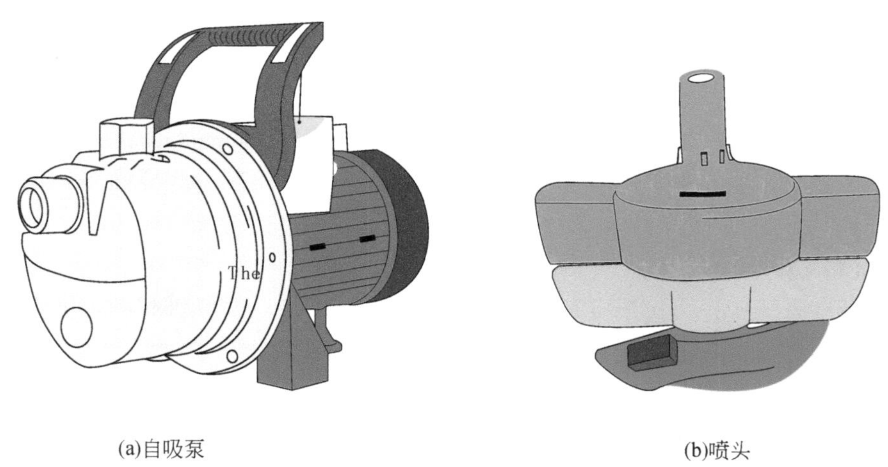

(a)自吸泵　　(b)喷头

图 7-9　自吸泵和喷头

(5) 触摸屏

触摸屏是下位机与人机交互的媒介。通过组态软件制作的人机交互界面

（HMI）与触摸屏配合，利用简单的按钮、控件，就可在触摸屏上实时显示 PLC 输入、输出寄存器的值，实现参数的监测与设备的控制。这种友好的人机交互监控方式投入成本少，无须启动上位机就能对设备采集到的信息实时显示并对设备进行控制，方便现场工作人员的操作。

本系统采用深圳市中达优控科技有限公司生产的 S700A 型触摸屏如图 7-10 所示。该触摸屏显示面积为 7 英寸①，分辨率为 800×480，触摸屏背面有 2 个 232 串口，可进行双串口通信，其中串口 1 可以接 RS232、RS485、RS422 的设备，串口 2 可以接 RS232 的设备。通过 PLC 自带的 RS422 编程口连接触摸屏的串口 1 能够实现下位机和触摸屏的通信。

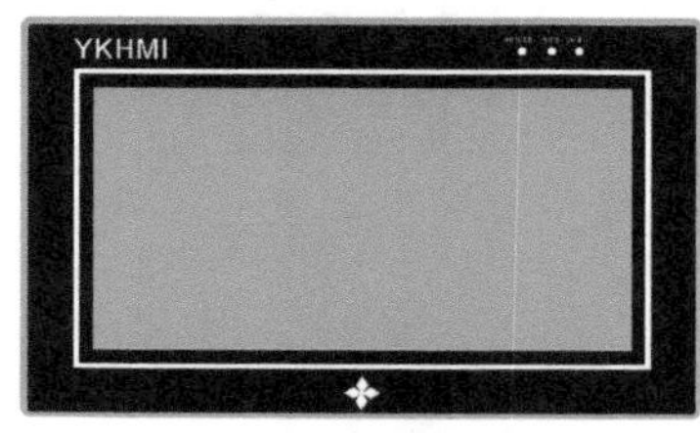

图 7-10 触摸屏

7.5 系统软件设计

本系统界面设计采用了组态软件。与 C++语言或 VB 语言开发相比，由于组态软件专门针对工控产品，适配设备驱动比较多，所以在同样开发周期内能设计出功能更完善、界面逻辑更清晰的人机交互界面（human machine interaction, HMI）。在设计过程中用到了 Flash 动画制作软件辅助绘制一些界面图和动画，使得界面设计更加美观。

（1）软件平台设计

在本系统中，下位机（PLC）需要进行程序编写，上位机和触摸屏需要进行人机交互界面（HMI）设计。

下位机程序编写采用三菱电机开发的 GX Works，如图 7-11（a）所示，与早前开发的 GX Developer 相比，GX Works 功能更加丰富，同时也提高了操作的便捷性。该软件只针对三菱电机生产的产品，可以对 PLC 进行参数配置、编写 PLC 的梯形图程序，也可以通过编程线缆为 PLC 写入配置参数、软元件寄存器的值和

① 1 英寸≈2.54cm。

人工编写的运行程序。在为 PLC 写入程序之前，可以用 GX Works 对编写的程序进行模拟仿真。但有些指令不能在软件中模拟，要想真正测试完整程序还是需要为 PLC 写入程序在线调试。

(a) GX Works

(b)组态王6.55　　(c)优控智能

图 7-11　软件平台

上位机设计采用组态王 6.55，如图 7-11（b）所示，该组态软件能够实现与各种工控设备进行通信，同时通过对人机交互界面的设计可实时对设备进行参数的监测与控制。组态王里内置了很多控件，如配方、日期等，也可以与 Access 数据库对接，实现重要参数的实时导出。由于组态王是基于 C 语言编写的，所以 C 语言中的部分语法规范在组态王中同样适用。

下位机设计采用触摸屏自带的“优控智能”软件，如图 7-11（c）所示，该软件也属于一类组态软件，可对触摸屏界面进行设计。对设备进行必要通信配置后，通过字按钮、位按钮、数值输入、数值写入等元件的添加就能实现设备的控制。但受到触摸屏寄存器大小的限制，该软件要求每幅画面的大小不能超过6MB，若一副画面中添加的功能较多时，可能导致无法编译或无法将程序写入触摸屏。

(2) MODBUS 协议

MODBUS 是 1979 年 Modicon 公司发明的一种总线协议，属于 OSI 模型的应用层报文传输协议。作为应用于工业现场的总线协议，MODBUS 可以为不同类型的总线和设备提供标准化的通信格式，为各设备之间的有序运行创造条件。

MODBUS 协议具体可以分为 MODBUS-RTU 和 MODBUS-ASCII 两种传输模式。如表 7-2 所示，MOSBUS-ASCII 模式通信时每 8 位分成 2 个 ASCII 码发送，起始位用“:”表示，结束位用“CR”（回车）和“LF”（换行）表示，结束位之前需要进行 LRC 校验。该模式的优点在于字符与字符之间的发送间隔可达 1s，在此期间内进行字符的传送都是正常的。如表 7-3 所示，MODBUS-RTU 模式通信时每 8 位分成 4 个十六进制数传输，在波特率相同时，一次传输能容纳更多的数据。

考虑到通信的快速性和便捷性，本设计采用 MODBUS-RTU 协议。

表 7-2　MODBUS-ASCII 传输格式

起始	地址	功能	数据	LRC 校验	结束
1 个字符（:）	2 个字符	2 个字符	0～504 个字符	2 个字符	2 个字符（CR LF）

表 7-3　MODBUS-RTU 传输格式

起始	地址	功能	数据	CRC 校验	结束
≥3.5 字符	8 位	8 位	N×8 位	16 位	≥3.5 字符

7.6　上位机界面设计

(1) 欢迎界面

初次打开系统时会先进入欢迎界面（图 7-12），点击“进入系统”或等待 3s 的时间即可切换到主画面。

(2) 主画面

图 7-13 所示为系统的主画面。主画面左侧给出了该系统的名称“节水灌溉预测控制系统”；上方拥有当前画面名称的显示、用户的登录与注销、当前用户的显示、日期和时间显示；底部为该系统的菜单栏（菜单栏在每个全屏覆盖画面底部相同位置都有），可以实现不同画面间的切换。主画面中间部分用于显示传

图 7-12　欢迎界面

感器、水泵的实时参数，可以通过传感器采样开关、水泵的运行/停止开关实现对设备的控制。

为了使上位机界面设计更加人性化，在主画面中间偏下部分加入了演示动画，动画共分 4 层：传感器和水泵均未打开、传感器单独打开、水泵单独打开、传感器和水泵同时打开，根据条件不同隐藏或显示不同的动画。

此外，系统设置了安全区和访问权限，不同的用户组、用户可能会被限制访问某些功能，如图 7-13 所示，如果当前没有用户登录时（当前用户：无），“系

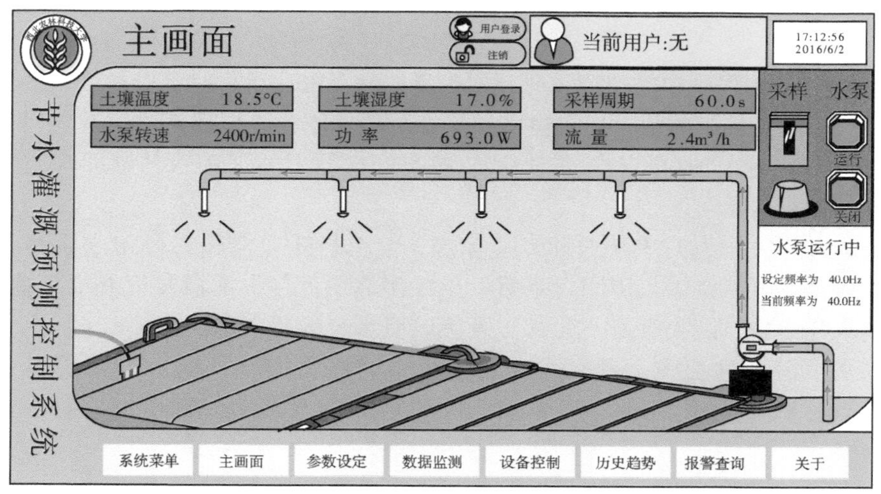

图 7-13　主画面

统菜单”“参数设定”“设备控制”“报警查询”这些功能是不能访问的，并且该系统以全屏方式显示，禁用了“ALT+F4”、关闭窗口等关闭系统的方式，非系统管理员或设备操作员是禁止退出系统的。

（3）参数设定

图7-14所示为系统的参数设定页面。该页面能够设定RS-232扩展模块的采样频率、土壤温度和湿度运行范围、矢量控制、灌溉方式（简单/专业）、水泵定时关闭及数据库记录间隔的设定，这些功能能够实现的前提是已给PLC编写好程序。

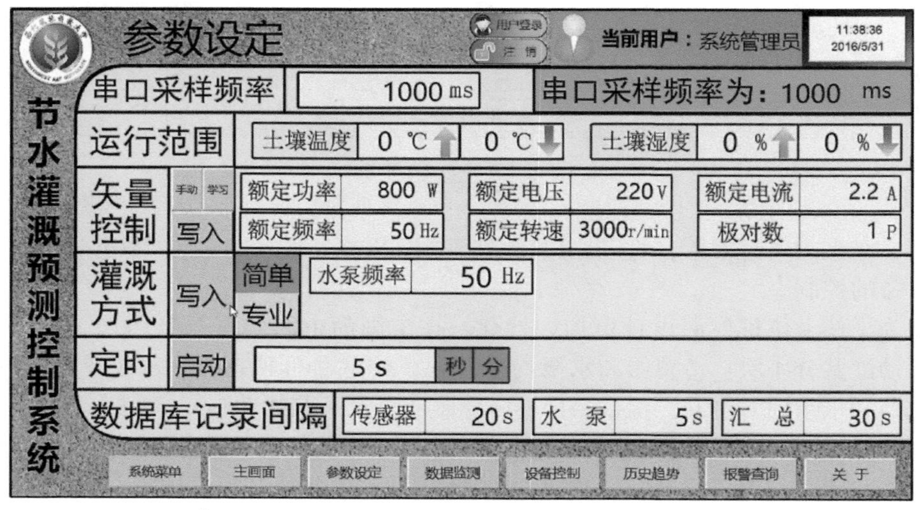

图7-14 参数设定

依据PLC主程序中的功能：变频器矢量控制，PLC运行时首先加载了软元件寄存器关于矢量控制的值，用户也可根据水泵的具体参数自行修改，设定完参数时要先点击“写入”，再点击“学习”，按下变频器上的“RUN”键即可完成对水泵矢量控制的学习。

灌溉方式可分为简单模式和专业模式，简单模式只需输入设定水泵频率即可，专业模式下需要输入田间含水量、土壤湿润层深度、灌溉宽度和灌溉速度。参数输入完毕后，需要点击“写入”才能改变水泵的频率。

在水泵运行过程中，可以对水泵进行定时停止操作，用户可以切换采用“秒”定时还是“分”定时，参数输入完毕后点击“启动”即可完成对水泵的定时。

数据库记录间隔中，PLC软元件寄存器默认设定为传感器20s记录一次，水泵5s记录一次，汇总数据30s记录一次，用户可根据实际需求进行更改，更改完毕后立刻生效。

（4）数据监测

图 7-15 所示为系统的数据监测页面，该页面集成了对土壤墒情和水泵运行时的具体采样数据的显示，方便用户对实时数据查看。显示区域下方还给出了“正在进行灌溉”或“已停止灌溉”的标示，方便用户在该页面直接查看水泵是否在运行。

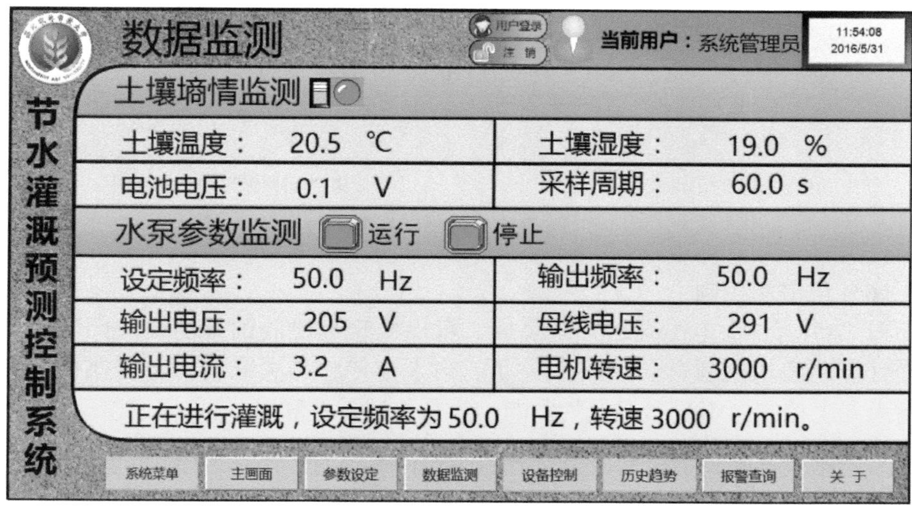

图 7-15 数据监测

（5）传感器控制

图 7-16 所示为传感器控制页面，在该页面下能够实现对传感器开启或关闭、传感器接收数据和发送数据指示灯显示、到达温湿度上下限提醒、实际温湿度与模拟温湿度切换、专业模式下水泵频率设定的智能控制。

当用户不方便进行土壤温湿度数据采集时，可以打开“模拟温湿度”开关，用温湿度的模拟值代替实际采样值。切换成模拟温湿度时，仅是把对接的数据寄存器改了，系统中的所有与土壤温湿度有关的功能均不变，可以实现无缝对接。

只有在专业模式下的水泵频率设定时“手动写入”和“自动写入”的按钮才会显示，点击“手动写入”时，系统会根据当前湿度（关掉模拟温湿度则以实际温湿度为标准，打开模拟温湿度则以模拟值为标准）计算出一个合理灌溉频率，并将该灌溉频率写入变频器；点击“自动写入”时，进入智能模式，“自动写入”按钮下方的文字会显示，用户只需更改湿度变化超过##. ##% 时频率再变化，当湿度变化超过该值时即可实现水泵频率的自动变化。

(a)传感器实时温湿度控制　　(b)传感器模拟温湿度控制

图 7-16　传感器控制

（6）电磁阀控制

图 7-17 所示为电磁阀的控制页面，可以实现电磁阀的开启或关闭以及与传感器（温湿度超范围自动关闭）关联。当未与传感器关联时，电磁阀的开启或关闭由人工控制，不受温湿度的影响；当与传感器关联时，低于设定温湿度下限或高于设定温湿度上限时，电磁阀会自动关闭，并且提示“因温湿度达到预设值关闭”。

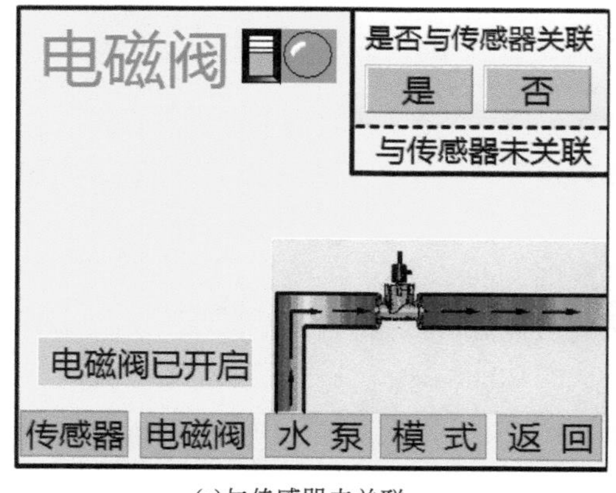

(a)与传感器未关联　　(b)与传感器关联

图 7-17　电磁阀控制

（7）水泵控制

图 7-18 所示为水泵的控制页面，在该页面上可以控制水泵的运行和停止。

与电磁阀控制类似，水泵控制也能够通过选择传感器的温湿度超过设定值是否关闭来实现。

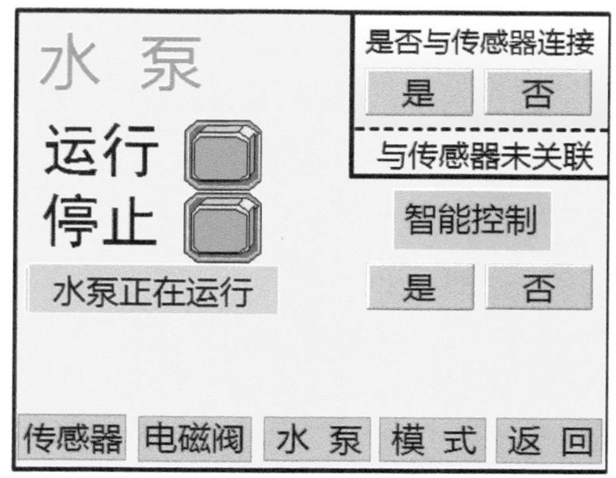

(a)与传感器未关联且关闭智能控制

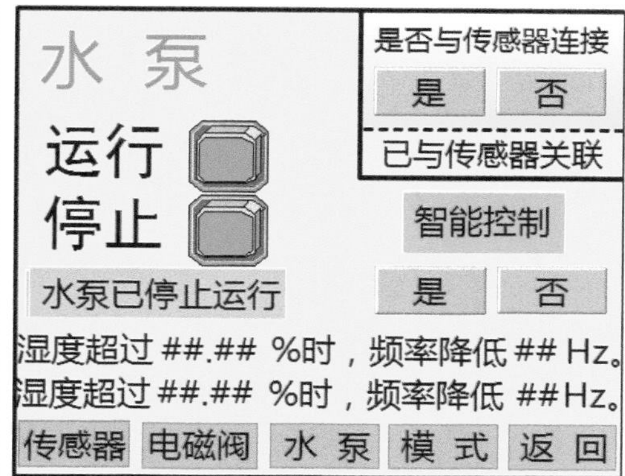

(b)与传感器关联且打开智能控制

图 7-18　水泵控制

此外，在该页面还提供简单模式下水泵频率设定的智能模式，若湿度超过第一段设定湿度时，频率会自动降低第一段设定的频率（默认降低 10Hz）；若湿度超过第二段设定湿度时，频率会自动降低第二段设定的频率（默认降低 10Hz）。

（8）模式控制

图 7-19 所示为模式控制页面，在该页面上可以打开或关闭模式控制。关闭模式控制时，则 PLC 不会判断温湿度是否超出设定范围，电磁阀、水泵也不会因温湿度超范围而关闭。打开模式控制时，可分别选择土壤温度和湿度控制是按自动模式（加载 PLC 软寄存器中存储的土壤温度和湿度默认上下限）还是手动模

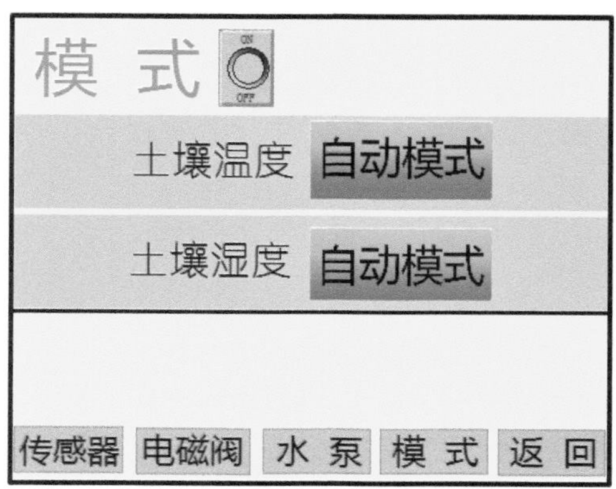

(a)模式选择关闭

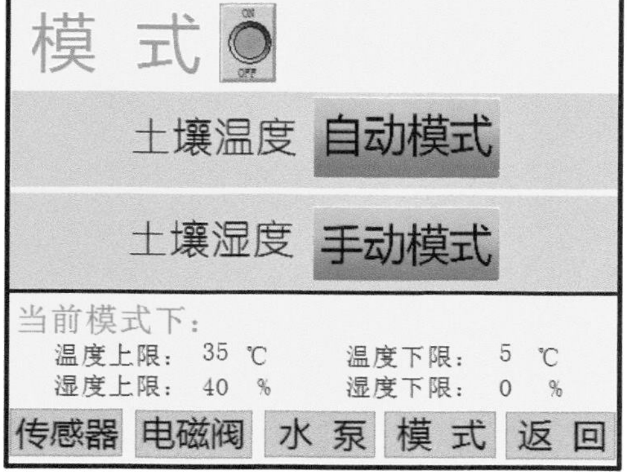

(b)模式选择打开

图 7-19　模式控制

式（通过“参数设定”页面中的土壤温度和湿度上下限设定）运行，页面下方显示目前设定的温度上、下限和湿度上、下限。

（9）历史趋势曲线查询

图 7-20 和图 7-21 所示分别为土壤墒情趋势曲线和水泵运行趋势曲线，可通过菜单栏的“历史趋势”跳转到该页面。在土壤墒情趋势曲线中可以查看土壤温度和湿度的变化曲线；在水泵运行趋势曲线中可以查看水泵的功率、转速、流量和扬程的变化曲线。

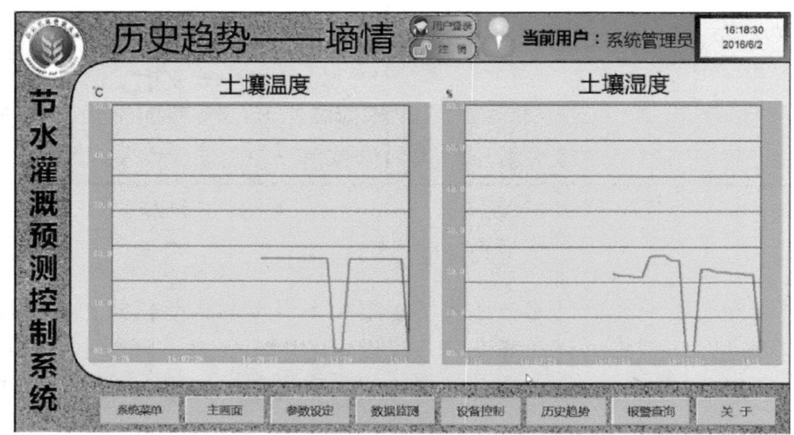

图 7-20　土壤墒情趋势曲线

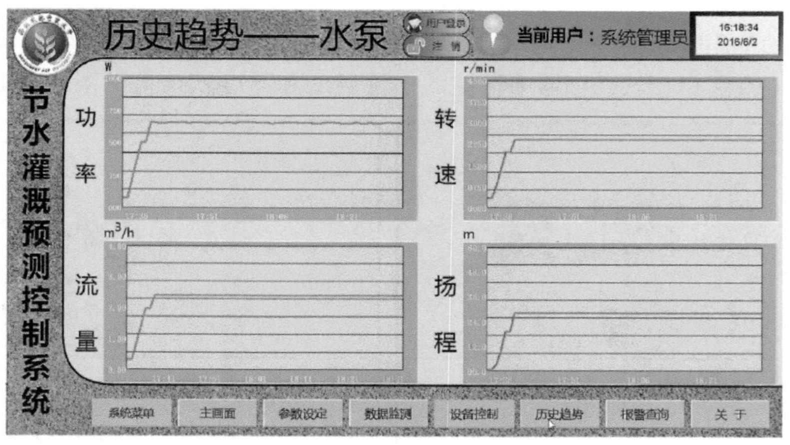

图 7-21　水泵运行趋势曲线

（10）实时报警与历史报警查询

图 7-22 所示分别为实时报警和历史报警，当温湿度超范围、设定停止时间

已到等其他报警出现时，会在实时报警和历史报警中显示；当报警清除时，实时报警中不再显示之前的报警，而在历史报警中会显示之前出现报警的事件已恢复。

(a)实时报警　　(b)历史报警

图 7-22　报警查询

（11）系统弹窗提示

图 7-23 所示为系统弹窗提示画面，当系统出现到达温度上、下限或湿度上、下限或水泵设定停止时间已到时，该提示窗口会自动弹出。

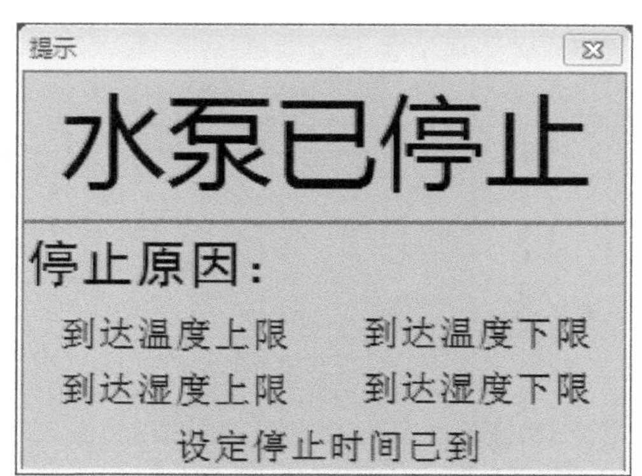

图 7-23　系统弹窗提示

（12）定时倒计时显示

图 7-24 所示为定时打开时的倒计时显示界面。当在“参数设定”页中打开了“定时”，“数据监测”页底端会出现“定时查看”的按钮，点击该按钮即可查看水泵运行剩余多长时间，点击“返回”可返回到“数据监测”页。

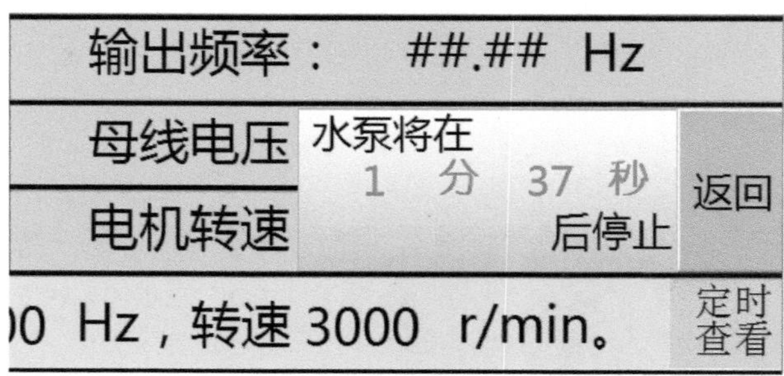

图 7-24　倒计时显示

7.7　系统调试与实验

如表 7-4 所示，根据式（7-1）～式（7-5）可通过土壤湿度计算得到理论转速（r/min）、频率（Hz）和理论扬程（m）计算值。根据实际运行结果获得水泵的实际频率（Hz）、实际转速（r/min）和实际扬程（m）。

表 7-4　理论值与实验值对照

序号	土壤湿度（%）	灌水定额（m）	理论计算值			实验值			扬程误差（m）
			频率（Hz）	转速（r/min）	扬程（m）	频率（Hz）	转速（r/min）	扬程（m）	
1	16.29	0.12105	59.05	3543	61.37	59.18	3550	61.61	0.24
2	18.78	0.10860	52.98	3179	49.39	52.79	3167	49.74	0.35
3	20.23	0.10135	49.44	2966	43.02	49.55	2973	43.21	0.19
4	20.73	0.09885	48.22	2893	40.92	48.33	2899	41.09	0.17
5	22.57	0.08965	43.73	2624	33.66	43.83	2629	33.79	0.13
6	25.02	0.0774	37.76	2266	25.09	37.84	2270	25.19	0.1
7	25.46	0.0752	36.68	2201	23.68	36.76	2205	23.77	0.09
8	27.38	0.0656	32.00	1920	18.02	32.07	1924	18.10	0.08
9	30.38	0.0506	24.66	1481	10.72	24.74	1484	10.77	0.05
10	34.99	0.0276	13.44	806	3.18	13.47	808	3.19	0.01
11	35.27	0.0262	12.76	765	2.86	12.78	766	2.87	0.01
12	35.57	0.0147	7.15	428	0.90	7.16	429	0.90	0

系统可行性验证时共选取了 12 个土壤湿度数据进行分析。由表 7-4 可知，

其中有1个湿度数据计算出的水泵运行频率稍高于额定频率，因此水泵在高于额定频率运行时间不宜过长。

图7-25为理论计算频率和实际频率的对比和误差百分比，由图7-25可知，频率误差百分比低于0.5%。图7-26为理论计算得到的水泵转速和水泵实际转速之间的对比和误差百分比，由图7-26可知，转速误差百分比低于0.5%。图7-27为理论与实际扬程的对比和误差百分比，由图7-27可知扬程的误差百分比低于1%。

由实验可知，该套节水灌溉预测控制系统能够根据土壤墒情的变化实现水泵的变频调速，既可手动控制，也可根据湿度超过设定值自动改变水泵频率，实现无人值守。该套系统能够达到预期设计需求，既提高了农业灌溉用水的利用率，同时也降低了能源消耗。

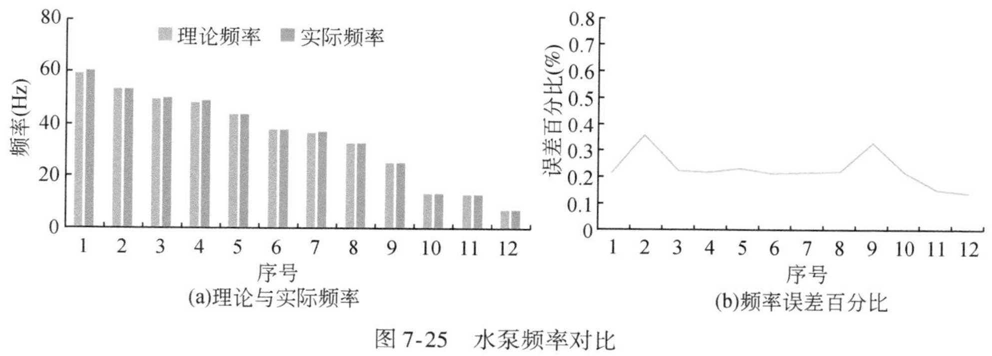

图7-25　水泵频率对比

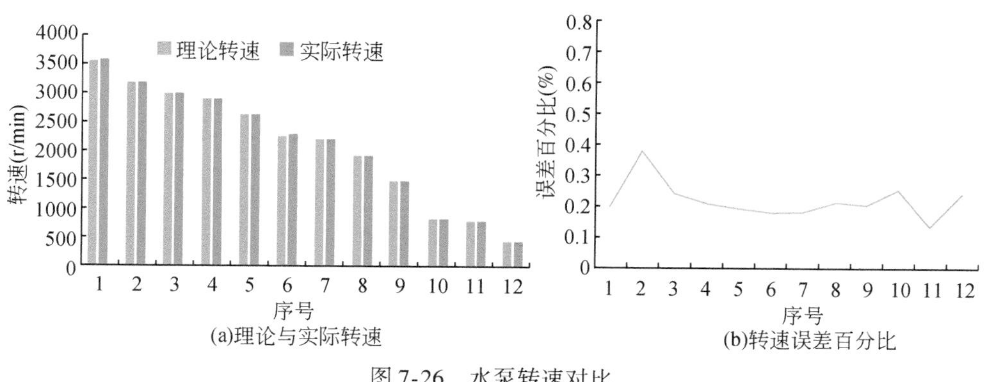

图7-26　水泵转速对比

图7-28中分别展示了水泵频率为50Hz（额定频率）、40Hz、30Hz和20Hz时的喷头出水压力对比图，由图7-28可清晰地看到，在频率发生变化时喷头出

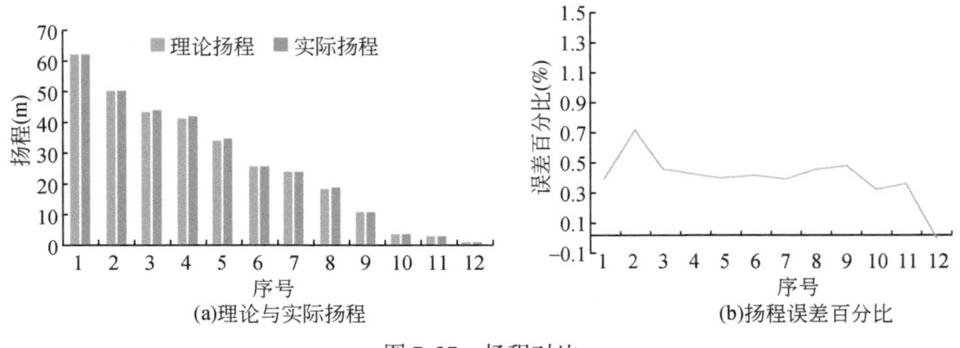

(a)理论与实际扬程　　(b)扬程误差百分比

图 7-27　扬程对比

水压力有明显的变化，当频率低至 20Hz 时水泵由于转速过慢导致扬程不足，无法把水升高到喷头处，喷头出水聚合成一股水流。

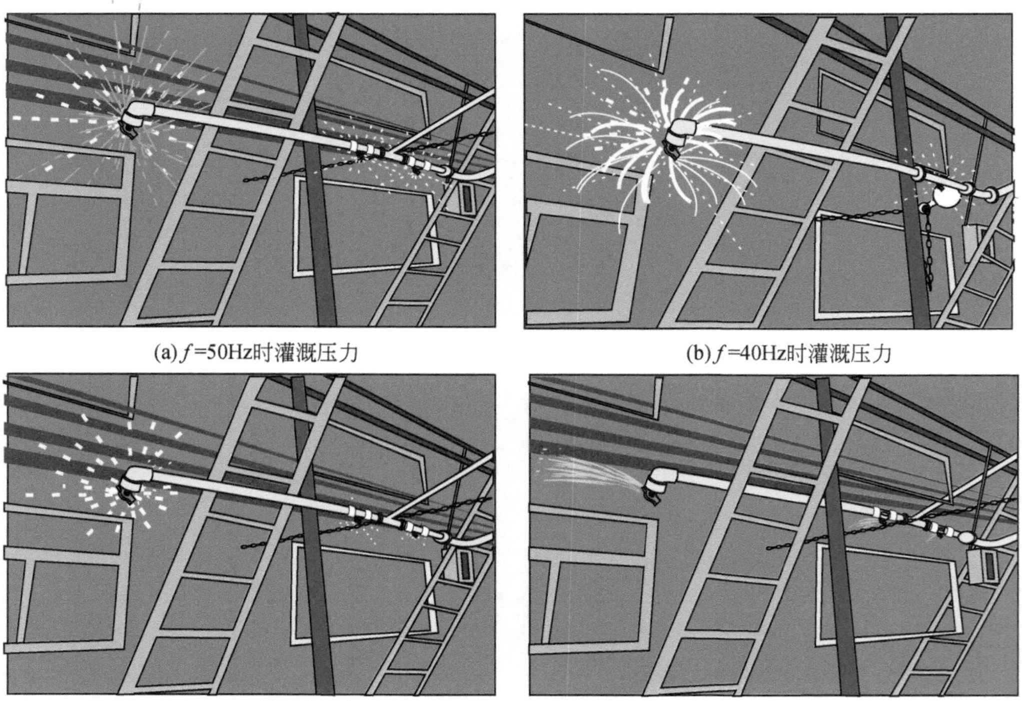

(a) f=50Hz时灌溉压力　　(b) f=40Hz时灌溉压力

(c) f=30Hz时灌溉压力　　(d) f=20Hz时灌溉压力

图 7-28　不同频率灌溉压力对比

7.8 本章小结

根据目前我国农业灌溉中存在水资源利用率低、工频运行时能耗高的问题，设计出一个能够实现水泵变频调速的精准灌溉预测控制系统，该系统能够根据土壤温度和湿度的变化自动或手动调节灌溉频率，从而达到改变出水流量、扬程的目的。由于系统中使用了变频器，在土壤实际湿度较高的环境下可以降低运行频率，节约能源，这是传统工频灌溉无法达到的。

参考文献

牛里，杨明，唐思宇，等. 2014. 基于积分状态预测的 Anti-Windup PID 控制器设计. 电工技术学报，29（9）：145-152.

张波，李忠，毛宗源，等. 2001. 一类永磁同步电动机混沌模型与霍夫分叉. 中国电机工程学报，21（9）：13-17.

Jing Z J，Yu C，Chen G R. 2004. Complex dynamics in a permanent magnet synchronous motor model. Chaos Solitons & Fractals，22（4）：831-848.

Ren J J，Liu Y C，Wang N，et al. 2015. Sensorless control of ship propulsion interior permanent magnet synchronous motor based on a new sliding mode observer. ISA Transactions，54：15-26.

Wei D Q，Luo X S，Wang B H，et al. 2007. Robust adaptive dynamic surface control of chaos in permanent magnet synchronous motor. Physics Letters A，363（1-2）：71-77.

Zhou C J，Quach D C，Xiong N X，et al. 2015. An improved direct adaptive fuzzy controller of an uncertain PMSM for web-based e-service systems. IEEE Transactions on Fuzzy Systems，23（1）：58-71.

第 8 章　多元传感器融合精准连续导航技术

导航作为太阳能喷灌机组作业过程中行走控制的核心，其性能的好坏直接影响喷灌机组整体性能及灌溉质量（柳平增等，2010；卢韶芳和刘大维，2002；Liu et al.，2010）。具有自主导航功能的喷灌机组，不仅可以提高农田灌溉效率（李建平和林妙玲，2006；胡静涛等，2015；张漫等，2015），减少重复作业，节约作业时间，降低农业生产成本，也是解决农业劳动力不足最有效的手段之一（应火冬等，2000）。此外，随着我国农业现代化进程的加快和精准农业的提出，要求现代节水灌溉装备朝着精准灌溉的方向发展。喷灌机组导航控制系统无疑是农田精准灌溉的有力技术保证。喷灌机组作为一种农田灌溉装备，除了可以喷水灌溉外还可以对作物进行喷药、喷肥等，而传统人工操作过程中容易造成农药、化肥的不合理使用，不仅造成环境和农产品污染，漏行、叠行的现象不可避免（Stombaugh，2001），也对操作人员身体健康产生一定伤害。加之随着农业适度规模经营的发展，对现代农业机械效率、作业质量和工作幅宽提出了更高的要求，长时间的人工跟踪驾驶，不仅作业成本较高，对操作人员身心也造成损伤（陈志青，2002；蒋天弟和欧阳爱国，2002）。本章以平移式喷灌机为对象，介绍移动式喷灌机的导航控制技术。

目前在农业机械中常用的导航方法主要有视觉导航、GPS、激光导航、惯性导航和接触式导航等（Reid et al.，2000）。根据传感器结构和工作原理的不同，每种导航传感器的应用均存在一定局限性。例如，卫星定位系统可以提供高精度的位置信息，但易受天顶观测环境的限制；惯性导航不易受周围观测环境的影响，但存在随时间严重发散的缺点；视觉导航适用性强，但图像处理工作量大，实时性差；激光导航精度较高，但成本费用高昂。单一导航传感器由于获取的信息有限，经常会出现不确定性，存在偶然的错误或缺失，进而影响整个系统的稳定性和精度，难以实时提供连续、稳定、高质量的位置信息。因此，构建多种传感器集成系统，将多源观测信息有效融合，是喷灌机组精准导航的发展研究趋势。

太阳能驱动平移式喷灌机组采用将电子罗盘、转速和 GPS 传感器相结合的联合导航方式，具有低成本、高精度、全天候、高效率、实时、连续导航的特点。电子罗盘和转速传感器可以确定机组高精度的相对位置信息，GPS 可以提供机组的绝对位置信息。将三种不同的单一传感器组合在一起，利用多种导航信息进行互相补充，构成一种冗余度高和稳定性强的组合导航系统，为轻小型移动式喷灌机组提供准确的位置信息，保证精准灌溉质量。

8.1 喷灌机组运动学模型构建

8.1.1 喷灌机组转向系统确定

喷灌机组转向系统用于在喷灌机行走过程中控制车体行走的方向，喷灌机组与预定路径之间的偏差就是通过调整机组转向来消除的。对于精准灌溉机械来说转向系统非常重要，转向系统的好坏直接关系到路径跟踪的效果。不同的转向系统所需要的转向控制方式也不相同，对于轻小型移动式喷灌机来说，机组运行过程中速度较小且基本恒定，所选转向系统应具有转弯半径小、结构简单、响应速度快、性能稳定、便于控制等特点。

常用农业机械和车辆根据行走装置结构和应用场合的不同，其转向方式也不同。根据工作要求的不同，目前比较常用的转向方式主要有：①偏转车轮转向，通过将两前轮或两后轮相对于整个车架偏转一定角度来实现；②铰接转向，使用铰接的前后车架相互偏转一定角度实现转向；③差速转向，通过调节左右两侧车轮速度差来实现；④组合转向，通过将上述几种转向方式进行组合来实现转向。如图 8-1 所示为各转向方式的结构形式。

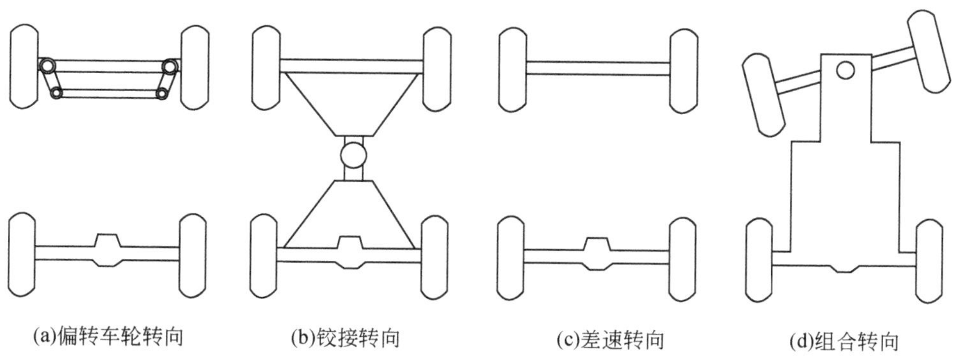

(a)偏转车轮转向　(b)铰接转向　(c)差速转向　(d)组合转向

图 8-1　转向系统结构图

(1) 偏转车轮转向

偏转车轮转向可分为前轮偏转转向和后轮偏转转向。前轮偏转转向前外轮的转弯半径最大，便于避过障碍，估计运行路线，一般较常用于乘用车辆上，是一种常用的转向方式，见图 8-2。后轮偏转转向后外轮的转弯半径最大，前行时对中性较好、车辆前桥的承载能力较强，工作装置前置的机器多采用这种方式（如叉车、翻斗车等），如图 8-3 所示。这两种转向方式的转弯半径都较大，转弯过程中的转弯半径为

$$R=L \cdot \operatorname{ctg}\alpha+\frac{K}{2} \tag{8-1}$$

式中，R 为转弯半径；α 为前/后外轮转角；K 为两主销间距离。

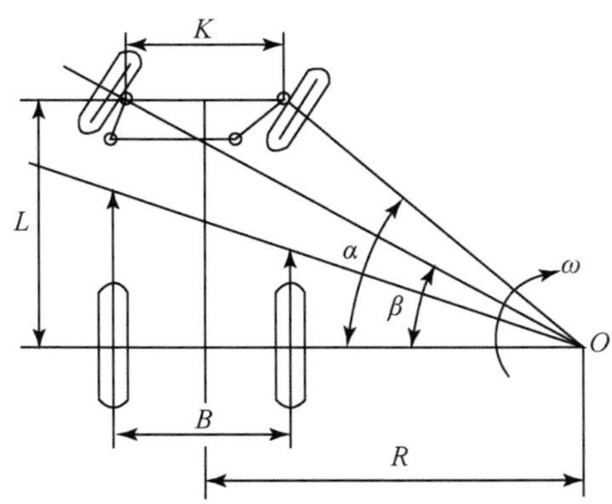

图 8-2　前轮偏转转向

R 为转弯半径；α 为前/后外轮转角；K 为两主销间距离；L 为前后轴距；B 为左右轮距；O 为瞬时转动中心；ω 为转动角速度；β 为前/后内轮转角

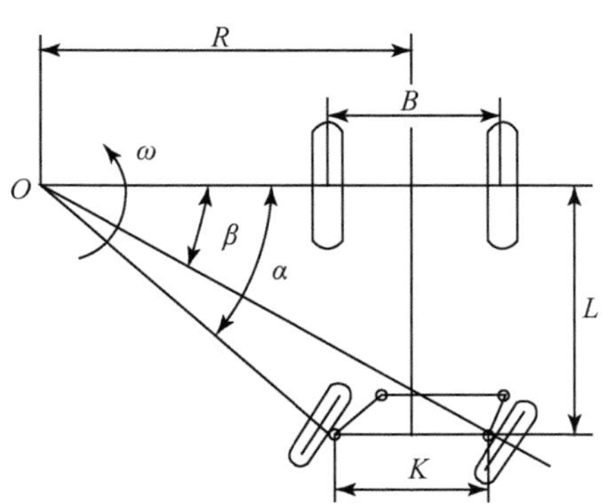

图 8-3　后轮偏转转向

R 为转弯半径；α 为前/后外轮转角；K 为两主销间距离；L 为前后轴距；B 为左右轮距；O 为瞬时转动中心；ω 为转动角速度；β 为前/后内轮转角

（2）铰接转向

如图 8-4 所示，铰接转向过程中前后车架发生一定的偏移角度，故前后桥均可用非转向桥实现全桥驱动，其结构简单、转向灵活、转弯半径相对较小，但行驶稳定性差，前后车架之间传动较困难。当铰点不在中间时，易产生循环功率，常用于驱动力较大的工程机械上，如装载机、压路机等。其转弯半径为

$$R_1=\frac{B}{2}+\frac{AC}{\sin\alpha}=\frac{B}{2}+\frac{L}{\sin\alpha}(1-k+k\cos\alpha) \tag{8-2}$$

$$R_2=\frac{B}{2}+\frac{L}{\sin\alpha}[k+(1-k)\cos\alpha] \tag{8-3}$$

式中，AC 为前轮轴中点到后轮轴所在直线的距离；B 为左右两侧轮距；L 为前后轴距；R_1 为车架外侧转弯半径；R_2 为后车架外侧转弯半径；k 为前车架长度与轴距之比；α 为前后车架偏转角度。

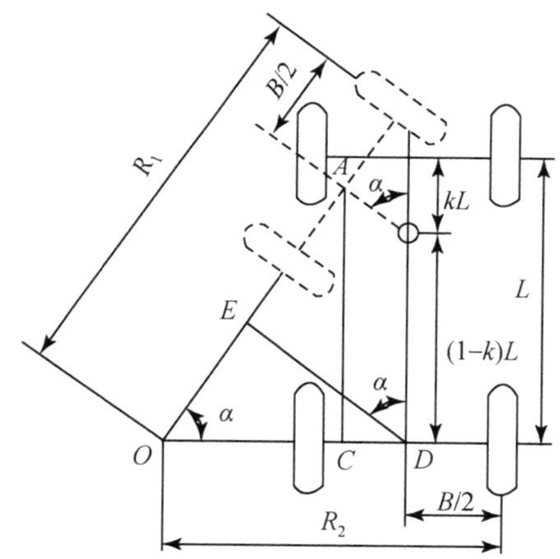

图 8-4 铰接转向

A 为前轮轴中点；D 为后轮轴中点；E 点为过 D 点做前轮轴所在直线的垂线与前轮轴所在直线的交点；C 点为过前轮轴中点 A 做后轮轴所在直线的垂线与后轮轴所在直线的交点；B 为左右两侧轮距；L 为前后轴距；R_1 为前车架外侧转弯半径；R_2 为后车架外侧转弯半径；k 为前车架长度与轴距之比；α 为前后车架偏转角度

（3）差速转向

差速转向依靠两个独立的驱动装置控制两侧车轮，左右两侧的车轮以不同的角速度旋转，从而达到机器转向的目的，如图 8-5 所示。转向时不偏转车轮，灵活方便，能够实现原地 360°转向。转弯过程中，转弯半径为

$$R=\frac{B(v_r+v_l)}{2(v_r-v_l)} \tag{8-4}$$

式中，v_l、v_r 为左、右两侧车轮速度。当两侧车轮转速大小相等、方向相反时，

可实现原地转向。

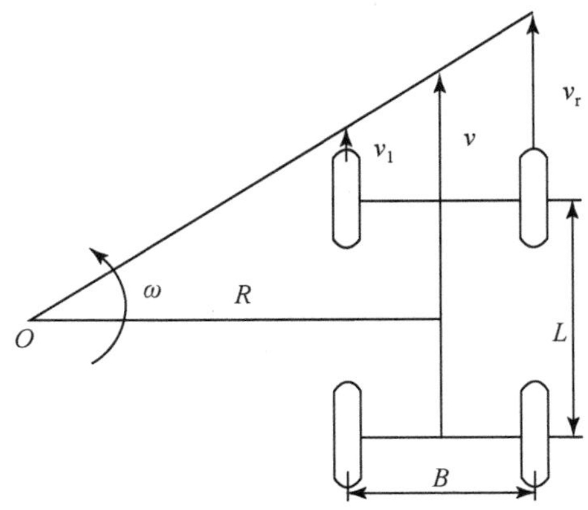

图 8-5　差速转向

B 为左右两侧轮距；L 为前后轴距；R 为瞬时转弯半径；ω 为转动角速度；v_1、v_r 为左、右两侧车轮速度；v 为小车速度

（4）组合转向

组合转向为上述几种转向方式组合而形成的一种新的转向方式。其转弯半径小，能够适应较小的工作环境（图 8-6）。当前轮偏转和前后车架偏角发生变化时，其转弯半径为

$$R_1=\frac{L-r+r\cos\alpha}{\sin(180°-\alpha-\beta)}-\frac{B\sin\alpha}{2\sin(180°-\alpha-\beta)} \tag{8-5}$$

$$R_2=\frac{L-r+r\cos\alpha}{\sin(180°-\alpha-\beta)}+\frac{B\sin\alpha}{2\sin(180°-\alpha-\beta)} \tag{8-6}$$

$$R_3=\frac{(L-r)\cos\alpha+r}{\sin\alpha}+\frac{B}{2}-\frac{(L-r+r\cos\alpha)\sin\beta}{\sin\alpha\sin(180°-\alpha-\beta)} \tag{8-7}$$

$$R_4=\frac{(L-r)\cos\alpha+r}{\sin\alpha}-\frac{B}{2}-\frac{(L-r+r\cos\alpha)\sin\beta}{\sin\alpha\sin(180°-\alpha-\beta)} \tag{8-8}$$

式中，R_1、R_2 为前内侧和外侧车轮转弯半径；R_3、R_4 为后外侧和内侧车轮转弯半径；α 为前后车架偏角；β 为前轮转角。

为了便于选择，将几种转向方式的优缺点列于表 8-1。本研究所设计研发的轻小型移动式喷灌机组，工作过程中运行缓慢，速度较平稳，同时为了尽可能少地占用耕地、提高土地利用率、不影响作物正常生长，左右两轮之间并无连接轴，因此所需转向系统应该结构简单、转向快速准确，具有较小的转弯半径；整个机组采用太阳能板和蓄电池作为能量来源，驱动方式采用直流电机单独进行驱

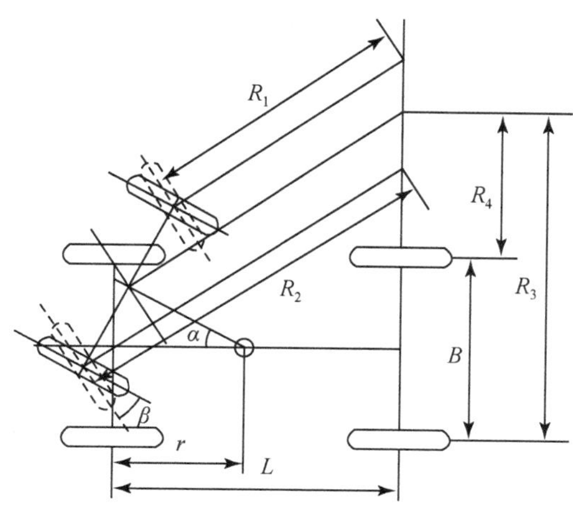

图 8-6　组合转向

动，所需转向方式必须灵活、可控。综合分析后最终采用差速转向方式作为喷灌机的转向系统。

表 8-1　各转向方式比较表

项目	偏转车轮转向	铰接转向	差速转向	组合转向
转弯半径	大	较小	小	较小
对准工作面	一般	方便	方便	一般
驾驶路线判断	一般	方便	方便	方便
结构复杂程度	复杂	简单	简单	复杂
转向系与传动系关系	不相关	不相关	有关	不相关
稳定性	一般	一般	一般	较差

8.1.2　四轮差速运动学模型构建

由于所设计的轻小型移动式喷灌机组左右轮距大于前后轴距，因此根据其整体结构特点，为使其转向灵活、方便，采用四轮差速转向。

鉴于喷灌机组作业过程中纵向行驶速度较小且恒定，作为导航的引导路径一般为直线，故采用如图 8-7 所示的运动学模型来进行分析。

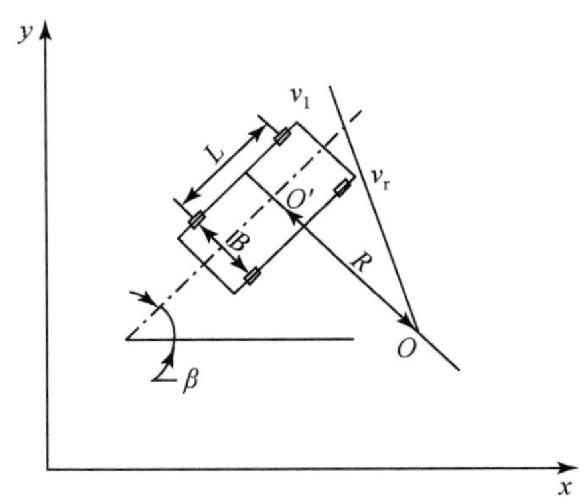

图 8-7　运动学模型

如图 8-7 所示，喷灌机组采用四轮驱动，通过调节两侧车轮转速，实现对路径的跟踪，其中坐标系为世界坐标系。B 为喷灌机左、右两侧的轮距，v_1 和 v_r 分别为左、右两侧车轮速度。O' 为喷灌机中心，O' 与 O 之间的距离 R 为其转弯半径。O' 点的速度可视为喷灌机的运行速度。β 为车体纵轴与 X 轴间的夹角。设 O' 的坐标（x，y）为喷灌机当时所处位置。因此，喷灌机在任意时刻的状态可用状态变量 $x(t)$、$y(t)$、$\beta(t)$ 表示。

喷灌机组在运行过程中速度一般较慢，假定喷灌机组在运行过程中只做平面运动，忽略地面起伏不平的影响和车轮侧滑。喷灌机组在平面内运动时

$$V_{O'}=\frac{v_1+v_r}{2} \tag{8-9}$$

$$\omega=\frac{v_1-v_r}{B} \tag{8-10}$$

式中，v_1 为左侧车轮速度；v_r 为右侧车轮速度；$V_{O'}$ 为喷灌机组速度；ω 为转向角速度；B 为左右轮距。

由式(8-9)、式(8-10)可得喷灌机组的瞬时转弯半径

$$R=\frac{B(v_1+v_r)}{2(v_1-v_r)} \tag{8-11}$$

喷灌机组对预定路径的跟踪是通过调节两侧车轮的转速差来实现的，当喷灌机组直线运行时两侧车轮速度相等 $v_1=v_r$，当喷灌机通过调节两侧转速差进行纠偏时，左、右两侧车轮速度不再相等。令左、右两侧车轮速度的增量相等，则

$$\begin{cases} v_1=V_{O'}+\delta_v \\ v_r=V_{O'}-\delta_v \end{cases} \tag{8-12}$$

式中，δ_v 为左、右两侧车轮速度变化量。

由此可求得喷灌机运动学模型

$$\begin{cases} \dot{x} = V_{O'} + \cos\beta \\ \dot{y} = V_{O'} + \sin\beta \\ \dot{\beta} = \dfrac{v_l - v_r}{B} \end{cases} \tag{8-13}$$

式中，$\dot{x}$ 为喷灌机组在 x 轴方向的速度；$\dot{y}$ 为喷灌机组在 y 轴方向的速度；$\dot{\beta}$ 为喷灌机组的转向角速度。

8.1.3　传感器组合导航模型构建

（1）航位推算

卡尔曼滤波模型利用递推方法估计导航系统的各种状态，并通过估计的状态值去校正系统。要建立卡尔曼滤波模型首先必须得到系统状态之间的递推关系，本研究基于航位推算的方法建立的递推关系如图 8-8 所示，航位推算是一种自主式导航定位方法，它利用递推的方法积累车辆行驶的距离和相对已知点的方向，根据某一参考位置实时推算车辆的位置和方向（周俊，2003；陈艳等，2011；李文等，2015）。

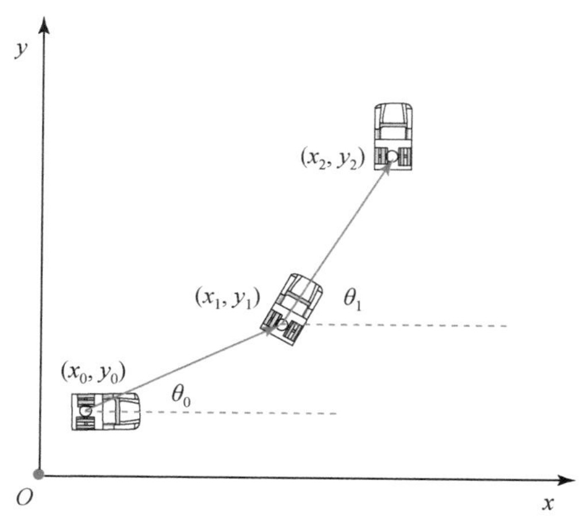

图 8-8　航位推算示意图

设 T 为系统的采样周期，在同一个采样周期内假设喷灌机航向角度不发生变化，若目标初始位置为（x_0，y_0），通过速度传感器获得的目标速度、采样时间和电子罗盘获得的航向信息就可计算得到目标下一时刻位置（x_1，y_1），再以（x_1，y_1）为已知点，推算出下一时刻位置，如此类推便可获得目标运动过程中的实时位置信息。航位递推公式为

$$x_k = x_{k-1} + V_{0'} T\cos\theta_{k-1} \tag{8-14}$$

$$y_k = y_{k-1} + V_{0'} T\sin\theta_{k-1} \tag{8-15}$$

式中，x_k、y_k 为目标 k 时刻的位置坐标；$V_{0'}$为目标运动速度；T 为系统采样周期；θ_{k-1}为系统 $k-1$ 时刻的方位角。

(2) 卡尔曼滤波模型

对于一般的线性连续系统，对其进行离散化后，系统的基本状态方程为

$$X_k = \boldsymbol{\Phi}_{k,k-1} X_{k-1} + W_{k-1} \tag{8-16}$$

式中，X_k 为 k 时刻系统的状态向量；X_{k-1} 为 $k-1$ 时刻的状态向量；$\boldsymbol{\Phi}_{k,k-1}$ 为 $k-1$ 时刻到 k 时刻的系统状态转移矩阵；W_{k-1} 为离散时间均值为 0 的高斯白噪声。

基于上述航位推算关系，以及卡尔曼滤波器的基本状态方程，选取 x、y 和 v 为系统的状态变量，即状态变量 $X=\begin{bmatrix} x \\ y \\ v \end{bmatrix}$，其中 x、y 为 WGS-84 坐标系下 x、y 坐标经高斯-克吕格投影后的平面直角坐标系下的位置坐标，v 为喷灌机组运行速度。由此可得系统状态转移矩阵为

$$\boldsymbol{A} = \begin{bmatrix} 1 & 0 & T\cos\beta \\ 0 & 1 & T\sin\beta \\ 0 & 0 & 1 \end{bmatrix} \tag{8-17}$$

式中，T 为系统采样周期；β 为喷灌机组车体纵向在 WGS-84 高斯-克吕格投影平面坐标系下的角度分量。设定横坐标正向为 0，逆时针为正，顺时针为负。

系统观测方程一般式为 $Z(k)=\boldsymbol{H}(k)X(k)+V(k)$，其中 $Z(k)$ 为系统 k 时刻的测量向量；$\boldsymbol{H}(k)$ 为 k 时刻的测量矩阵；$V(k)$ 为系统测量噪声，要求噪声需是均值为 0 的高斯白噪声。本书选定 GPS 输出的位置坐标 x、y 和喷灌机运行速度 v 作为观测值，则系统观测变量为 $Z=\begin{bmatrix} x \\ y \\ v \end{bmatrix}$，依据所选定的系统状态向量和测量向量，观测方程中的测量矩阵为

$$\boldsymbol{H} = \begin{bmatrix} 1 & 0 & 0 \\ 0 & 1 & 0 \\ 0 & 0 & 1 \end{bmatrix} \tag{8-18}$$

观测方程中，$V(k)$ 为系统测量噪声，要求噪声需是均值为 0 的高斯白噪声，

即测量噪声方差阵 $\boldsymbol{R}$ 为

$$\boldsymbol{R}=\begin{bmatrix} r_1^2 & 0 & 0 \\ 0 & r_2^2 & 0 \\ 0 & 0 & r_3^2 \end{bmatrix} \tag{8-19}$$

式中，r_1、r_2、r_3 为位置坐标 x、y 及速度值 v 的测量标准差。

上面通过航位推算建立的系统动态方程，对系统噪声 W_k 和观测噪声 V_k 均要求：

$$\begin{cases} E[w_k]=0, E[v_k]=0 \\ \mathrm{Cov}[w_k, w_j]=E[w_k, w_j^{\mathrm{T}}]=\boldsymbol{Q}_k\delta_{kj} \\ \mathrm{Cov}[v_k, v_j]=E[v_k, v_j^{\mathrm{T}}]=\boldsymbol{R}_k\delta_{kj} \\ \mathrm{Cov}[w_k, v_j]=E[w_k, v_j^{\mathrm{T}}]=0 \end{cases} \tag{8-20}$$

式中，$\boldsymbol{Q}_k$ 为非负定矩阵；$\boldsymbol{R}_k$ 为正定矩阵；$\boldsymbol{Q}_k$、$\boldsymbol{R}_k$ 都是方差阵；δ_{kj}为克罗尼克 δ 函数。

卡尔曼滤波算法中，只要给出初始时刻 $X(0)$ 和 $P(0)$，根据 k 时刻的观测值 $Z(k)$，就可递推得到 k 时刻的状态估值 $X(k)$（$k=1, 2, \cdots$）和其协方差矩阵 $\boldsymbol{P}(k)$。主要步骤和基本方程如下。

状态一步预测方程

$$X_{k/(k-1)}=A_{k,k-1}X_{k-1} \tag{8-21}$$

一步预测协方差方程

$$\boldsymbol{P}_{k/(k-1)}=A_{k,k-1}P_{k-1}A_{k,k-1}^{\mathrm{T}}+Q_{k-1} \tag{8-22}$$

滤波增益方程

$$K_k=\boldsymbol{P}_{k/(k-1)}H_k^{\mathrm{T}}(H_k\boldsymbol{P}_{k/(k-1)}H_k^{\mathrm{T}}+R)^{\mathrm{T}} \tag{8-23}$$

状态更新方程

$$X_k=X_{k/(k-1)}+K_k(Z_k-HX_{k/(k-1)}) \tag{8-24}$$

协方差更新方程

$$P_k=(I-K_kH_k)\boldsymbol{P}_{k/(k-1)} \tag{8-25}$$

式中，$X_{k/k-1}$为由 $k-1$ 时刻的状态向量估计出的系统 k 时刻的状态向量；$\boldsymbol{P}_{k/(k-1)}$为由 $k-1$ 时刻的协方差阵估计出的系统 k 时刻的协方差矩阵。

卡尔曼滤波算法一个循环周期的流程图如图 8-9 所示。一个系统状态估计周期包括：①状态及测量预测；②状态更新。状态更新的过程中需要滤波增益，系统滤波增益又需要状态估计协方差的计算。协方差计算过程与系统状态和测量不相关，因而不需要实时计算。

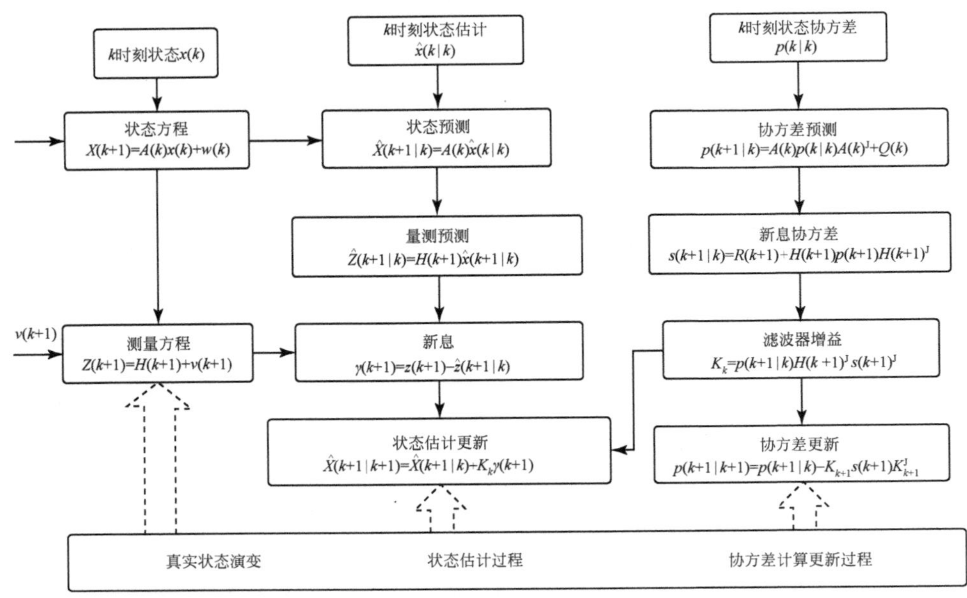

图 8-9　卡尔曼滤波算法流程图

8.1.4　仿真实验

轻小型移动式喷灌机是一种连续直线运行的喷灌机组，以直线运动为例，根据上述卡尔曼滤波的工作流程，在 Matlab 中对滤波算法的有效性进行仿真验证。滤波器初始条件为

$$
\begin{aligned}
P(0)&=\begin{bmatrix}0.4 & & \\ & 0.4 & \\ & & 0.1\end{bmatrix}\\
R(0)&=\begin{bmatrix}30 & & \\ & 30 & \\ & & 0.3\end{bmatrix}\\
Q(0)&=\begin{bmatrix}0.4 & & \\ & 0.4 & \\ & & 0.5\end{bmatrix}
\end{aligned}
\tag{8-26}
$$

喷灌机实际运行速度较慢，为尽量与实际情况一致，采样周期取 $T=10\text{s}$，迭代运行 80 次，初始位置为（0，0），仿真结果如图 8-10 所示，通过 Matlab 仿真

实验结果可以看出，卡尔曼滤波后的跟踪轨迹与路径真实轨迹更为接近，测量值与真实值间误差较大且观测轨迹存在振荡，说明测量噪声对系统影响较大；滤波前观测噪声最大误差接近 12cm，经过卡尔曼滤波后，位置偏差降低到 6cm 以下。可见卡尔曼滤波虽然没有完全消除噪声对系统的影响，但是在很大程度上降低了噪声对系统的影响。在实际应用中，由于田间环境复杂，存在各种干扰，使传感器测得的数据误差增大，就会导致导航精度下降。卡尔曼滤波算法通过递推方法对系统状态进行估计和校正来获得对测量结果较为准确的描述，提高了结论的可信度和容错能力，显示出更加灵活可靠的优势。

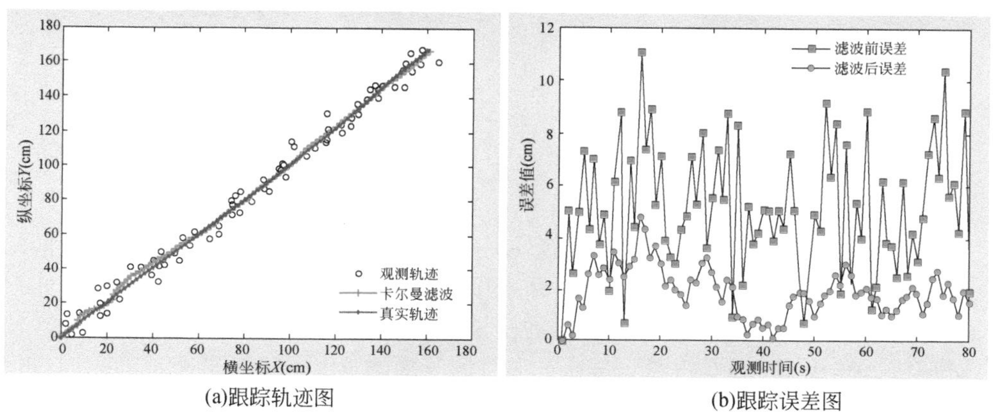

(a)跟踪轨迹图　　(b)跟踪误差图

图 8-10　仿真实验结果

8.2　导航控制决策模型构建

8.2.1　PID 导航控制算法

(1) 控制算法原理

在导航控制子系统中，导航控制算法直接影响系统的稳定性和导航精度，是实现路径跟踪的重要组成部分。以往研究中（Noguchi et al.，2001；Nagasaka et al.，2004；Kaizu，2004）多数使用如下线性模型。

$$u=\alpha\cdot\Delta d+\beta\cdot\Delta\theta \tag{8-27}$$

式中，u 为输出控制量；α、β 为比例系数；Δd 为横向偏差；$\Delta\theta$ 为航向偏差。

现有研究已证实，线性模型在导航预定路径为直线或者近似直线时路径跟踪效果较好，可实现零稳态路径跟踪误差。鉴于平移式喷灌机的运行方式，加之喷灌机工作环境恶劣，轮胎与地面土壤相互作用复杂，在系统模型不十分明确的状况下，选用基于 PID 理论的线性负反馈比例控制策略设计导航控制器。设计出的喷灌机导航控制系统原理框图如图 8-11 所示。

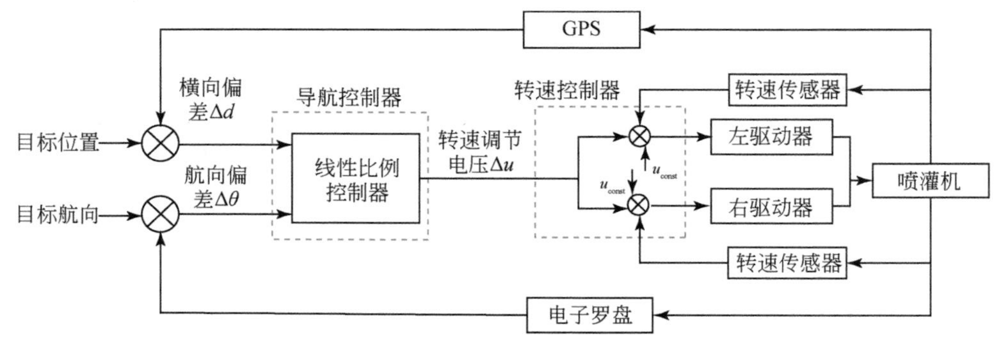

图 8-11　导航控制系统框图

喷灌机运行过程中通过电子罗盘实时获得当前航向，当前航向与目标航向的差值即为航向偏差。在本导航控制系统中，被控量是喷灌机与目标路径的偏差（横向偏差与航向偏差），控制的目的是消除喷灌机与预定目标路径的偏差，使$\Delta d=0$，$\Delta\theta=0$。对偏差的消除是通过实时调节喷灌机运行方向来实现的。通过传感器的反馈信息，实时调节喷灌机左右两侧步进电机的转速，从而改变两边车轮的转速差来实现转向。如图 8-11 所示，导航控制器的输入量为喷灌机与目标路径的横向偏差与航向偏差，输出量是控制两侧步进电机转速的脉冲频率增量。

在喷灌机运动学模型不十分明确的情况下，为更好地消除横向跟踪误差和纵向航向偏差，兼顾系统稳定性及精度要求，系统采用了基于 PID 理论的线性负反馈比例控制策略，可以不需要任何模型知识，跟踪的目的是让Δd、$\Delta\theta$趋向于零。输出控制量为

$$\Delta u=k_1\Delta d+k_2\Delta\theta \tag{8-28}$$

式中，k_1、k_2为横向偏差与航向偏差的反馈比例系数。式（8-28）与式（8-27）描述的线性跟踪模型具有相同的结构。

导航控制器决策出输出控制量后将其发送给转速操纵控制器，由转速操纵控制器根据该控制量输出给步进电机驱动器以相应的脉冲频率，进而控制电机转速，如此控制两侧车轮的转速差来实现转向，消除喷灌机与预定路径间的偏差。加载在驱动电动机上的脉冲频率可以认为由两部分信号叠加而成：一部分是恒定频率u_{const}，作用是保持一定的转速，改变u_{const}将改变喷灌机的移动速度；另一部分是导航控制器输出的调节频率Δu，作用是根据偏差信号Δd、$\Delta\theta$调节电动机转速，通过改变轮子的速度，消除偏差，改变Δu将改变喷灌机前进的方向。假

设由 A、B 两点确定一条直线，该直线作为喷灌机组的导航预定路线，使喷灌机沿着导航 AB 线前进。

左步进电机脉冲频率为 $$u_l = u_{const} \pm \Delta u \tag{8-29}$$

右步进电机脉冲频率为 $$u_r = u_{const} \mp \Delta u \tag{8-30}$$

u_l、u_r 作为两侧车轮转速脉冲频率的期望值，通过两侧车轮转速传感器的单位负反馈形成小闭环控制，转速传感器实时检测车轮当前转速并将检测结果反馈至转速控制器，转速控制器通过将检测结果与理想转速进行比较，实时调节车轮转速使其与理想转速相同，以此来消除行驶阻力不同和电压改变时引起的转速偏差。对两侧车轮转速的反馈控制可以完全获得两侧车轮转速状态，为喷灌机的转向提供很好的控制能力。

（2）PID 控制算法

PID 控制算法是控制系统中最常用的控制规律。简单来说，PID 控制是一种以偏差的比例、积分和微分进行线性组合的控制方法，在连续系统中运用最广、技术成熟，同时具有算法结构简单、工作稳定、系统无静差等特点（陈军和乌巢谅，2005）。传统 PID 控制算法有比例、微分、积分三种校正环节，各校正环节作用如下。

1）比例校正环节：成比例地反映系统误差，误差一旦产生，立即产生控制作用，使误差沿相反方向进行调节，以减小偏差，比例系数越大，调节越迅速，但过大的比例系数容易导致系统不稳定。

2）微分校正环节：可以反映误差的变化趋势（速率），可以在系统偏差变得太大之前引入一个早期修正，从而加快控制速度，减少调节时间（陈晓冲和王万平，2004）。

3）积分校正环节：可以消除系统静差，提高系统的无差度。其积分作用的强弱与积分时间常数成反比。

PID 控制系统原理如图 8-12 所示，系统由 PID 控制器和被控对象组成。

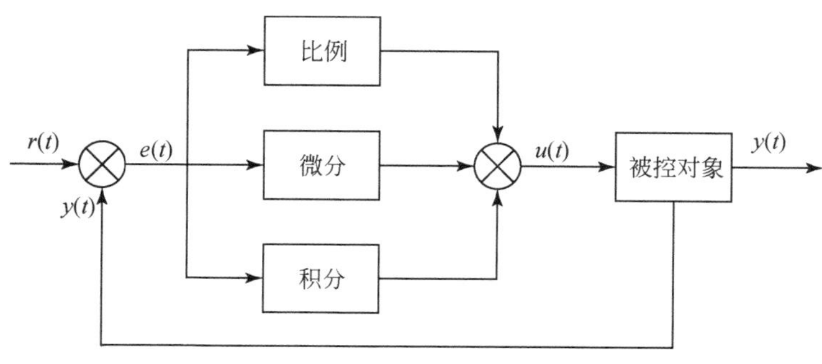

图 8-12　PID 控制系统原理图

PID 算法作为一种线性控制算法，根据给定值 $r(t)$ 和实际输出 $y(t)$ 构成控制偏差 $e(t)$。

$$e(t)=r(t)-y(t) \tag{8-31}$$

然后将控制偏差的比例、微分、积分进行线性组合构成控制量 $u(t)$ 来控制被控对象。其控制规律为

$$u(t)=k_p\left[e(t)+\frac{1}{T_1}\int_0^t e(t)\,dt+\frac{T_D e(t)}{dt}\right] \tag{8-32}$$

或写成传递函数形式

$$G(s)=\frac{U(s)}{E(s)}=k_p\left(1+\frac{1}{T_1 S}+T_D s\right) \tag{8-33}$$

式中，$U(s)$ 为控制量 $u(t)$ 的拉普拉斯变换；$E(s)$ 为偏差量 $e(t)$ 的拉普拉斯变换；s 为进行拉普拉斯变换后的复变量；k_p 为比例系数；T_1 为积分时间常数，与输出成反比；T_D 为微分时间常数。

上述为连续系统的 PID 控制算法，由于计算机处理的都是数字信号，需将连续系统进行离散化，使用数字 PID 控制算法。数字 PID 控制算法又可分为位置式 PID 控制算法和增量式 PID 控制算法。位置式 PID 控制算法每次输出都与过去状态有关，计算中要将过去产生的偏差进行累加，易产生较大的累积误差，随着累加次数的增加计算时间变长，容易造成控制滞后。增量式 PID 控制算法只需计算误差增量，只需要知道当前时刻和前一时刻的误差值即可，当存在计算误差或精度不足时，对控制量的计算影响较小，因此本书选用这一种算法。将连续 PID 控制算法离散后为

$$\begin{aligned}u(t)&=k_p\left[e(k)+\frac{T}{T_1}\sum_{j=0}^{k}e(j)+\frac{T_D}{T}(e(k)-e(k-1))\right]\\&=k_p e(k)+k_I\sum_{j=0}^{k}e(j)T+k_D\frac{(e(k)-e(k-1))}{T}\end{aligned} \tag{8-34}$$

式中，T 为系统采样周期；k 为系统采样序号，$k=0$，1，2，3，…；$u(k)$ 为第 k 次采样时刻计算的输出值；$e(k)$ 为第 k 次采样时刻系统偏差；$e(k-1)$ 为 $k-1$ 时刻系统偏差。增量式 PID 控制算法计算的是前后两次的增量，其表达式为

$$\begin{aligned}\Delta u&=u(k)-u(k-1)\\&=k_p(e(k)-e(k-1))+k_I e(k)+k_D(e(k)-2e(k-1)+e(k-2))\end{aligned} \tag{8-35}$$

式中，k_p 为比例系数；k_I 为积分系数；k_D 为微分系数。

上式不需对误差进行累加，控制量 $u(k)$ 的值仅与当前时刻 k、$k-1$ 时刻和 $k-2$时刻的采样值有关。

前面研究中，根据喷灌机当前位置及其与预定路径之间的关系，通过线性模型决策出了期望的喷灌机两侧车轮转速增量。从算法结构上看，以线性模型作为导航决策算法相当于使用了一个单独的比例（P）环节进行 PID 控制。在充分考虑喷灌机转向驱动机构的基础上，利用 PID 控制方法建立两侧车轮转速控制器系统。转速控制器实现原理如图 8-13 所示。两侧车轮转速调节的期望电压由式（8-35）计算得到，并传递给转速控制器，转速控制器通过安装在车轮轴上的车轮转速传感器采集车轮转速，实时获得当前两侧车轮转速，并将当前转速反馈至转速控制器，构成闭环控制。

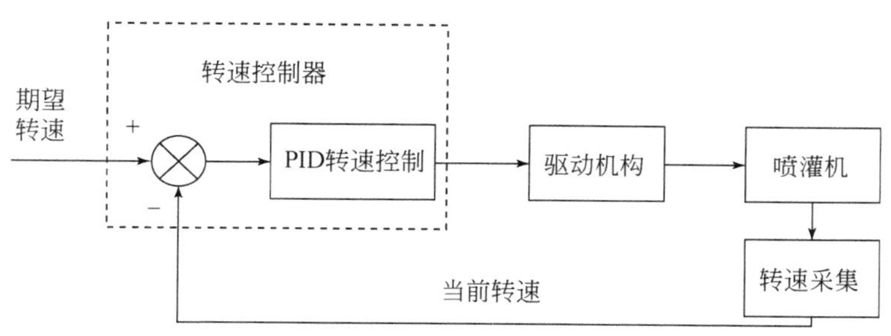

图 8-13　转速控制系统组成

（3）转向控制仿真

喷灌机行走驱动部分主要由步进电机、行星齿轮减速器、涡轮蜗杆减速器等组成。电机输出轴与行星齿轮减速器相连，行星齿轮减速器输出轴与涡轮蜗杆减速器相连，涡轮蜗杆减速器与喷灌机行走轮通过阶梯轴和花键连接。行星齿轮减速器减速比为 10 : 1，涡轮蜗杆减速器减速比为 80 : 1。依据经验（宋健，2003）设定延时函数常数为 30，则传递函数可表示为

$$G(s)=\frac{1}{800(30s^2+s)} \tag{8-36}$$

根据上述建立的喷灌机差速转向运动学模型，在 Matlab 环境中利用 Simulink 工具箱对喷灌机转速操纵控制器进行仿真，分别以阶跃信号和正弦信号进行仿真，图 8-14 为建立的转速操纵控制器仿真模型。其中 PID 参数分别为 $P=20$，$I=0$，$D=50$。

图 8-15 和图 8-16 为仿真效果图，从中可以看出，所建立的转速操纵控制器性能较好，对阶跃信号和正弦信号都可以稳定跟踪，在信号跟踪过程中，只有微小超调，但跟踪过程稳定，无震荡。

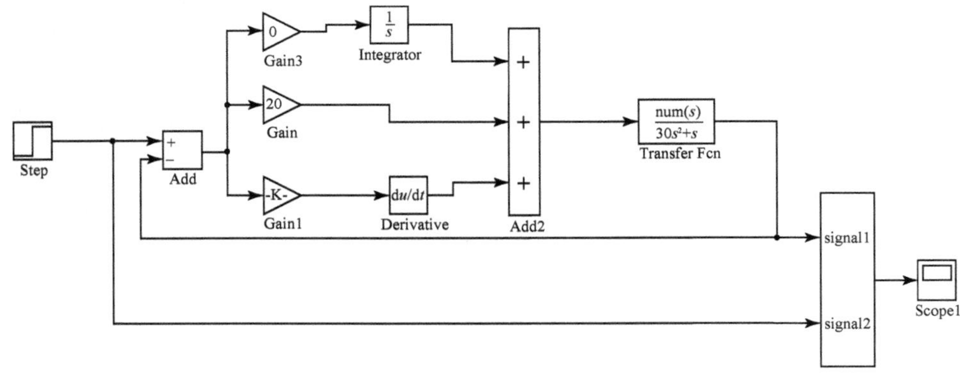

图 8-14　转速操纵控制器仿真模型

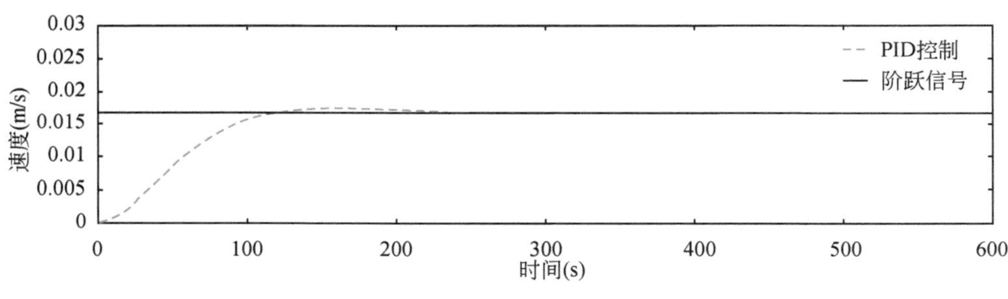

图 8-15　阶跃信号仿真图

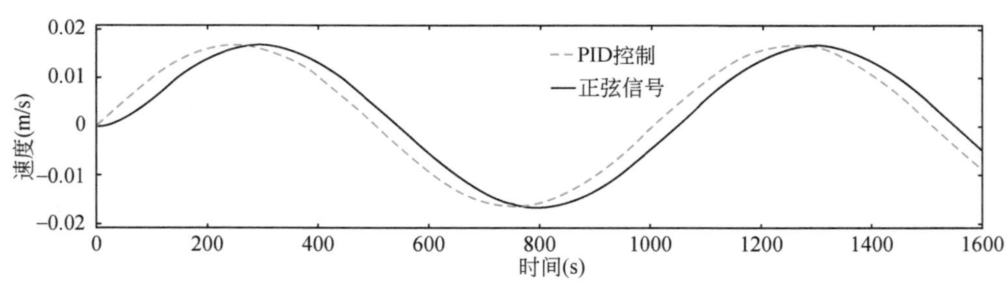

图 8-16　正弦信号仿真图

（4）路径跟踪仿真

基于 Matlab/Simulink 平台，以所建立的喷灌机运行学模型为控制对象，对线性模型导航跟踪控制算法进行仿真试验。建立的线性模型路径跟踪仿真框图如图 8-17 所示。

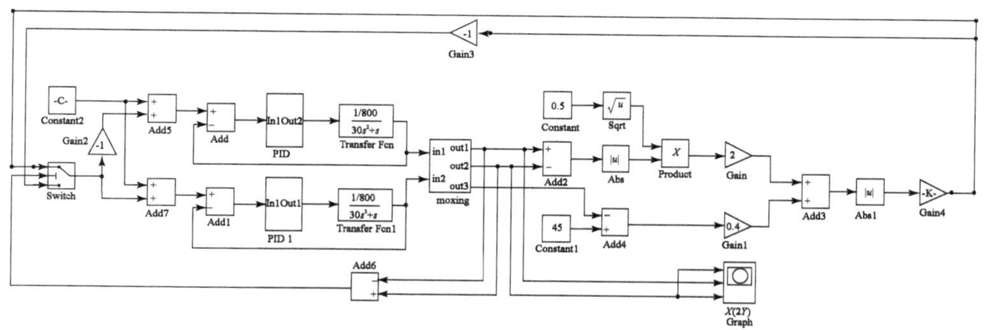

图 8-17 线性模型跟踪仿真图

仿真前设定仿真跟踪路径为直线 $y=x$，喷灌机设定速度为 1m/min。仿真效果如图 8-18 所示。由图 8-18 可知，线性模型导航控制算法可顺利跟踪预定导航路径，但在跟踪过程中，跟踪轨迹呈现来回震荡。

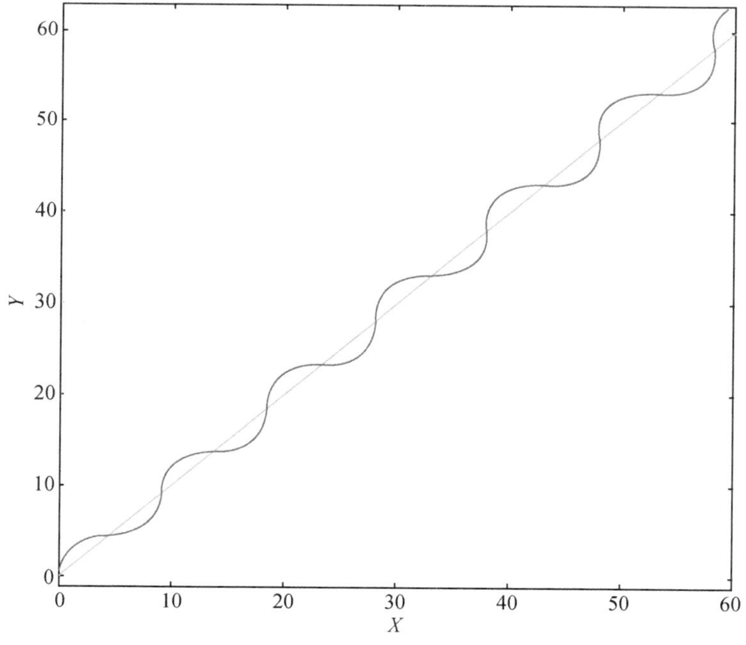

图 8-18 模型仿真效果图

8.2.2 模糊控制决策算法

线性模型控制算法在结构上相当于一个 PID 控制中的比例环节，虽然可以在近似直线跟踪过程中较好地跟踪预定路径。但是在实际导航路径跟踪过程中，由于存在随机测试误差，将导致路径跟踪出现摇摆现象。通过分析驾驶员实际操作行为可知，对于各种路径状况基本上均能给出比较正确的驾驶行为，即使出现失误也会很快纠正，不会影响正常行驶（徐友春等，2001）。模糊逻辑控制算法通过模仿人的思维和经验来实现控制决策，运用模糊逻辑推理、决策等过程，达到令人满意的控制效果。大量研究表明，模糊控制对于复杂的线性或非线性系统和不确定系统都具有良好的控制效果。喷灌机动力学模型建立较为复杂且难以确定，主要原因如下：①农田环境的非结构化特征；②轮胎与土壤之间的相互作用十分复杂。因此在其模型不十分明确的情况下进行喷灌机导航时，应该避免过分依赖车辆模型来设计导航控制器。综上，兼顾系统稳定性及精度要求，利用模糊控制算法决策出适宜的喷灌机左、右轮转速，对喷灌机的路径跟踪控制具有良好的适用性。

8.2.2.1 算法原理

喷灌机通过渠道进行供水，在沿渠道行走过程中从蓄水渠道中取水进行喷洒灌溉。导航系统采用机械接触式导航（Perera et al.，2014；赵德安等，2016；姬长英和周俊，2014），其系统结构具体组成如图 8-19 所示。

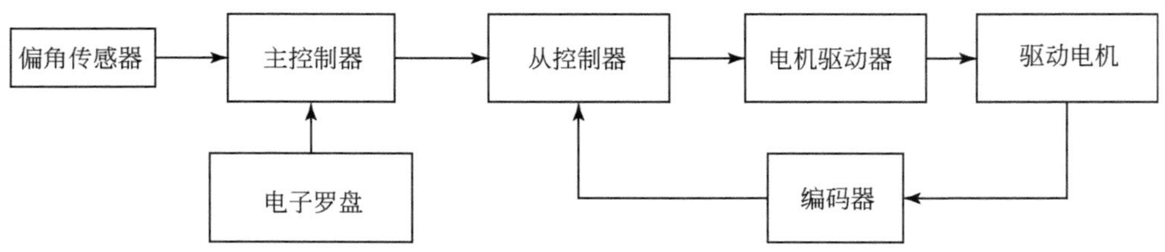

图 8-19 导航控制系统结构

首先通过偏角传感器和电子罗盘获取喷灌机当前实际位置角和方位角，通过与预定位置角和航向角比较，确定喷灌机与预定路径的横向偏差 e_θ 和航向偏差 e_ψ。然后将两偏差参数输入模糊逻辑控制器，通过模糊逻辑分析处理决策出适宜的喷灌机左右车轮转速，再通过转速操纵控制器的闭环控制（图 8-13），实现期望的车轮转速，从而达到路径跟踪的目的，其导航控制原理如图 8-20 所示。

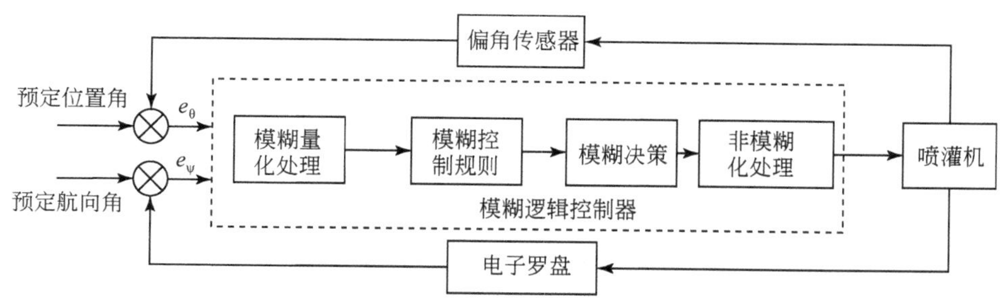

图 8-20　模糊控制原理图

由图 8-20 可知所要建立的模糊控制器为一个二维模糊控制器。模糊控制器的建立包括变量模糊化、反模糊化、模糊控制规则建立等多个环节，如图 8-21 所示为设计模糊控制器的主要步骤流程。根据流程可知，设计模糊控制器，主要分为以下几项内容：

1）确定输入、输出物理量；
2）确立模糊控制器结构和模糊子集隶属度函数；
3）建立模糊控制规则；
4）选择控制器输入、输出变量的论域，并确定模糊控制器参数；
5）编制模糊控制算法程序。

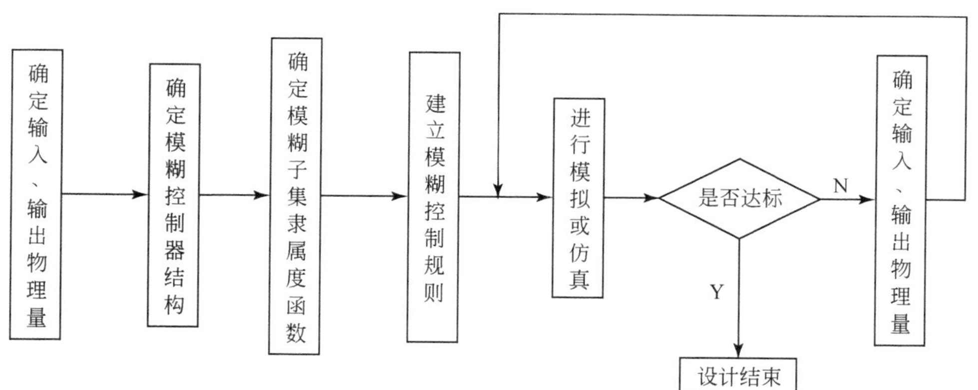

图 8-21　模糊控制器设计主要流程示意图

8.2.2.2　变量模糊化

依据模糊控制原理，采用横向偏差和航向偏差作为输入变量，期望的输出量为控制两侧电动机转速的频率增量 Δu。变量模糊化主要是指将用具体数字表示的输入量和输出量转化为用语言值表示的模糊化等级的序数。模糊控制器中选用7个语言变量作为模糊论域描述输入输出变量，分别为正大（PL）、正中（PM）、正小（PS）、零（ZE）、负小（NS）、负中（NM）和负大（NL）。

（1）横向偏差（e_θ）

基本论域：[-30°，30°]

量化等级：{-3，-2，-1，0，1，2，3}

量化因子：Kh=3/30=0.1

（2）航向偏差（e_ψ）

基本论域：[-30°，30°]

量化等级：{-3，-2，-1，0，1，2，3}

量化因子：Kh=3/30=0.1

（3）期望脉冲频率增量（Δu）

基本论域：[-900，900]

量化等级：{-3，-2，-1，0，1，2，3}

比例因子：Kh=900/3=300

输入、输出变量的模糊隶属函数均选为三角隶属度函数，图8-22为横向偏差、航向偏差和期望调整电压的隶属函数图形。

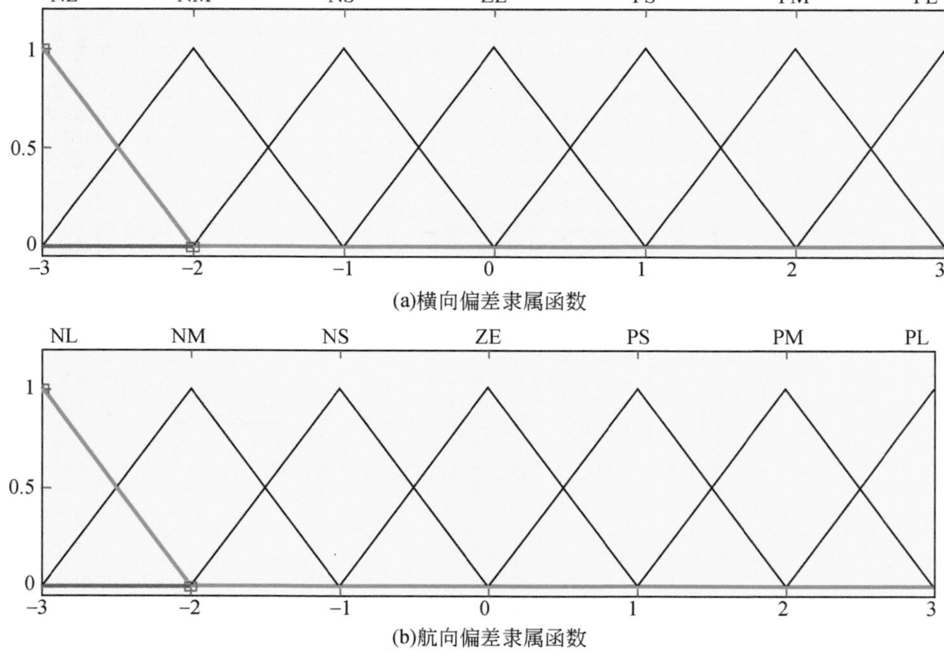

(a)横向偏差隶属函数

(b)航向偏差隶属函数

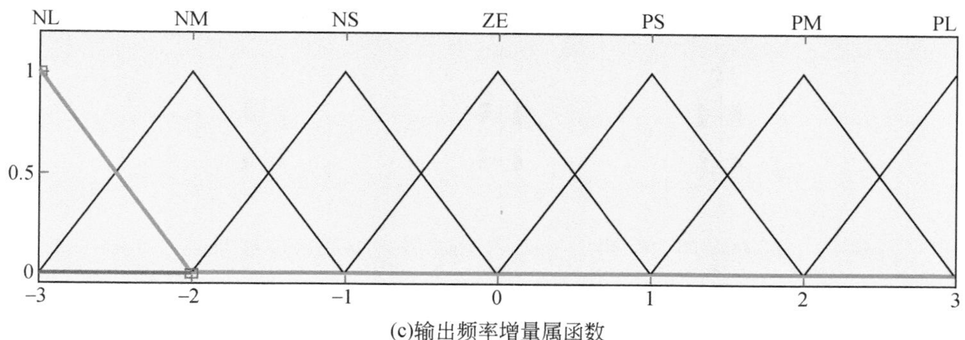

(c)输出频率增量属函数

图 8-22　输入、输出隶属函数图像

8.2.2.3　模糊控制规则建立

依据驾驶员操纵规则，当车辆与预定路径偏差较大时，应以尽快减小偏差为主，当偏差较小时，除了兼顾减小偏差外，还应考虑保持车辆的稳定性。在设计模糊控制规则之前，横向偏差和航向偏差的正负号规定如下：喷灌机位于预定路线右侧时横向偏差为正，位于预定路线左侧时横向偏差为负；航向偏差以顺时针为正，逆时针为负，控制喷灌机转向，以右转为正，左转为负。

将喷灌机与预定路线之间的位置关系分为 9 种情况，如图 8-23 所示。图中细实线代表预定路线，根据驾驶员操纵车辆经验，建立模糊控制规则。

图 8-23（a）中，无航向偏差（ZE），横向偏差为 NL，机组应向右转，控制为 PL;

图 8-23（b）中，无航向偏差（ZE），横向偏差为 0 即 ZE，机组应直行，控制为 ZE;

图 8-23（c）中，无航向偏差（ZE），横向偏差为 PL，机组应向左转，控制为 NL;

图 8-23（d）中，航向偏差为 NL，横向偏差为 NL，机组应右转，控制为 PL;

图 8-23（e）中，航向偏差为 NL，横向偏差为 ZE，机组应右转，控制为 PM;

图 8-23（f）中，航向偏差为 NL，横向偏差为 PL，机组应左转，控制为 NS;

图 8-23（g）中，航向偏差为 PL，横向偏差为 NL，机组应右转，控制为 PS;

图 8-23（h）中，航向偏差为 PL，横向偏差为 ZE，机组应右转，控制为 PM;

图 8-23（i）中，航向偏差为 PL，横向偏差为 PL，机组应左转，控制为 NL。

驾驶员的操作经验是模糊控制规则制定的基础，将输出变量横向偏差和航向偏差的 PL、PM、PS、ZE、NS、NM 和 NL 七个模糊语言变量进行排列组合，共

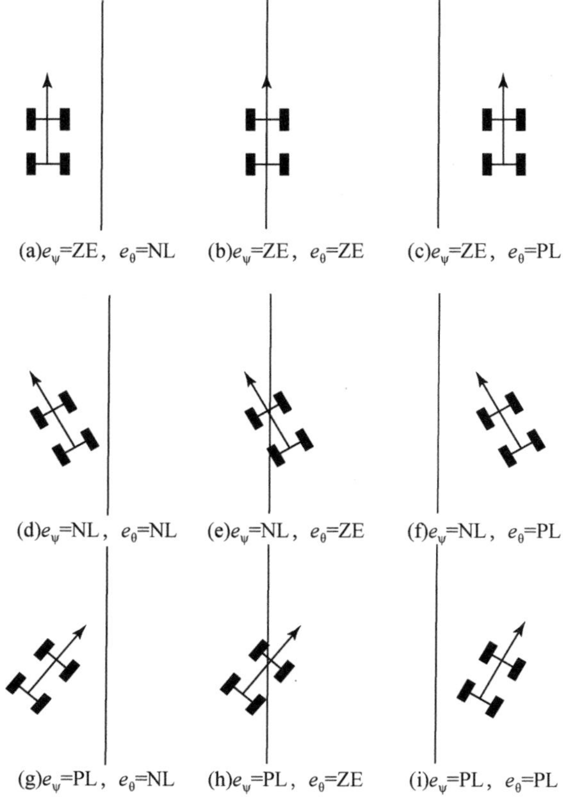

图 8-23　喷灌机与预定路径间的位置关系

产生 49 条模糊控制规则，如表 8-2 所示。在 Matlab 的 FIS 模糊编辑器中将 49 条控制规则逐条输入。

表 8-2　模糊控制规则

e_θ	e_ψ						
	NL	NM	NS	ZE	PS	PM	PL
NL	PL	PL	PM	PL	PM	PS	PS
NM	PM	PM	PM	PM	PS	PS	NS
NS	PM	PM	PS	PS	ZE	NS	NM
ZE	PM	PM	PS	ZE	NS	NM	NM
PS	PS	PS	PS	NS	NS	NM	NM
PM	PS	PS	ZE	NM	NM	NL	NL
PL	NS	ZE	NS	NL	NM	NL	NL

8.2.2.4 模糊推理及清晰化

模糊推理选用 Mamdani 方法，模糊推理基本运算为：“与”运算采用极小运算，“或”运算采用极大运算，模糊蕴含采用极小运算，模糊综合采用极大运算，去模糊化采用面积中心法。

选取输入、输出变量的离散论域为｛-3，-2，-1，0，1，2，3｝。将输入变量连续论域中的连续值，经量化因子变换后，四舍五入按靠近原则，取成整数，具体算式如下。

$$n=\begin{cases}3 & kx\geqslant 3\\ \operatorname{sgn}(kx)\operatorname{int}(|kx|+0.5) & |kx|<3\\ -3 & kx\leqslant -3\end{cases}\tag{8-37}$$

式中，k 为量化因子；x 为输入变量；符号算子“sgn”表示取后面括号内数值的正负号；“int”为取整算子，表示取后面括号中数值的整数部分。图 8-24 为模糊控制推理的实现过程，在模糊规则观测器中，逐条从-3 到 3 组合输入横向偏差和航向偏差，并记录输出值，即可建立模糊控制总表 8-3。

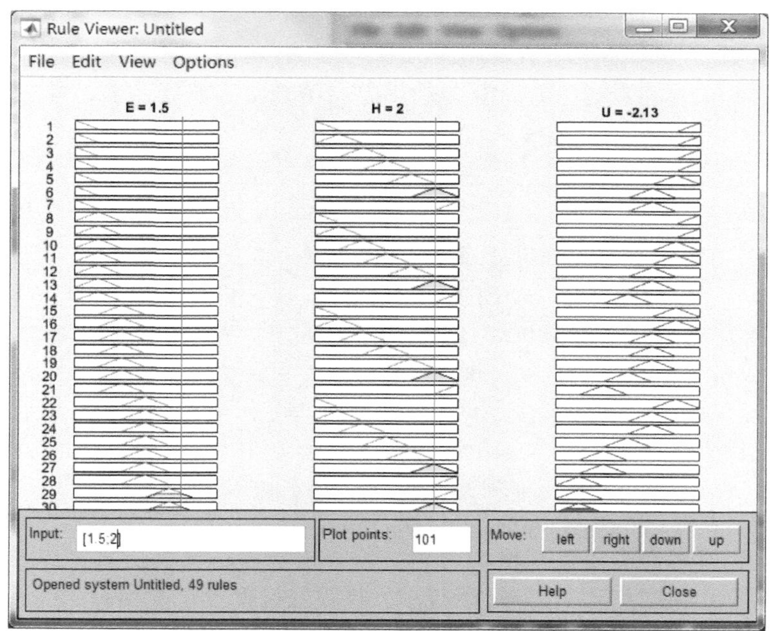

图 8-24 模糊控制推理实现过程

表 8-3　模糊控制总表

e_ψ	e_θ						
	−3	−2	−1	0	1	2	3
−3	2.69	2.69	2	2	2	2	1
−2	2.69	2.69	2	1	0	−1	−1
−1	2.69	2	1	1	−1	−1	−2
0	2.69	2	1	0	−1	−2	−2.69
1	2	1	1	−1	−1	−2	−2.69
2	1	1	0	−1	−2	−2.69	−2.69
3	1	0	−1	2	−2	−2.69	−2.69

8.2.2.5　路径跟踪仿真

在 Matlab/Simulink 仿真环境下，以喷灌机运动学模型为控制对象，对模糊控制算法进行仿真研究，以初步检验导航控制算法有效性和合理性。图 8-25 为在 Simulink 下建立的路径跟踪仿真框图，图 8-26 为路径跟踪仿真效果图。仿真时喷灌机速度为 1m/min，初始方向沿 X 轴正向，仿真跟踪路径为 $y=x-0.5$，输入变量量化因子 0.1，输出比例因子 300。

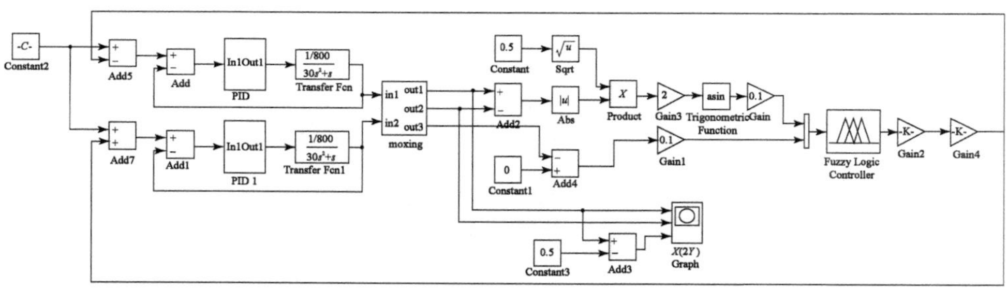

图 8-25　路径跟踪仿真框图

从图 8-26 可以看出，在仿真初始阶段，由于存在偏差仿真，曲线出现一定震荡，但随着导航进行，误差逐渐减小，且跟踪过程中轨迹相对于线性控制模型较为平滑，说明所建立的模糊控制算法可行。

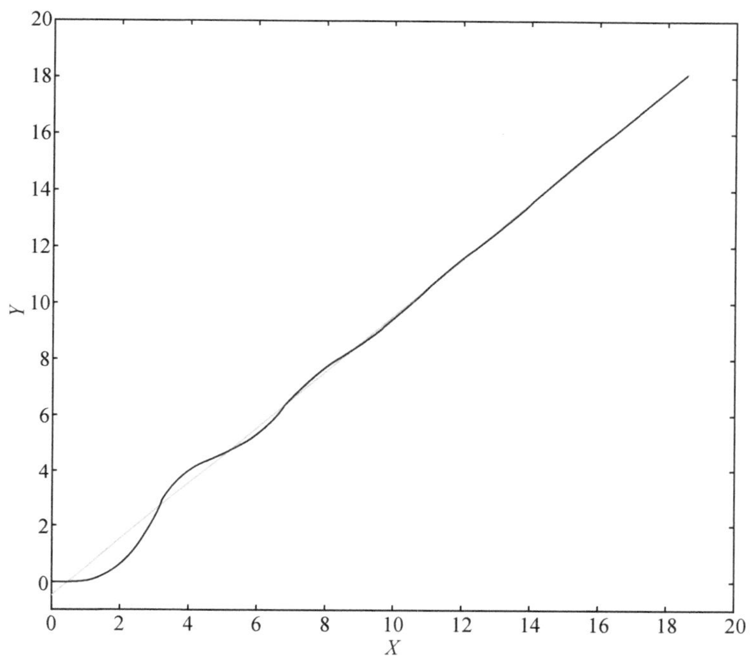

图 8-26　路径跟踪仿真效果图

8.3　路径跟踪试验

采用模糊控制方法进行喷灌机沿导航预定路线跟踪试验，以检验模糊控制算法的可靠性。在西北农林科技大学旱区节水农业研究院测试场开展喷灌机沿预定导航路线路径跟踪自主导航试验。以蓄水渠道壁作为预定导航基准线。进行自主导航试验前，在渠道一侧距渠道 1m 处沿渠道方向拉一条细白线作为参考路径。采用滴水的方式记录喷灌机的行走轨迹。调整喷灌机至起点，车头对准渠道方向后，开启喷灌机导航控制系统，喷灌机按照设定的运行速度自动跟踪预定轨迹，同时滴水式画线器对喷灌机在水泥路面上的行走路线进行画线标记。将滴水式画线器记录的行走轨迹与预定路线进行比较，从喷灌机起始运行处开始，使用卷尺测量预定路径与喷灌机行走轨迹之间的垂直偏移距离。图 8-27 为试验场景。

试验时沿路径跟踪方向，每间隔 30cm 测量一个点，如果某测量点处存在轨迹突变，则用两相邻点距离偏差的平均值代替。喷灌机正常作业时的行进速度为 0 ~ 1m/min。试验中进行了 0.5m/min 和 1m/min 两种速度下的路径跟踪测试，0.5m/min 的速度下测得的采样点数据如表 8-4 所示，1m/min 速度下测得的采样点数据如表 8-5 所示。

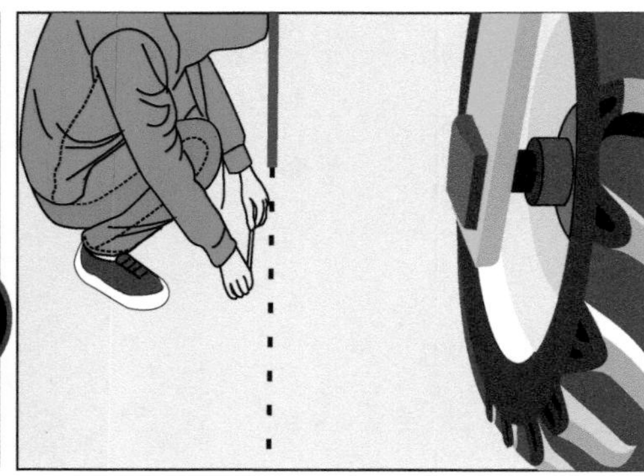

图 8-27 试验场景

模糊控制输入变量量化因子为 0.1，输出控制量比例因子为 300，也就是说输入量论域为［-30，30］，输出量论域为［-900，900］。对两种速度下所采集的数据进行曲线拟合处理，图 8-28 为喷灌机在 0.5m/min 和 1m/min 速度下进行自主导航行驶过程中路径跟踪偏差随行驶距离变化曲线图。

表 8-4 0.5m/min 速度下采样点数据 （单位：cm）

采样点	1	2	3	4	5	6	7	8	9	10	11
测量值	18	17.3	15.8	15.2	14.6	14.1	13.5	13	12.4	11.4	10.3
采样点	12	13	14	15	16	17	18	19	20	21	22
测量值	9.3	8.7	8	7.3	6.2	5.6	5	4.2	3.7	3	2.4
采样点	23	24	25	26	27	28	29	30			
测量值	2	1.6	1.3	0.9	0.5	0.3	0.1	0			

表 8-5 1m/min 速度下采样点数据 （单位：cm）

采样点	1	2	3	4	5	6	7	8	9	10	11
测量值	15.3	14.8	14.2	13.3	12.2	11.3	10.1	9	7.8	6.9	6.2
采样点	12	13	14	15	16	17	18	19	20	21	22
测量值	5.4	4.2	3.3	2.7	2	1.5	0.7	0.1	-0.5	-1.1	-0.6
采样点	23	24	25								
测量值	-0.6	0	0								

由图 8-28 可知，喷灌机导航控制系统可顺利地消除横向偏差，速度为 1m/min

时喷灌机行驶 6.6m 消除横向偏差，测试过程中偏差出现负值，有一定震荡；速度为 0.5m/min 时偏差稳定减小直到消减至 0，偏差并无震荡现象，但由于速度减小，喷灌机消除误差所行驶的距离与速度为 1m/min 时相比较长。与采用线性模型控制方法相类似，随着喷灌机运行速度的增加路径跟踪精度都有所下降，说明喷灌机运行速度对喷灌机自主导航路径跟踪精度有直接影响。采用模糊控制方法运行过程中相对平稳，采用线性模型的控制方法运行过程中存在明显的来回震荡现象，说明与采用线性控制模型相比，采用模糊控制方法可提高系统稳定性，平滑喷灌机运行轨迹。表明采用模糊控制方法所设计的喷灌机导航控制系统具有较好的控制精度和稳定性，能够满足喷灌机沿预定路径行走的作业要求。

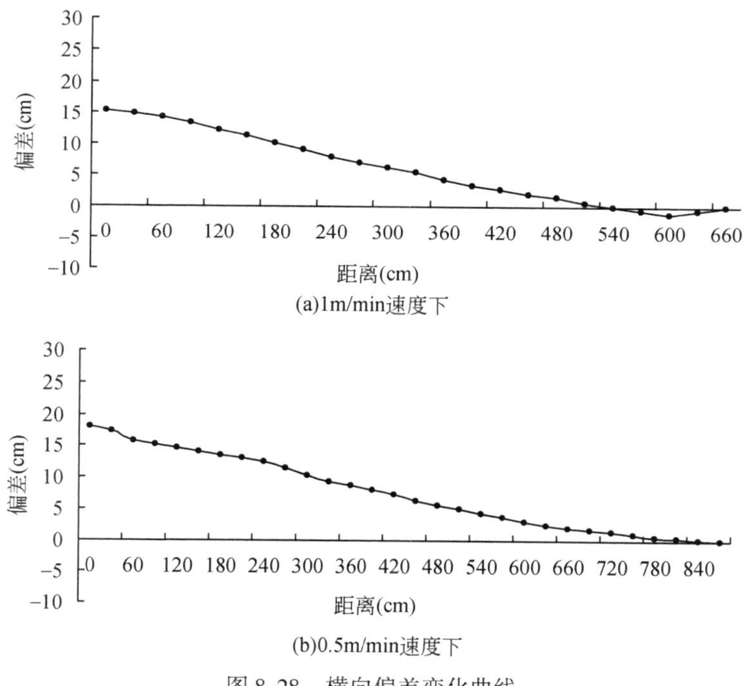

图 8-28　横向偏差变化曲线

参 考 文 献

陈军，鸟巢谅 . 2005. 拖拉机行驶路线的自动变更研究 . 农业工程学报，21（1）：83-85.

陈晓冲，王万平 . 2004. 常规 PID 控制和模糊自适应 PID 控制仿真研究 . 机床与液压，（12）：65- 66.

陈艳，张漫，马文强，等 . 2011. 基于 GPS 和机器视觉的组合导航定位方法 . 农业工程学报，27（3）：126-130.

陈志青 . 2002. 喷雾机器人控制系统研制 . 北京：中国农业大学硕士学位论文 .

胡静涛，高雷，白晓平，等.2015. 农业机械自动导航技术研究进展. 农业工程学报，31（10）：1-10.

姬长英，周俊.2014. 农业机械导航技术发展分析. 农业机械学报，45（9）：44-54.

蒋天弟，欧阳爱国.2002. 农业机械智能化与21世纪精细农业. 农机化研究，（4）：12-15.

李建平，林妙玲.2006. 自动导航技术在农业工程中的应用研究进展. 农业工程学报，22（9）：232-236.

李文，李清东，李亮，等.2015. 基于模糊自适应卡尔曼滤波的大气数据辅助姿态算法. 航空学报，36（4）：1267-1274.

柳平增，毕树生，付冬菊，等.2010. 室外农业机器人导航研究综述. 农业网络信息，（3）：5-10.

卢韶芳，刘大维.2002. 自主式移动机器人导航研究现状及其相关技术. 农业机械学报，33（2）：112-116.

宋健.2003. 数字PID算法在喷雾机器人导航系统中的应用. 潍坊学院学报，3（6）：40-41.

徐友春，王荣本，李兵，等.2001. 一种机器视觉导航的智能车辆转向控制模型设计. 中国公路学报，14（3）：96-100.

应火冬，Hagras H，Callaghan V，等.2000. 农业机械的模糊逻辑控制导航. 农业机械学报，31（3）：31-34.

张漫，项明，魏爽，等.2015. 玉米中耕除草复合导航系统设计与试验. 农业机械学报，46（S1）：8-14.

赵德安，罗吉，孙月平，等.2016. 河蟹养殖自动作业船导航控制系统设计与测试. 农业工程学报，32（11）：181-188.

周俊.2003. 农用轮式移动机器人视觉导航系统的研究. 南京：南京农业大学博士学位论文.

周俊，姬长英.2002. 自主车辆导航系统中的多传感器融合技术. 农业机械学报，33（5）：113-116.

Kaizu Y. 2004. Vision-based navigation of a rice transplanter. Beijing：CIGR International Conference.

Liu H，Nassar S，Naser E S. 2010. Two-filter smoothing for accurate INS/GPS land-vehicle navigation in urban centers. IEEE Transactions on Vehicular Technology，59（9）：4256-4267.

Nagasaka Y，Umeda N，Kanetai Y，et al. 2004. Autonomous guidance for rice transplanting using global positioning and gyroscopes. Computers and Eletronics in Agriculture，43（3）：223-234.

Noguchi N，Reid J F，Zhang Q，et al. 2001. Development of robot tractor based on RTK-GPS and gyroscope. Sacramento：2001 ASAE Annual Meeting.

Perera L P，Ferrari V，Santos F P，et al. 2014. Experimental evaluations on ship autonomous navigation and collision avoidance by intelligent guidance. IEEE Journal of Oceanic Engineering，40（2）：374-387.

Reid J F，Zhang Q，Noguchi N，et al. 2000. Agricultural automatic guidance research in North America. Computers and Electronics in Agriculture，25（1-2）：155-167.

Stombaugh T S，Shearer S A. 2001. DGPS-based guidance of high-speed application equipment. Sacramento：2001 ASAE Annual Meeting.

第9章 太阳能驱动卷盘式喷灌机优化设计软件

随着我国高效节水灌溉工程的持续建设，每年有成千上万台卷盘式喷灌机投入运行。每台机组的配置与运行参数等与工作环境下的田块尺寸、土壤类型、水源条件、气象条件、作物类型等密切相关。为了使机组达到较高的运转效率，保证机组灌溉质量并节省费用，机组的选型及工作参数的设定等均需谨慎合理配置，这一过程较为烦琐，往往需要耗费较多的时间和精力。本章提供一款太阳能卷盘式喷灌机辅助决策系统（简称辅助决策系统），针对常见卷盘式喷灌机组能耗高、灌水质量偏低的特点，该辅助决策系统统筹考虑卷盘式喷灌机的能耗与能耗组成、机组灌水质量、太阳能驱动可行性以及太阳能驱动系统的优化配置等，可帮助用户进行卷盘式喷灌机组的快速选型和参数确定。

9.1 软件设计结构与流程

通过输入机组的配置参数和运行参数及不同灌水需求，得到机组田间的运行参数，在此基础上进行机组的能耗与能耗组成分析。通过提取机组的配置参数与运行参数，计算机组的移动喷洒水量和能量分布，确定喷洒均匀度；在对机组驱动能耗分析的基础上进行太阳能驱动的技术和经济可行性分析，并进行太阳能系统的配置优化，从而确定优化的太阳能卷盘式喷灌机配置参数与运行参数（图9-1）。

9.2 软件开发环境

软件开发采用Matlab语言，开发环境为基于Matlab软件的GUIDE图形用户界面。Matlab是一种用于算法开发、数据可视化、数据分析以及数值计算的高级技术计算语言和交互式环境，具有良好的扩展性。Matlab语言是一种交互式的数学脚本语言，语法与C/C++类似，支持包括逻辑、数值、文本、函数柄和异质数据容器在内的15种数据类型，每一种类型都定义为矩阵或阵列的形式。GUIDE是Matlab提供的一种图形用户界面开发环境，它向用户提供一系列创建用户图形界面的工具，从而简化了GUI的设计和生成过程，从而提高开发者的工作效率。

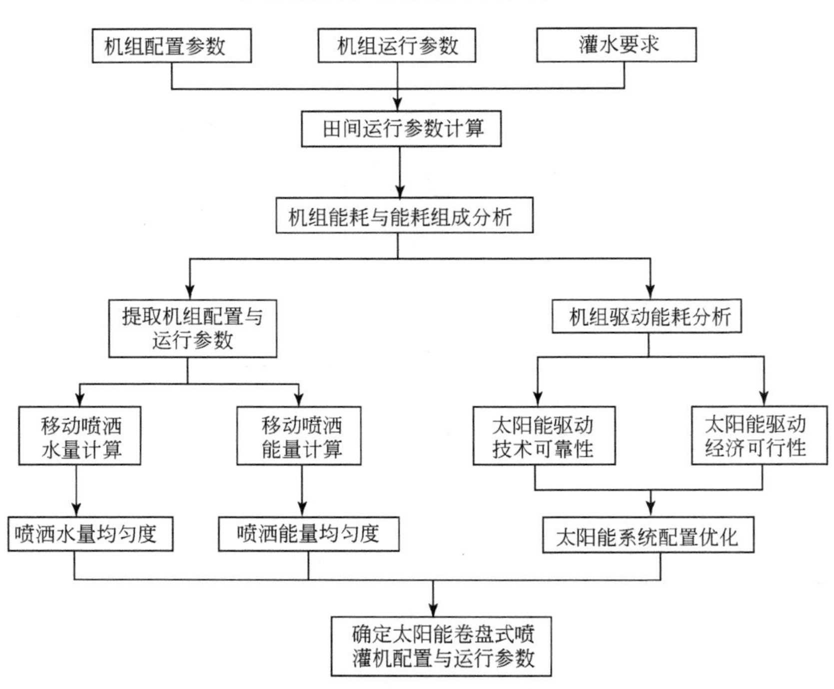

图 9-1　软件设计结构与流程

GUIDE 主要由 7 部分组成：版面设计器、属性编辑器、菜单编辑器、调整工具、对象浏览器、Tab 顺序编辑器和 M 文件编辑器。GUIDE 把 GUI 设计的内容保存在两个文件中，它们在第一次保存或运行时生成。一个是 FIG 文件，扩展名为 . fig，它包含对 GUI 和 GUI 组件的完整描述；另一个是 M 文件，扩展名为 . m，它包含控制 GUI 的代码和组件的回调事件代码。这两个文件与 GUI 显示和编程任务相对应。在版面设计器中创建 GUI 时，内容保存在 FIG 文件中；对 GUI 编程时，内容保存在 M 文件中。

9.3　软件组成与功能实现

该软件打开之后，首先出现的是欢迎登录界面，如图 9-2 所示。

登录页面持续 3 秒钟之后，软件将自动跳转至程序主界面，如图 9-3 所示。主界面菜单栏上列出了软件的 6 个主要功能模块，分别为：能耗组成分析、喷灌水量分布、喷灌能量分布、太阳能 LPSP（供电保证率）分析、太阳能经济性分析和太阳能优化配置。

图 9-2　太阳能卷盘式喷灌机辅助决策系统登录界面

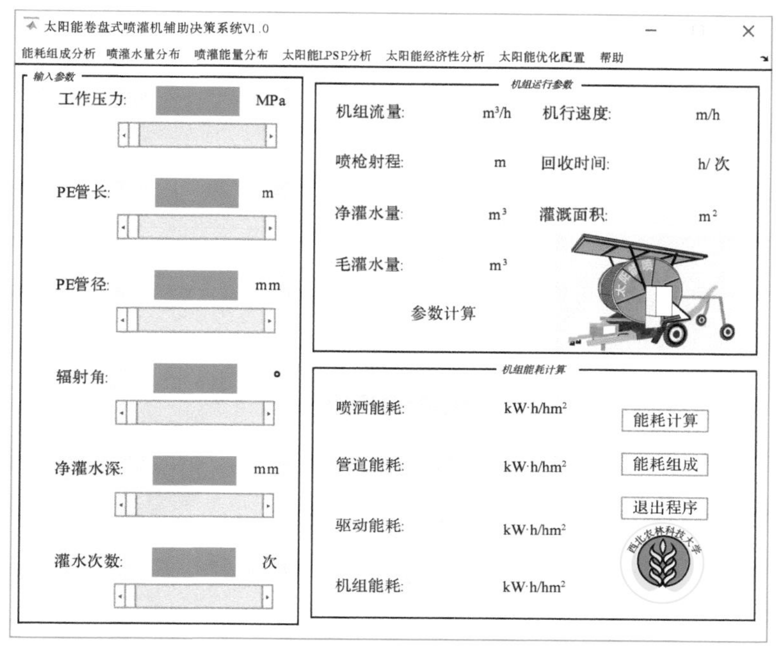

图 9-3　太阳能卷盘式喷灌机辅助决策系统程序主界面

9.3.1　能耗组成分析模块

能耗组成分析模块包含在辅助决策系统的主界面内（图 9-3）。该模块主要由 3 部分构成，分别为输入参数区、机组运行参数计算区和机组能耗计算区。其中界面左侧为用户自定义机组输入参数区，该区域的参数主要包括喷枪工作压力、PE 管长、PE 管径、喷枪辐射角、净灌水深和灌水次数，用户可通过下方滑块输入各参数值。其中工作压力取值为 0～1MPa，滑动间距为 0.01MPa；PE 管长取值为 0～500m，滑动间距为 1m；PE 管径取值范围为 0～200mm，滑动间距为 1mm；辐射角为 0°～360°，滑动间距为 1°；净灌水深取值范围为 0～50mm，滑动间距为 0.1mm；灌水次数取值范围为 0～10 次，滑动间距为 1。上述各参数之间相互组合，几乎可以涵盖所有卷盘式喷灌机组配置和运行参数。界面右上角为机组运行参数计算，根据左侧设定的输入参数，计算出相应的机组流量、机组运行速度、喷枪射程、机组单次回收时间、机组灌溉面积、净灌水量以及毛灌水量。界面右下角为机组能耗计算区域，点击“能耗计算”按钮，软件将根据左侧输入参数及右上角计算的机组运行参数计算出卷盘式喷灌机当前配置与运行工况下的机组能耗，并将总能耗分解为水量喷洒能耗、管道水头损失能耗与机组驱动能耗，其中计算驱动能耗时默认机组采用水涡轮驱动；点击下方“能耗组成”按键可对机组能耗组成进行三维绘图。

图 9-4 所示为采用能耗分析模块对机组能耗及能耗组成进行分析的示例，在输入参数区域依次设定喷枪工作压力为 0.3MPa，PE 管长为 300m，PE 管径为

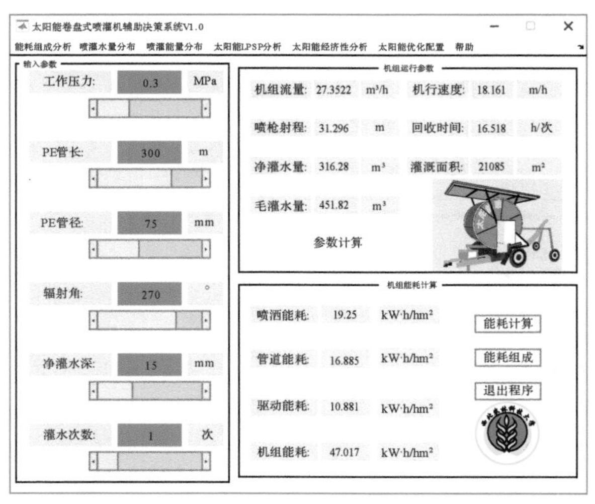

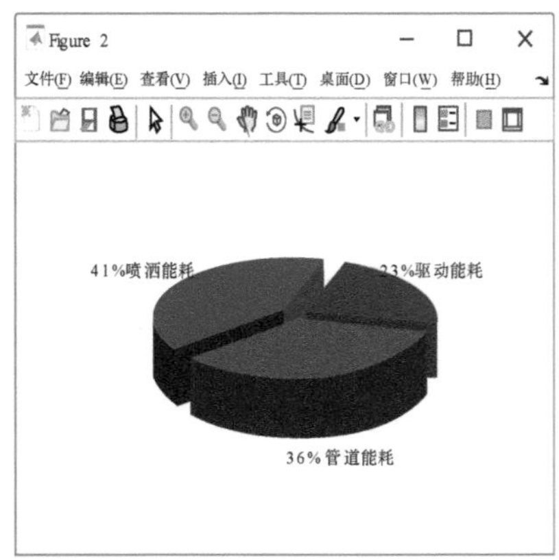

图 9-4　卷盘式喷灌机组能耗分析示例

75mm（外径），喷枪辐射角为 270°，一次净灌水深度为 15mm，灌水次数为 1 次。点击“参数计算”按钮，得到机组流量为 27. 3522m³/h，机组牵引速度为 18. 161m/h，喷枪射程为 31. 296m，一次回收时间为 16. 518h，一次回收净灌水量为 316. 28m³，毛灌水量为 451. 82m³，灌溉面积为 21 085m²。点击下方“能耗计算”按钮，得到一次喷洒过程机组能耗为 47. 017kW · h/hm²，其中用于水量喷洒的能耗为 19. 25kW · h/hm²，克服管道阻力的能耗为 16. 885kW · h/hm²，机组驱动的能耗为 10. 881kW · h/hm²；点击“能耗组成”按钮得到各部分能耗占比饼状图，其中喷洒能耗占比为 41%，管道内损失能耗占比为 36%，驱动能耗占比为 23%。

9. 3. 2 水量分布计算模块

点击主界面菜单栏上的喷灌水量分布按键，将弹出水量分布计算界面，如图 9-5 所示。该模块主要包括 4 部分，分别为基本参数、径向水量分布、移动叠加水量计算和灌水均匀度。

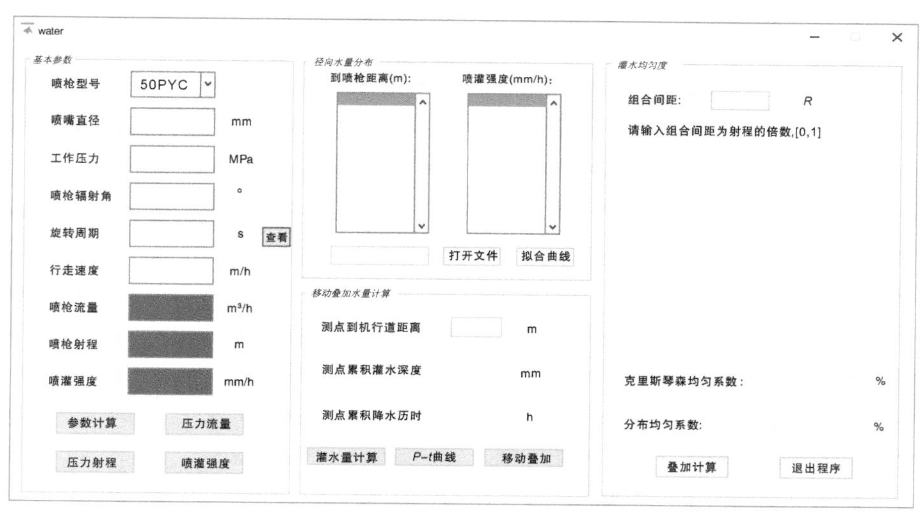

图 9-5 水量分布计算模块界面

基本参数区域主要包括喷洒水量计算过程中需要的机组运行参数：喷枪型号的选择、喷嘴直径、工作压力、喷枪辐射角、旋转周期及机组行走速度等，点击“参数计算”按钮，将计算得到喷枪流量、喷枪射程及平均喷灌强度。本研究通过实测得到了各喷枪在不同工况下的旋转周期供用户参考，点击图中旋转周期右侧的“查看”按钮可进行相关查询，如图 9-6 所示。

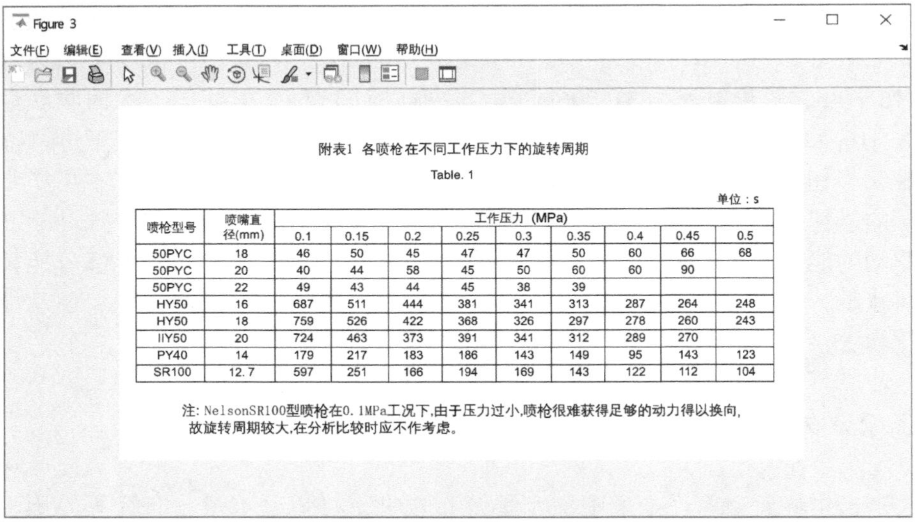

Figure 3

文件(F) 编辑(E) 查看(V) 插入(I) 工具(T) 桌面(D) 窗口(W) 帮助(H)

附表1 各喷枪在不同工作压力下的旋转周期

Table. 1

单位：s

喷枪型号	喷嘴直径(mm)	工作压力 (MPa)								
		0.1	0.15	0.2	0.25	0.3	0.35	0.4	0.45	0.5
50PYC	18	46	50	45	47	47	50	60	66	68
50PYC	20	40	44	58	45	50	60	60	90	
50PYC	22	49	43	44	45	38	39			
HY50	16	687	511	444	381	341	313	287	264	248
HY50	18	759	526	422	368	326	297	278	260	243
IIY50	20	724	463	373	391	341	312	289	270	
PY40	14	179	217	183	186	143	149	95	143	123
SR100	12.7	597	251	166	194	169	143	122	112	104

注: NelsonSR100型喷枪在0.1MPa工况下,由于压力过小,喷枪很难获得足够的动力得以换向,故旋转周期较大,在分析比较时应不作考虑。

图 9-6　各喷枪在不同工况下的旋转周期

点击图 9-5 左侧下方“压力流量”“压力射程”“喷灌强度”按钮，软件将以图片形式输出当前选定喷枪与喷嘴直径条件下的工作压力–流量关系曲线、工作压力–射程关系曲线与工作压力–喷灌强度关系曲线，用户可自定义选择图片格式及存储路径，输出该关系曲线，如图 9-7 所示为软件输出的 50PYC 喷枪 20mm 喷嘴直径下的工作压力–喷灌强度关系曲线。

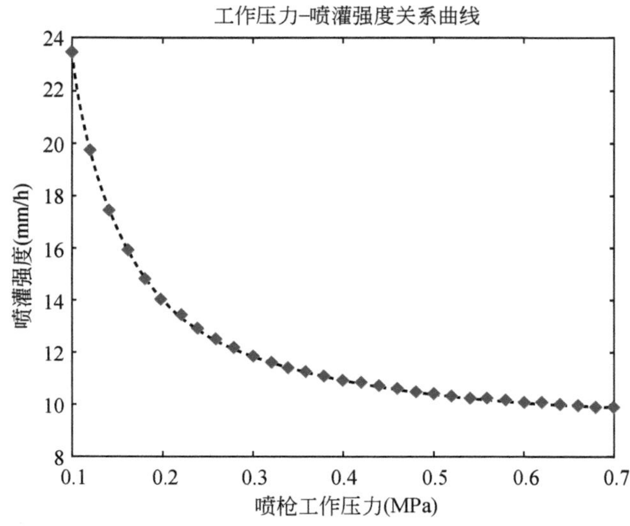

图 9-7　50PYC-D20 喷灌强度随工作压力变化曲线

在径向水量分布计算区域，点击“打开文件”按键，从选择文件对话框中选取格式为“XLS”的实测喷头径向水量分布点数据，读取并将其显示在列表框内，其中左侧列表框内为测点到喷头的距离，右侧列表框内为该点的实测喷灌强度。单击右侧“拟合曲线”按钮，软件将对实测点喷灌强度进行基于最小二乘法的曲线拟合，并以图片对话框的格式将其显示在界面上，如图 9-8 所示。图 9-8 中蓝色圆圈为实测值，红色实线为径向水量分布拟合曲线，该曲线将被用来进行下一步的移动水量叠加计算。

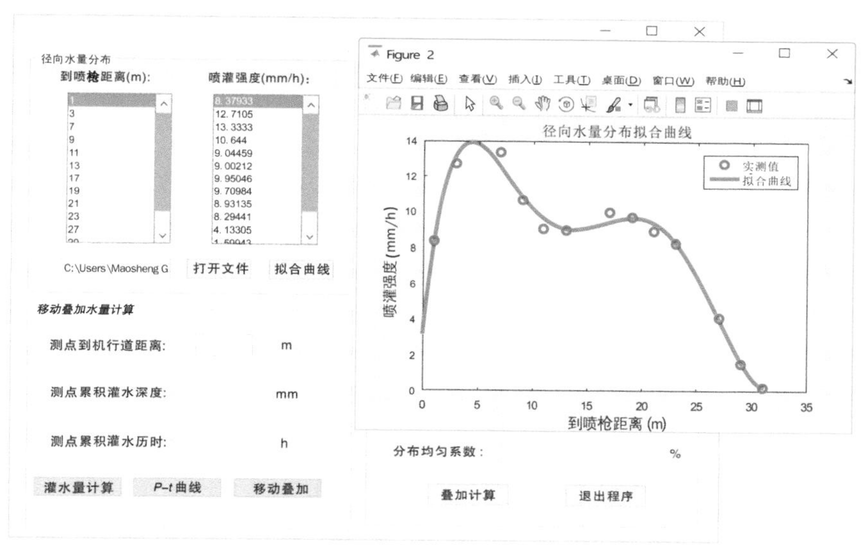

图 9-8 径向水量分布的应用与曲线拟合

进行移动叠加水量计算时，输入测点到机行道距离，点击“灌水量计算”按钮，软件则计算出该测点累积灌水深度和累积灌水历时。如图 9-9 中所示，测点到机行道距离为 10m 的测点累积灌水深度为 16.891mm，累积灌水历时为 2.0401h。点击“P–t 曲线”和“移动叠加”按钮，软件将绘制出该测点灌水强度随灌水历时的变化曲线以及距机行道不同距离各点处的灌水深度。

水量分布计算界面的最右侧为灌水均匀度计算单元，在界面中输入相邻卷盘式喷灌机组的组合间距，点击“叠加计算”按钮，软件将计算出组合叠加后的克里斯琴森均匀系数和分布均匀系数，并在界面面板中绘制叠加后的水量分布图。图 9-10 接着之前的例子进行了组合间距为 0.3R 时的叠加水量分布计算，得到克里斯琴森均匀系数和分布均匀系数的取值分别为 86.3611% 和 73.9452%。点击“退出程序”按钮，关闭当前运行界面。

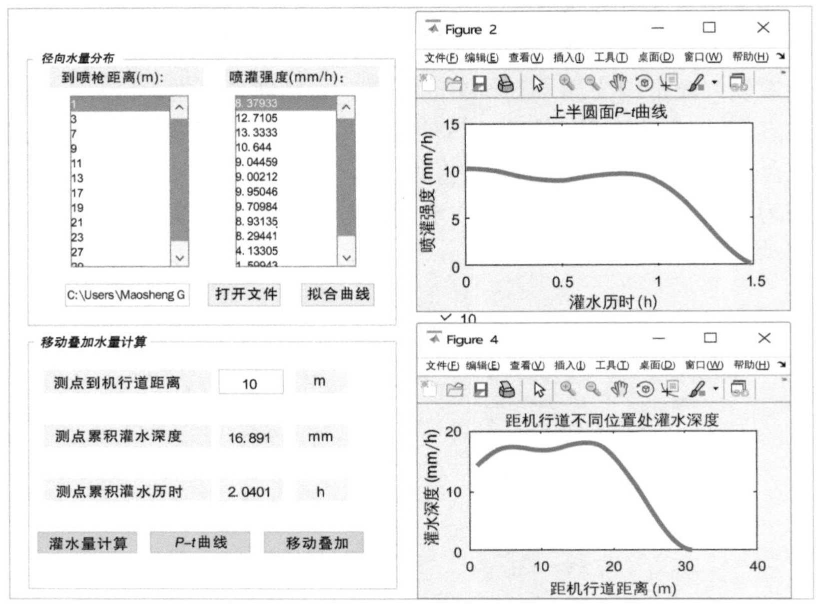

图 9-9　移动叠加水量计算单元

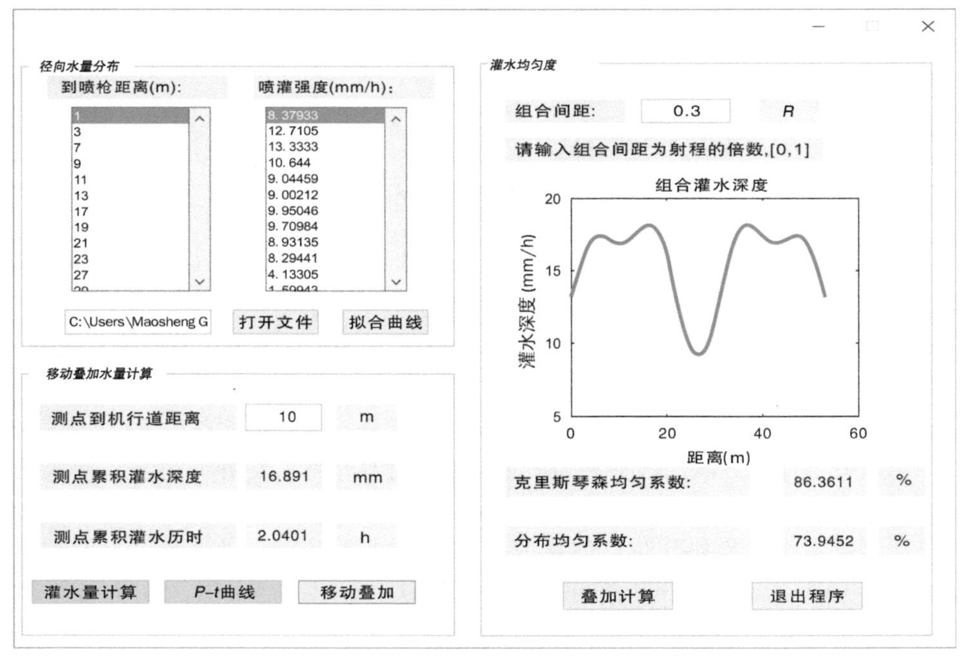

图 9-10　灌水均匀度计算单元

附移动喷洒水量分布与喷洒均匀度计算源代码如下：

```
filename='radial.xls';
sheet=1;
x1Range='A7:L7';
y1Range='A8:L8';
A=xlsread(filename,sheet,x1Range);      %读入测点到喷枪的距离
B=xlsread(filename,sheet,y1Range);      %读入测点的喷洒强度
x=A;
y=B;
r=input('Please input wet radius:');
xx=0:0.1:r;          %在全射程内进行插值(根据射程确定插值空间)
yy=spline(x,y,xx);          %以 0.1 间距进行三次样条插值
py=yy';         %对 yy 喷灌强度进行转置
for i=1:max(xx)*10+1;        %获取各点处的喷灌强度(0.1 间距)
    p(i)=yy(i);
    i=1+1;
end
for d=1:r-0.1;               %改用循环语句,自定义 d 值
    lup=(r^2-d^2)^0.5;               %获取上半圆受水长度
    v=input('PLease input the pulling speed:');%输入机组行走速度
    alpha=input('Please input spray sector:');%输入喷枪辐射角
    rotation=44.7*alpha/360/3600;%喷枪旋转周期,h
    s=v*rotation;  %一个周期行进距离
    n=round(lup/s);  %单元个数
    for ii=1:n;
        l=v*(ii-1)*rotation;  %当前单元到初始点的垂向距离
        lii=(l^2+d^2)^0.5;     %当前单元到喷枪的距离
        lii1=fix(lii*10)/10;  %对当前距离保留一位小数,与 yy 值相匹配
        m=lii1*10+1;  %将该时刻到喷枪的实际距离转化成该距离的编号
        t(ii)=ii*rotation;  %当前时刻值
        AR(ii)=yy(m);%得到当前时刻与位置处的喷灌强度
        ii=ii+1;
   end
   for c=1:n-10;     %对拟合曲线末端灌水强度反而增加的数据进行删除
       if AR(n)>AR(n-1);
           n=n-1;          %输出时删除该点
       else n=n;
```

```
        end
        c=c+1;
    end
    t1=t(1:n)';              %对修正后的时间转置
    AR1=AR(1:n)';            %对修正后的喷洒强度转置

%%%%进行基于最小乘法的多项式拟合
    f=polyfit(t1,AR1,6);          %对 t1 AR1 进行 6 阶多项式拟合
    x1=linspace(0,max(t1));  %绘图空间的 x 轴为 0-t1 的最大值
    y1=polyval(f,x1);           %多项式曲线上对应的 y 值

%%%%求解定积分,计算上半圆面的灌溉水深,再次用到多项式拟合曲线,另外
    syms o              %定义一个全局变量'o'
    f1=(f(1).*o.^6+f(2).*o.^5+f(3).*o.^4+f(4).*o.^3+f(5).*o.^2+f
      (6).*o.^1+f(7));%被积函数
    tup=max(t1);
    fup=int(f1,0,tup);        %对被积函数求积分,0 和 max(t1)为积分上下限
    Pup=vpa(simplify(fup),6);  %将分数转化成小数,且有效数字位数为 6

    %%%%下扇形面求水深
    tdown1=(d.*tan((alpha-180)./2))./v;  %计算下扇形面扫过时间
    if tdown1 <=tup;
        tdown=tdown1;
    else
        tdown=tup;
    end
    fdown=int(f1,0,tdown);
    Pdown=vpa(simplify(fdown),6);
    %%%%计算该点的灌水总时间和灌水总深度
    ttotal=tup+tdown;         %计算该点灌水总时间
    T(d)=ttotal;
    Ptotal=vpa(Pup+Pdown,6);              %计算该点总灌水深度
    P1(d)=Ptotal;      %将当前 d 下的累计灌水深计入 P1
    P2(d)=double(P1(d));      %将 P1 转化成 double 格式

    %%%%采用微元面积累加计算灌水总深度
    nn=fix(tdown./rotation);                  %计算下扇形面的单元个数
    Psum=sum(AR1(1:nn)).*rotation+sum(AR1).*rotation;  %上下两个扇形
```

```
      面的累加
    P3(d)=Psum
end
 for DR=0:0.1:1;
    D=round(DR.*r.*10)./10;     %计算叠加间距,并精确到小数点后 1 位,和下面
      的插值匹配
    L=1:r-1;
    LL=0:0.1:r;
    P4=spline(L,P2,LL);
    P5=fliplr(P4);  %对 P4 数据进行翻转,准备叠加

    %%%%对 P4 P5 进行处理,获取叠加后的水深
    [M,N]=size(P4);     %获得插值后水深的个数
    P6=P4(1:N-D.*10);  %将左侧未叠加数据取出
    P7=P4(N-D.*10+1:N);  %将右侧叠加数据取出
    P8=zeros(size(P6));  %获得未叠加数据的个数
    P9=[P7 P8];              %将叠加数据与零矩阵组合成等列数矩阵
    P10=P9+P5;    %叠加后的等列数矩阵与下一个机行道喷洒数据相加
    P11=[P6 P10];     %将未叠加数据与叠加后的数据拼接成新的矩阵

    %%%%%计算克里斯琴森均匀系数
    [M1,N1]=size(P11);
    Pavg=sum(P11)./N1;
    for I=1:N1;
        P12(I)=abs(P11(I)-Pavg);
        I=I+1;
    end
    Pv=sum(P12)./N1;
    Cu=(1-Pv./Pavg).*100

      %%%%%%计算 Du
        P13=sort(P11);
        N2=round(N1./4);
        P14=P13(1:N2);
        Du=mean(P14)./Pavg.*100
end
```

9.3.3 喷灌能量分布计算模块

点击主界面菜单栏上的“喷灌能量分布”按键，将弹出喷灌能量分布计算界面，如图 9-11 所示。该模块主要包括 4 部分，分别为基本参数、径向能量分布、移动叠加能量计算和喷洒能量均匀度。其中基本参数包括喷枪型号、喷嘴直径、工作压力、喷枪旋转角度、喷枪旋转周期，点击“基本参数”按钮可计算出喷枪流量与喷枪射程。在径向能量分布计算区域，输入测点到喷枪的距离，点击“能量计算”按键，计算得到该点的体积加权平均粒径、水滴平均速度、喷灌强度以及该点的动能强度值。

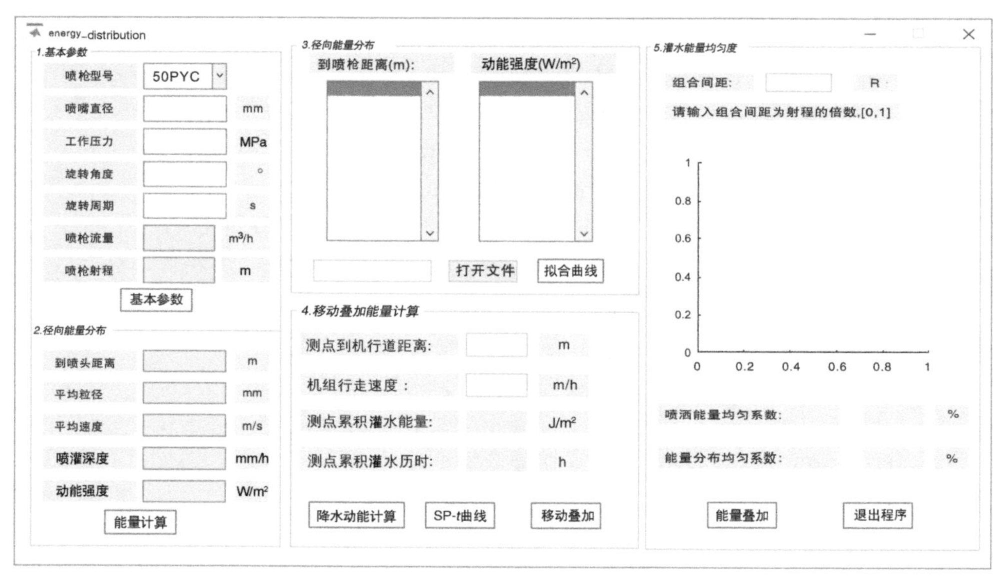

图 9-11 喷灌能量分布计算模块界面

点击“打开文件”按键，从选择文件对话框中选取格式为“XLS”的喷头径向动能强度分布数据，读取并将其显示在列表框内，其中左侧列表框内为测点到喷头的距离，右侧列表框内为该点的计算动能强度值。单击右侧“拟合曲线”按钮，软件将对径向各点的动能强度进行基于最小二乘法的曲线拟合，并以图片对话框的格式将其显示在界面上，如图 9-12 所示。图中蓝色圆圈为实测值，红色实线为径向动能强度拟合曲线，该曲线将被用来进行下一步的移动能量叠加计算。

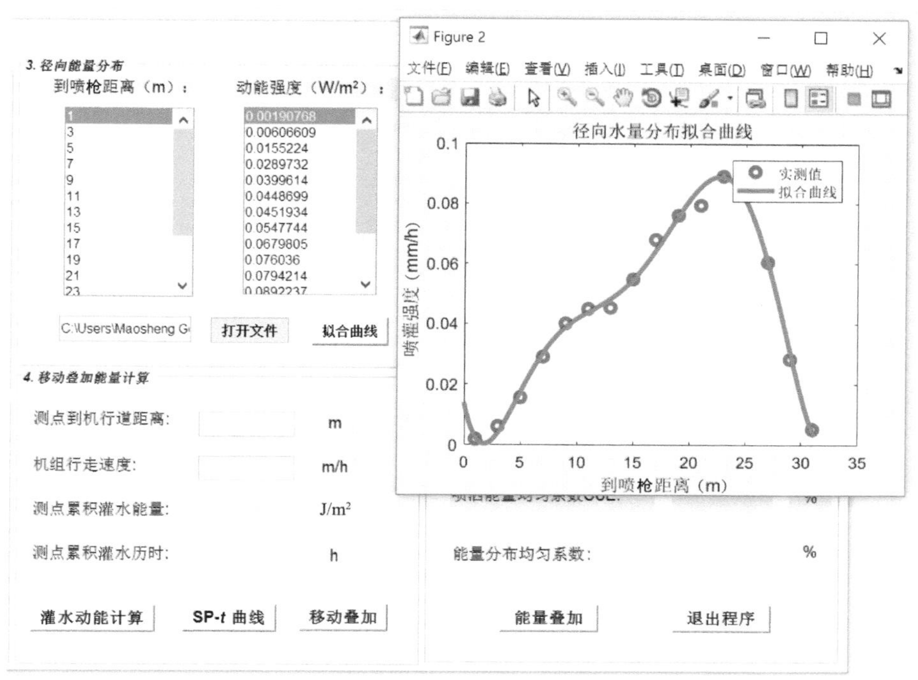

图 9-12　径向动能分布的应用与曲线拟合

进行移动叠加能量计算时，输入测点到机行道距离，点击“灌水动能计算”按钮，软件计算出该测点累积灌水动能和累积灌水历时。如图 9-13 所示，测点到机行道距离为 3m 的测点累积灌水动能为 278.2985J/m^2，累积灌水历时为 1.8013h。点击“SP-t 曲线”和“移动叠加”按钮，软件将绘制出该测点灌水动能强度随灌水历时的变化曲线以及距机行道不同距离各点处的累积灌水动能，如图 9-14。

能量分布计算界面的最右侧为喷洒能量均匀度计算单元，在界面中输入相邻卷盘式喷灌机组的组合间距，点击“能量叠加”按钮，软件将计算出组合叠加后的喷洒能量均匀系数和能量分布均匀系数，并在界面面板中绘制出叠加后的动能分布图。图 9-14 所示为组合间距为 0.3R 时的叠加水量分布计算，得到喷洒能量均匀系数和能量分布均匀系数的取值分别为 76.4884% 和 61.2386%。点击“退出程序”按钮，该界面关闭。

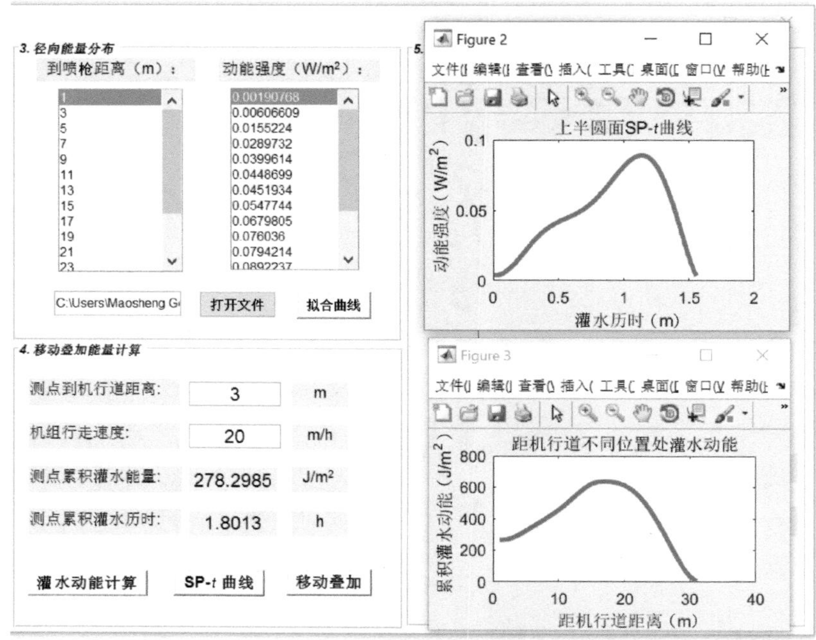

图 9-13　移动叠加能量计算单元

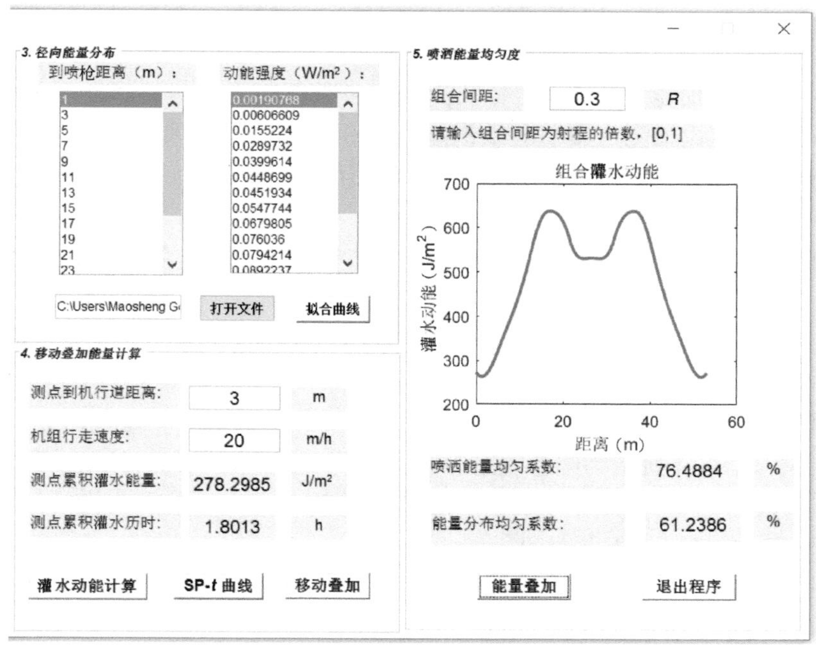

图 9-14　降水能量分布均匀度计算单元

9.3.4 太阳能 LPSP 分析

该模块以能量守恒为原则进行太阳能发电与负载耗电之间的对比计算，分析卷盘式喷灌机采用太阳能驱动的技术可行性。点击主界面菜单栏中的“太阳能 LPSP 分析”按钮，打开计算界面，如图 9-15 所示。该计算模块主要包含气象条件录入、机组负载录入、太阳能电池板额定输出计算、太阳能电池板实际输出计算、蓄电池容量计算以及驱动供电保证率计算。

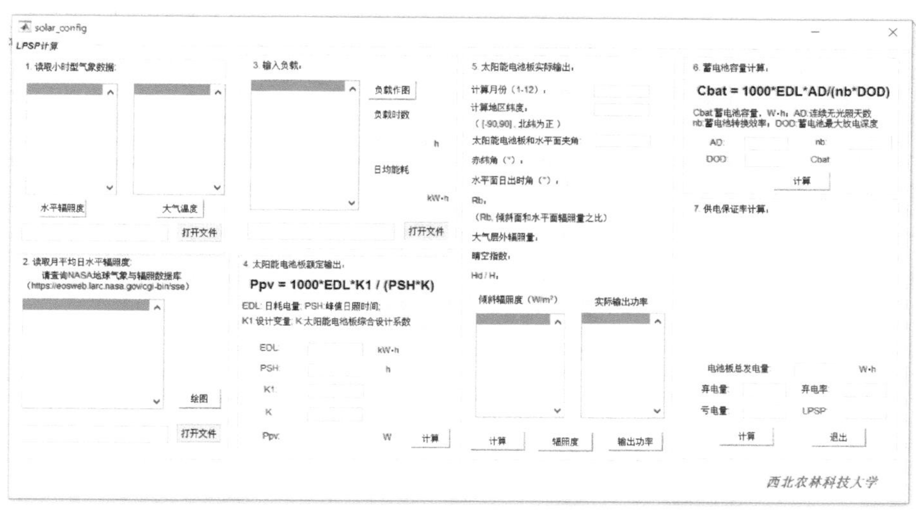

图 9-15 太阳能 LPSP 分析计算界面

点击读取小时型气象数据面板下的“打开文件”按钮，从对话框中选取“XLS”格式小时型气象数据，气象数据将被读取至该软件列表框内，如图 9-16 所示。第一栏数据为太阳水平辐照度（W/m^2）；第二栏为大气温度（℃）。点击列表框下面的“水平辐照度”和“大气温度”按钮，相关数据将以图片格式在图形界面打开，如图 9-16 所示。

点击读取月平均日水平辐照度面板下的“打开文件”按钮，从对话框中选取“XLS”格式月平均日水平辐照度数据，气象数据将被读取至该软件列表框内，如图 9-17 所示。该数据可根据机组所在位置的经纬度查询 NASA 地球气象与辐照数据库获得。点击列表框右侧的“绘图”按钮，月平均日水平辐照度［$W/(m^2 \cdot d)$］将以图片格式在图形界面打开，如图 9-17 所示。

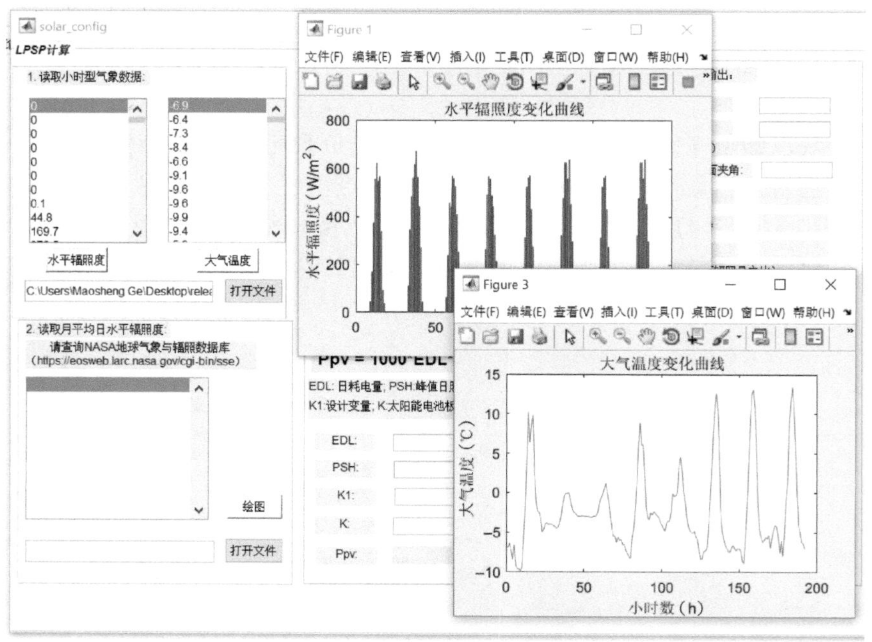

图 9-16　小时型气象数据录入

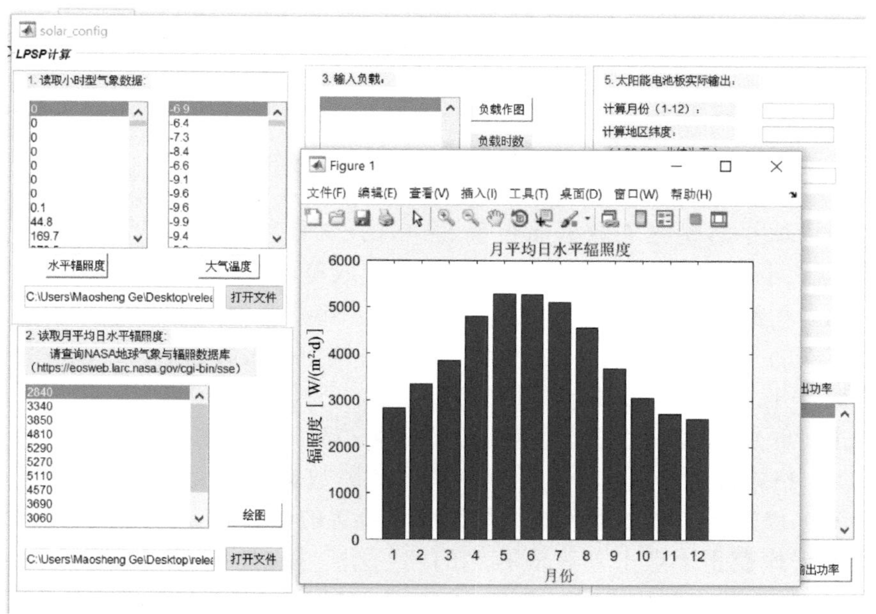

图 9-17　月平均日水平辐照度录入与显示

点击输入负载面板内的“打开文件”按钮，从对话框中选择“XLS”格式的驱动负载数据，将其读取至图中列表框内，程序将自动计算出负载的持续时间与驱动日耗电量，并显示在图中文本框内。点击图 9-18 中“负载作图”按钮，机组的驱动负载将以图片格式在图形界面中打开，如图 9-18 所示。图 9-18 中示例所读取的是 JP78-300 型卷盘式喷灌机在 20m/h 回收速度下的负载文件，计算可知负载持续时间为 192h，日均能耗为 0.62206kW·h，从负载作图中还可以观察每日的负载取值区间与负载变化形式。

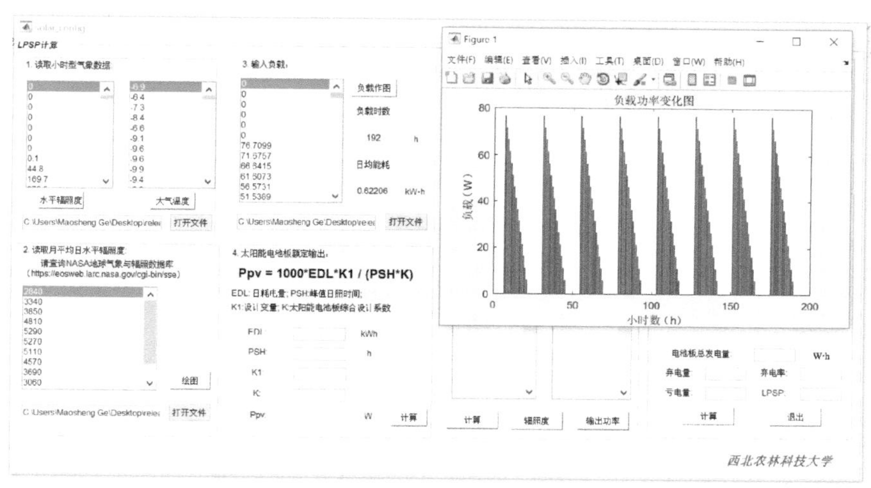

图 9-18 驱动负载录入

太阳能电池板的额定输出计算如图 9-19 所示，图 9-19 中 EDL 为负载日耗电量；PSH 为机组运行地的峰值日照时数，该值可通过计算得到，也可根据所在地经纬度查询 NASA 地球气象与辐照数据库获得；K_1 为设计变量，含义为太阳能光伏发电量占驱动总能耗的比例；K 为太阳能电池板综合设计系数，取决于太阳能面板因老化或污尘遮盖引起的修正值、线路损耗最大功率点偏离修正系数等。由图 9-19 所示，输入各参数得到太阳能电池板的额定输出功率为 165.9299W。

图 9-20 所示为太阳能电池板实际输出功率计算单元。在面板内输入机组工作所在月份、工作地区所处的纬度以及太阳能电池板和水平面夹角，点击“计算”按钮，软件将计算并输出该地区的赤纬角、水平面日出时角、倾斜面和水平辐照量之比、大气层外辐照量、晴空指数等光伏计算参数，在列表框内将输出太阳能电池板的倾斜辐照度和电池板实际输出功率。点击“辐照度”和“输出功率”按钮，倾斜辐照度和太阳能电池板输出功率随时间的变化曲线将以图片形式输出。辐照度变化曲线中同时输出了倾斜面和水平面的太阳能辐照度，从图中可

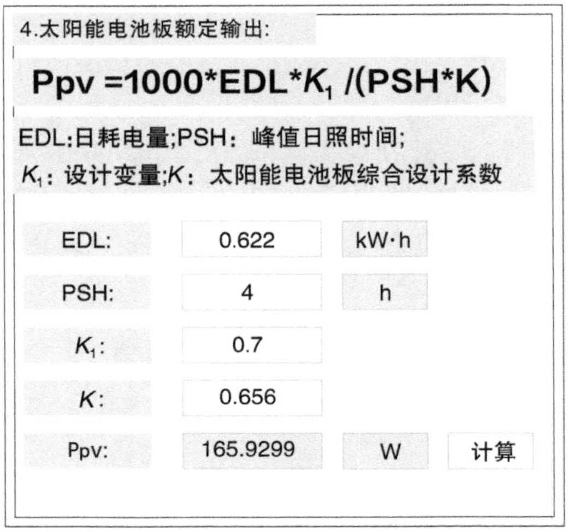

4.太阳能电池板额定输出：

Ppv =1000*EDL*K_1 /(PSH*K)

EDL:日耗电量;PSH：峰值日照时间;
K_1：设计变量;K：太阳能电池板综合设计系数

EDL:	0.622	kW·h
PSH:	4	h
K_1:	0.7	
K:	0.656	
Ppv:	165.9299	W	计算

图 9-19　太阳能电池板额定输出计算

对比出太阳能电池板安装角度对光伏发电量的影响；图中太阳能电池板实际输出最大功率约为 120W，明显低于额定输出功率 166W。

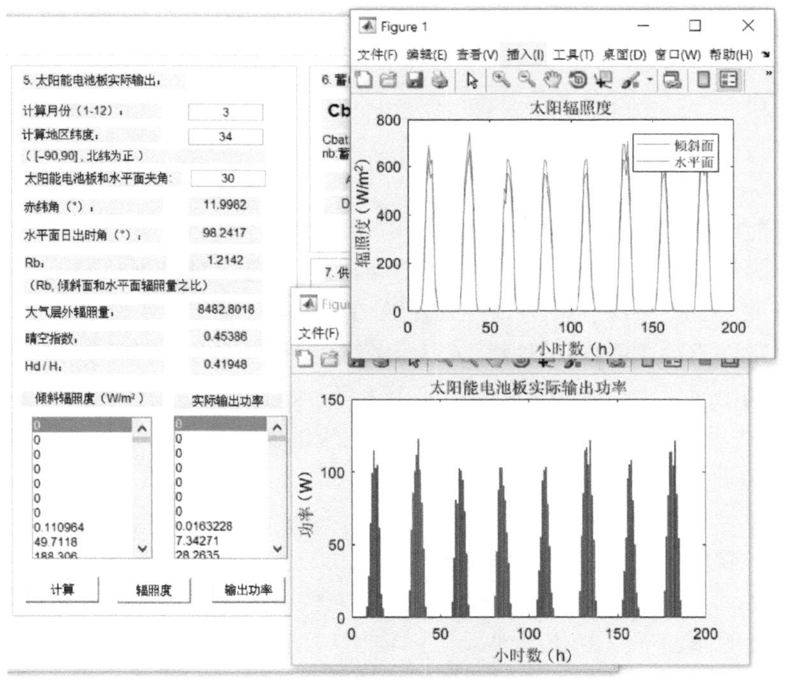

图 9-20　太阳能电池板实际输出功率计算

图 9-21 所示为蓄电池容量计算单元，蓄电池的容量取决于负载日耗电量（EDL）、连续无光照天数（AD）、蓄电池能量转化效率（nb）和蓄电池最大放电深度（DOD）。其中 nb 和 DOD 的取值一般为定值，EDL 取决于系统负载特点，而 AD 为设计变量。将上述参数输入软件，计算得到蓄电池容量，图 9-21 中蓄电池容量的计算值为 971.875W·h。

图 9-21　蓄电池容量计算

在供电保证率计算单元，点击“计算”按钮，系统会根据太阳能电池板实际发电功率、负载需求功率以及蓄电池容量计算得到灌水周期内的太阳能电池板总发电量、因达到蓄电池充电上限而弃掉的电量、因达到蓄电池放电上限而亏缺的电量及相应的弃电率和负载亏电率；同时在计算面板中以图片形式给出蓄电池在全灌水周期内的实时储电量，如图 9-22 所示。图 9-22（a）中 K_1 和 AD 的取值分别为 0.7 和 1，对应太阳能电池板的额定输出功率和蓄电池容量分别为 166W 和 972W·h，太阳能电池板在灌水周期内的总发电量为 5235.5196W·h，其中因过充而弃掉的电量为 302.4474W·h，弃电率为 5.7768%；亏电量为 0，机组供电保证率为 100%。图 9-22（b）中 K_1 和 AD 的取值分别为 0.5 和 0.5，对应太阳能电池板的额定输出功率和蓄电池容量分别为 118W 和 486W·h，太阳能电池板在灌水周期内的总发电量为 3739.6561W·h，其中弃电率为 0；亏电量为 993.735W·h，机组供电保证率约为 87%。

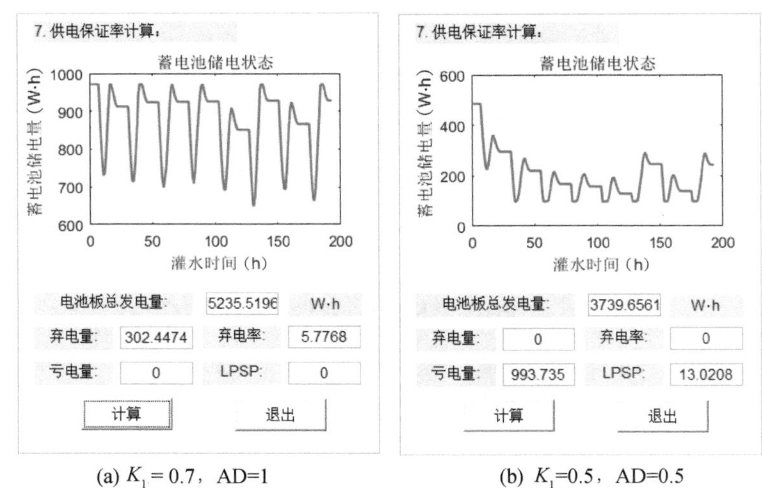

(a) $K_1=0.7$，AD=1　　(b) $K_1=0.5$，AD=0.5

图 9-22　供电保证率计算单元

附光伏发电量计算源代码如下：

```
%%%%读入小时型的水平面辐照度和大气温度 H and Tamb,需要明确是资料月份
filename='radiation7.xlsx';
sheet=1;
x1Range='A4:A195';
y1Range='B4:B195';
A=xlsread(filename,sheet,x1Range);      %读入辐照强度
B=xlsread(filename,sheet,y1Range);      %读入大气温度
Hhour=A';%列向量转置成行向量
Tamb=B';%列向量转置成行向量

%%%%%%输入该地区的月平均水平面辐照强度
filename='radiation7.xlsx';
sheet=1;
z1Range='G4:G15';
C=xlsread(filename,sheet,z1Range);      %读入月均辐照强度
Hmonth=C';

%%%%%输入气象条件所在月份
month=input('请输入气象条件所在月份,(1-12):');
```

```
%%%输入该地区的纬度
Lat=input('请输入所在地区的纬度([-90,90],北纬为正): ');

%%%输入倾斜面夹角
aincline=input('请输入太阳能电池板和水平面夹角: ');

%%%%%计算电池板额定输出功率
EDL=input('请输入每日消耗电量(kW·h): ');
PSH=input('请输入峰值日照时数(h): ');
K=0.656;  %太阳能电池板综合设计系数
K1=0.6593;  %变量参数,太阳能电池板输出功率占总功率的比重 Ppv=EDL.*K1/
  PSH/K.*1000;

%%计算赤纬角 achiwei
mon=1;
count(mon)=12;
achiwei(mon)=23.45*sin((284/365)*(284+count(mon)));
for i=1:11
    mon=mon+1;
    count(mon)=count(mon-1)+30;
    achiwei(mon)=23.45*sin((284/365)*(284+count(mon)));%计算各月赤纬角
end

%%%计算水平面日出时角 Ws
Ws=acosd(-tand(Lat)*tand(achiwei));

%%%计算倾斜面日出时角 Wst
  Ws1=acosd(-tand(Lat-aincline)*tand(achiwei));
for i=1:12
    if Ws(i)<Ws1(i)
        Wst(i)=Ws(i);
    else
        Wst(i)=Ws1(i);
    end
end

%%%计算倾斜面和水平面月均辐照量之比 Rb
fenzi=cosd(Lat-aincline).*cosd(achiwei).*sind(Wst)+(pi/180).*Wst/
```

```
  180.*sind(Lat-aincline).*sind(achiwei);
fenmu=cosd(Lat).* cosd(achiwei).* sind(Ws)+(pi/180).* Ws/180.* sind
  (Lat).*sind(achiwei);
for i=1:12;
    Rb(i)=fenzi(i)./fenmu(i);
end
%%%计算大气层外月均辐照量 H0
Gsc=1367;%太阳辐照常数 W/m^2
mon=1;
count(mon)=12;
H0(mon)=24./pi.*Gsc.*(1+0.033.*cosd(360.*count(mon)/365)).*(cosd
  (Lat).*cosd(achiwei(mon)).*sind(Ws(mon))+(pi/180).*Ws(mon)./180.
  *sind(Lat).*sind(achiwei(mon)));
KT(mon)=Hmonth(mon)./H0(mon);
for i=1:11
    count(mon+1)=count(mon)+30;
    mon=mon+1;
    H0 (mon)=24/pi.*Gsc.*(1+0.033.*cosd(360.*count(mon)/365)).*
       (cosd(Lat).*cosd(achiwei(mon)).*sind(Ws(mon))+(pi/180).*Ws
       (mon)./180.*sind(Lat).*sind(achiwei(mon)));
    KT(mon)=Hmonth(mon)./H0(mon);
    i=i+1;
end

%%%%计算晴空指数,水平面和大气层外月均辐照量之比 KT
KT(mon)=Hmonth'(mon)/H0(mon);

%%%计算 b=Hd/H,根据晴空指数 KT 曲线拟合得到
b=1.39-4.027*KT(month)+5.531*KT(month)^2-3.018*KT(month)^3;

%%%计算倾斜面辐照量 HT
HT =Hhour.*(1-b).*Rb(month)+b.*Hmonth(month).*((1+cosd(aincline))./
   2)+0.2.*Hhour.*((1-cosd(aincline))./2);
R=(1-b).*Rb(month)+b.*((1+cosd(aincline))./2)+0.2.*((1-cosd(aincline))./2);
HT=Hhour.*R;

%%%%计算电池板实际输出功率
NOCT=45;  %电池板正常工作温度,名义标况条件
```

```
Tcell=Tamb+((NOCT-20)./800.*HT);  %HT 为最优倾斜面辐照度
Pout=Ppv.*HT./1000./(1-0.0037.*(Tcell-25));
%%%%计算蓄电池容量
AD=0.628;  %输入变量,连续无光照天数
nb=0.85;  %蓄电池效率
DOD=0.8;  %蓄电池放电深度
Cbat=EDL.*1000.*AD./nb./DOD;

%%%%%%输入各小时负载功率
filename='load.xls';
sheet=1;
z1Range='B4:B195';
D=xlsread(filename,sheet,z1Range);    %读入各小时负载强度
Pload=D';

%%计算超出浪费电量,不足电量以及蓄电池实时电量
Csurplus(1)=0;  %弃电量初始值为 0
Cins(1)=0;     %亏电量初始值为 0
timer=0;         %亏电时间初始值为 0
Cbat_left(1)=Cbat;  %初始阶段蓄电池电量为满
Cbat_high=Cbat;  %设定充电上限
Cbat_low=Cbat.*0.3;  %设定充电下限
for i=1:length(Pload);
  Cbat_left(i+1)= Cbat_left(i)+Pout(i)-Pload(i);  %下一时刻蓄电池容
     量等于上一时刻加上电池板发电量,减去负载耗电量
  if Cbat_left(i+1)>=Cbat_high;  %如果蓄电池储电量超出充电上限,蓄电池储
     电量维持在上限,超出部分做弃电处理
    Csurplus(i+1)=Cbat_left(i+1)-Cbat_high;  %时段 i 内的弃电量
    Cins(i+1)=0;     %时段 i 内的亏电量
    Cbat_left(i+1)=Cbat_high;  %将充电上限赋值为当前储电状态
  else if Cbat_left(i+1)<=Cbat_low;  %如果蓄电池储量低于放电下限,表明该
     时段存在电量亏缺
    Cins(i+1)=Cbat_low-Cbat_left(i+1);  %时段 i 内的亏电量等于放电下限
       减去时段末储电量
    Csurplus(i+1)=0;  %时段 i 内的弃电量为 0
    Cbat_left(i+1)=Cbat_low;  %将放电下限赋值为当前储电状态
    timer=timer+1;    %当前时段记录为亏电时段
  else end
```

```
    end
    i=i+1;
  end
   PV_gen=sum(Pout)
   Cqidian=sum(Csurplus)
   Rsurplus=Cqidian./PV_gen.*100
   Ckuiqian=sum(Cins)
   LPSP=timer./length(Pload).*100
   plot(Pout);
   hold on;
   plot(Pload);
   hold on;
   plot(Cbat_left);
```

9.3.5 太阳能经济性分析

太阳能经济分析计算模块通过比较水涡轮驱动方式与太阳能驱动方式下的等效年费用，分析采用太阳能这一驱动方式的经济可行性。点击主界面菜单栏上的“太阳能经济分析”按键，将打开太阳能经济分析计算界面，如图 9-23 所示。该模块主要包括初始投资、运行费用、燃料费用与总费用对比 4 部分。

图 9-23　太阳能经济性分析界面

图 9-24 所示为太阳能驱动系统初始投资计算单元，该面板内依次列出了太阳能驱动系统的各组成部件，用户通过输入各部件的单价和数量计算出各部件的初始投资；通过输入该组成部件的使用年限和银行利率，进一步计算出该部件的回收因子与等效年投资，从而计算出太阳能驱动系统的初始投资与等效年投资。为了帮助使用者确定各部件的单价，本研究对国内市场太阳能电池板、蓄电池等产品的型号、价格等进行了统计并构建了资料库，供使用者参考，点击该计算单元右上角的“资料库”按键即可获取该部分资料，如图 9-25 所示。按照图 9-24 中所示输入太阳能系统各组成部件的单价、数量、使用年限及银行利率，点击“计算”按钮得到太阳能系统的初始投资与等效年投资分别为 3080 元和 511.7877 元/年。太阳能系统的安装费用和管理维护费用分别取系统投资的 10% 和 2%，点击运行费用面板内的“计算”按钮可得到相应费用的取值。

1. 初始投资

类别	单价	数量	使用年限	银行利率(%)	回收因子	初始投资	等效年投资	资料库
太阳能电池板	4	200	20	5	0.080243	800	64.1941	计算
蓄电池	1	900	5	5	0.23097	900	207.8773	计算
电机	600	1	10	5	0.1295	600	77.7027	计算
驱动器	300	1	5	5	0.23097	300	69.2924	计算
控制器	200	1	5	5	0.23097	200	46.195	计算
其他						280	46.5262	计算
合计						3080	511.7877	计算

图 9-24　太阳能驱动系统初始投资计算单元

编号	品牌	型号	价格(元/W)	使用年限(年)	生产厂家	网址
1	中正	ZZ-TYN-120	3.4	20	江苏中正	http://b2b,hc360,com/supplyself/643974311.html
2	引创	yczm-dj	2.6	20	江苏引创照明科技	http://b2b.hc360.com/supplyself/654404503.html
3	英利A级		3.6	20	保定昊升光电科技	http://b2b.hc360.com/supplvself/591593072.html
4	鑫昊阳光		2.8	20	浦江鑫昊光光电科技	http://b2b.hc360.com/supplyself/600384942.html
5	英诺	IT-90	3.3	20	深圳英诺新能源	http://b2b,hc360.com/supplyself/642112262html
6	鑫泰莱	XTL	3.66	20	日照鑫泰莱光	http://b2b.hc360.com/supplyself/364598948.html
7	绿能科技		4.2	20	南宁绿能新能源	http://b2b.hc360.com/supplyself/433262124
8	英利	GB001	3.9	20	光谷新能源	http://b2b.hc360.com/supplyself/648413356.html
9	科华	KH240	2.7	20	科华集团	http://b2b.hc360.com/supplyself/629560337.htm
10	KEHUA	TYNDCB-8898	3	20	科华光电科技	http://b2b.hc360.com/supplyself/624354654.html
11	宝力永新	PLM-210	3.4	20	深圳宝力永新科技	http://b2b.hc360.com/supplvself/503031652.html
12	绿倍	多晶硅	4	20	山东绿倍节能	http://b2b.hc360.com/supplyself/615954733,html
13	金光能	TD150	3.3	20	深圳金光能太阳能有限公司	http://b2b.hc360.com/supplyself/600878682.html
14	英利	YL275D	3	20	江苏绿能科技	http://b2b.hc360.com/supplyself/658303346.html
15	晟成		3.8	20	宁津晟成风电设备有限公司	http://b2b.hc360.com/supplyself/627547880.html
16	新凯瑞	TYNP-180	2.6	20	江苏新凯瑞光电科技	http://b2b.hc360.com/supplyself/648389748,.html
17	SUN-YOUN(	SMO	4	20	东莞恩佑电子	http://b2b.hc360.com/supplyself/611419727.html
18	尚立		3.6	20	安徽尚立电气	http://b2b.hc360.com/supplyself/361900929,html

太阳能电池板　蓄电池　电机　电机驱动器　太阳能控制器

图 9-25　太阳能驱动光系统组成部件资料库示意图

图 9-26 所示为水涡轮驱动能耗费用计算单元，该部分计算的目的是求出采用水涡轮驱动比采用太阳能驱动多消耗的燃料费用。计算过程如下：先通过驱动能耗计算出水涡轮的驱动水头，继而反推出两种驱动方式下的水泵扬程与水泵功率，并通过水泵性能曲线得到不同驱动方式下的水泵效率值。计算出采用水涡轮驱动多消耗的能量并转化为相应的燃料费用，这里采用的燃料类型为柴油，计算推导过程在第八章中有详细介绍。点击“计算”按钮，得到水涡轮驱动方式下的驱动燃料年费用为 1120. 2402 元/年。

3. 燃料费用
驱动能耗
0.622
kW·h
驱动水头
8.454
m
水泵效率_S
56.44
%
水泵
机械效率
40
%
水泵扬程_W
66.5
m
燃料效率
40
%
水力效率
15
%
水泵扬程_S
59
m
年运行时间
600
h/年
水涡轮能耗
10.3667
kW·h
水泵功率_W
8.97
kW
燃料转化率
0.09
L/kW·h
水涡轮流量
30
m³/h
水泵功率_S
7.5
kW
燃料单价
6.15
元/L
工作时长
15
h/天
水泵效率_W
61.28
%
驱动燃料_W
1120.2402
元/年
计算

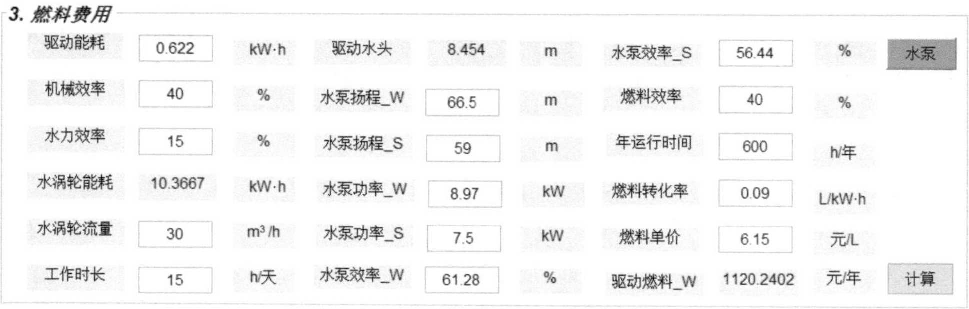

图 9-26　水涡轮驱动能耗费用计算单元

在总费用对比计算单元中分别计算出采用太阳能驱动和水涡轮驱动方式的等效年费用，并比较两者大小；当太阳能驱动年费用低于水涡轮驱动年费用时，该方案经济可行。图 9-27 所示案例中采用太阳能驱动的年费用比水涡轮驱动降低了 699. 99 元/年，因而是经济可行的。

4.总费用对比
太阳能驱动年费用
580.245
元/年
水涡轮驱动年费用
1280.2
元/年
太阳能驱动节省：
699.99
元/年
计算
退出程序
太阳能驱动卷盘式喷灌机经济分析V1.0

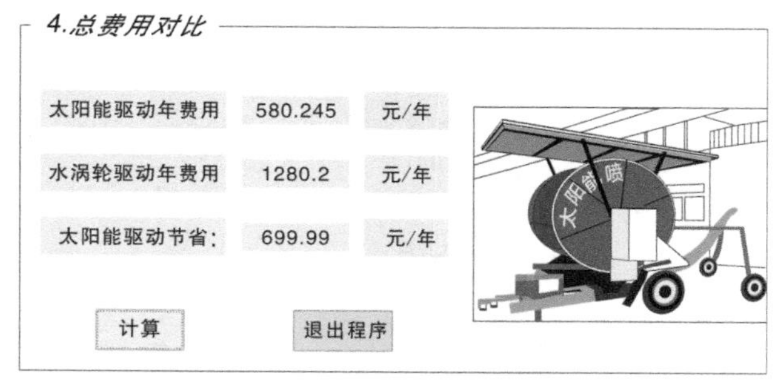

图 9-27　太阳能驱动与水涡轮驱动年费用对比

附太阳能经济性分析源代码如下：

```
%%%%经济性分析
%%%(1)初始投资
interest=0.05;        %银行利率
Upv=3.1;              %太阳能电池板单价,元/W
C_pv=Ppv.*Upv;        %太阳能电池板价格,元
life_pv=20;
CRF_pv=interest.*(1+interest).^life_pv/((1+interest).^life_pv-1);
EAC_pv=C_pv .*CRF_pv;

Ubat=0.5;             %蓄电池单价,元/W·h
C_bat=Cbat.*Ubat;  %蓄电池价格,元
life_bat=5;
CRF_bat=interest.*(1+interest).^life_bat/((1+interest).^life_bat-1);
EAC_bat=C_bat .*CRF_bat;
C_motor=600;
life_motor=5;
CRF_motor=interest.*(1+interest).^life_motor/((1+interest).^life_motor-1);
EAC_motor=C_motor .*CRF_motor;
C_PID=300;
life_PID=10;
CRF_PID=interest.*(1+interest).^life_PID/((1+interest).^life_PID-1);
EAC_PID=C_PID .*CRF_PID;
C_sc=100;
life_sc=20;
CRF_sc=interest.*(1+interest).^life_sc/((1+interest).^life_sc-1);
EAC_sc=C_sc .*CRF_sc;
C_sys=(C_pv+C_bat+C_motor+C_PID+C_sc).*1.1; %初始投资总费用
EAC_sys=(EAC_pv+EAC_bat+EAC_motor+EAC_PID+EAC_sc).*1.1; %初始投资年费用

EAC_ins=0.1.*EAC_sys;  %%%cost for installation
EAC_MM=0.02.*EAC_sys;  %%%cost for maintainance
EAC_total=EAC_sys+EAC_ins+EAC_MM;
```

9.3.6 太阳能优化配置

从太阳能 LPSP 分析和经济性分析可知，决定太阳能驱动方案可行性的两个

关键设计变量为 K_1 和 AD，这两个变量的取值决定了太阳能电池板的额定输出功率与蓄电池容量，从而决定了太阳能驱动系统的供电保证率和经济可行性。

图 9-28 所示为太阳能卷盘式喷灌机辅助决策系统的光伏配置优化模块，该模块以光伏系统等效年费用最低为目标，以光伏供电保证率和 K_1、AD 的取值范围为约束条件，对目标函数进行最小化寻优。其中参数 a 表示负载亏电率上限，取值为 0.01 则代表光伏供电保证率不低于 99%；参数 b 和 c 代表 K_1 取值上下限，取值为 0 和 1 时分别表示光伏发电量占负载耗电量的比例为 0 和 100%；参数 d 和 e 代表 AD 的取值上下限，取值为 0 和 3 时分别表示蓄电池容量在无电量补充的条件下能够维持机组正常驱动的时间为 0 天和 3 天。点击“优化计算”按钮，软件对该优化模型进行求解，得到并输出 K_1 和 AD 的取值，以及当前光伏配置下的等效年费用。

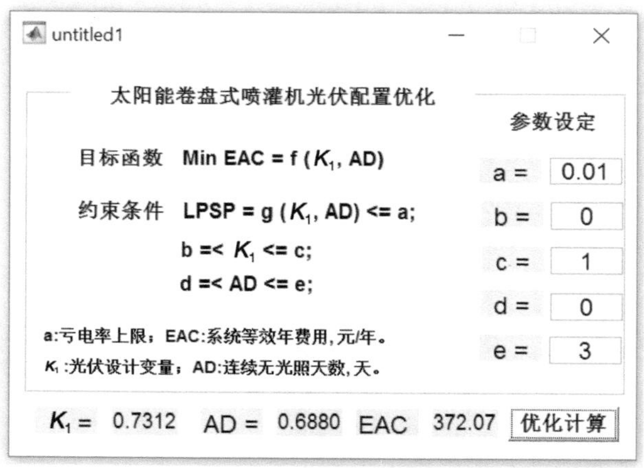

图 9-28　光伏配置优化模块